普通高等教育"十三五"规划教材

高 等 数 学

（理工类） 下册 （第 4 版）

主　编　杨海涛

编　写　（以编写内容顺序为序）

叶洪波　陈玉成　杨海涛

翟绍辉

同济大学 出版社
TONGJI UNIVERSITY PRESS

内 容 提 要

本书是在贯彻落实教育部"高等教育面向 21 世纪教学内容和课程体系改革计划"要求精神的基础上,按照国家非数学类专业数学基础课程教学指导委员会最新提出的"工科类本科数学基础课程教学基本要求",并结合当前大多数本科院校学生基础和教学特点进行编写的. 全书分上、下两册,此为下册. 下册分 4 章,内容包括多元函数微分学、多元函数积分学、无穷级数和微分方程;附录包括数学建模与数学实验. 每册书后附有习题答案与提示.

本书知识系统、体系结构清晰、详略得当、例题丰富、语言通俗、讲解透彻、难度适中,适合作为普通高等院校工科类、理科类(非数学专业)高等数学课程的教材使用,也可供相关专业人员和广大师生阅读参考.

图书在版编目(CIP)数据

高等数学:理工类. 下册 / 杨海涛主编. —4 版. — 上海:同济大学出版社,2018.8(2020.7 重印)

ISBN 978 - 7 - 5608 - 7883 - 6

Ⅰ. ①高… Ⅱ. ①杨… Ⅲ. ①高等数学—高等学校—教材 Ⅳ. ①O13

中国版本图书馆 CIP 数据核字(2018)第 106553 号

普通高等教育"十三五"规划教材

高等数学(理工类)下册(第 4 版)
主编 杨海涛

责任编辑 张 莉　　**责任校对** 徐春莲　　**封面设计** 潘向蓁

出版发行	同济大学出版社	www.tongjipress.com.cn
	(地址:上海市四平路 1239 号 邮编:200092 电话:021-65985622)	
经　销	全国各地新华书店	
印　刷	江苏句容排印厂	
开　本	710 mm×960 mm　1/16	
印　张	17.5	
字　数	350 000	
印　数	6 201—9 300	
版　次	2018 年 8 月第 4 版　　2020 年 7 月第 3 次印刷	
书　号	ISBN 978 - 7 - 5608 - 7883 - 6	

定　价　40.00 元

前　　言

　　"高等数学"在众多领域都有广泛的应用,因而成为本科教学中重要的基础课程之一. 为了适应当前我国高等教育从"精英型教育"向"大众化教育"的转变过程,满足大多数高等院校出现的新的教学形势、学生基础和教学特点,我们编写了这本高等数学教材.

　　本书在编写过程中,认真贯彻落实教育部"高等教育面向 21 世纪教学内容和课程体系改革计划"的要求精神,严格按照国家非数学类专业数学基础课程教学指导委员会最新提出的"工科类本科数学基础课程教学基本要求",同时参考了近几年国内外出版的相关教材,并结合编者的教学实践经验以及当前多数本科院校学生基础和教学特点进行编写.

　　全书以通俗的语言,系统介绍了高等数学的知识. 全书分上、下两册. 上册分 4 章,内容包括函数、极限与连续,一元函数微分学,一元函数积分学,向量代数与空间解析几何;上册附录包括二阶和三阶行列式简介、常用曲线方程与图像、积分表、数学建模与数学实验. 下册分 4 章,内容包括多元函数微分学、多元函数积分学、无穷级数和微分方程;下册附录包括数学建模与数学实验. 每册书后附有习题答案与提示.

　　本书在编写中有以下几点考虑:

　　(1) 本书内容覆盖面较广,教师可根据不同专业要求的教学时数适当取舍. 讲完全书(包括习题课)约需 192 学时;删去加"＊"号的部分约需 176 学时,降低部分较难理论的证明约需 152 学时;再对第 6,7,8 章作适当删减,可供 112 学时或 96 学时的课程选用.

　　(2) 为培养学生应用意识和实践能力,编排了一定数量的应用题,并在上、下册分别安排了与教学内容相应的数学建模与数学实验,教师可根据情况另外安排 8~16 学时的实践课.

　　(3) 本书编写重在基本概念、基本理论和基本方法的介绍,知识面较广,但对深入的理论和技巧不作要求.

　　(4) 本书在编写中,根据知识的特点,有的内容是以介绍的方式编写,有的内容是以探讨与研究的方式编写，目的在于培养学生的数学思维和分析解决问题的能力．

（5）适当渗透现代数学思想．

本书知识系统、结构清晰、内容详略得当、例题丰富、语言通俗、讲解透彻、难度适中，适合作为普通高等院校工科类、理科类（非数学专业）高等数学课程的教材使用，可供成教学院或申请升本的专科院校选用为教材，也可供相关专业人员和广大教师参考．

本书由杨海涛主编，参加编写的人员（按编写教材内容顺序）有：李克华、胡航宇、吴俊义、叶洪波、陈玉成、杨海涛、翟绍辉．全书由杨海涛统稿、定稿．

在本书的编写过程中，参考了书后所列参考文献．作者在此对这些参考文献的作者表示感谢．

感谢韩明教授，他在审阅中提出了一些宝贵而又中肯的建议，使本书避免了一些错误和不当之处．

由于时间仓促，加之我们对教材内容体系改革的研究还处于尝试阶段，虽然全力以赴，但书中一定还有不少不尽如人意之处，热忱希望专家、教师和读者提出宝贵意见．

杨海涛
2018 年 5 月

目　　录

第5章 多元函数微分学

在上册的内容中,主要讨论了只有一个自变量的函数的微积分,即一元函数微积分,但在很多实际问题中涉及的函数是含有多个自变量的函数,即多元函数.因此,将一元函数的微分学与积分学推广到多元函数的情形是必要的,也是自然的.本章主要讨论多元函数的微分学及其应用.讨论中以二元函数为主,至于更多个自变量的情况,可类似地进行讨论.

5.1 多元函数的概念、极限与连续

5.1.1 区域、空间、多元函数

在讨论一元函数时,一些概念、理论和方法,是基于 R^1 中的点集、两点间距离、区间和邻域等概念.为了将一元函数推广到多元的情形,首先需要将上述 R^1 中的相应概念加以推广.先引入平面点集的一些基本概念,将有关概念从 R^1 中的情形推广到 R^2 中;然后引入到 n 维空间 R^n,把相应概念推广到 R^n 中.

1. 区域

由平面解析几何知,平面上的点 P 可以用坐标 (x,y) 来表示,且这些点的全体构成整个平面,即 $R^2 = \mathbf{R} \times \mathbf{R} = \{(x,y) \mid x,y \in \mathbf{R}\}$.

坐标平面上具有某种性质 P 的点的集合,称为平面点集,记为

$$E = \{(x,y) \mid (x,y) \text{ 具有性质 } P\}.$$

设 $P_0(x_0,y_0)$ 是坐标平面上的一个点,δ 是某一个正数,与点 $P_0(x_0,y_0)$ 距离小于 δ 的点 $P(x,y)$ 的全体,称为点 P_0 的邻域,记作 $U(P_0,\delta)$,即

$$U(P_0,\delta) = \{P \mid |PP_0| < \delta\},$$

或

$$U(P_0,\delta) = \{(x,y) \mid \sqrt{(x-x_0)^2 + (y-y_0)^2} < \delta\}.$$

在几何上,$U(P_0,\delta)$ 就是 xOy 平面上以点 $P_0(x_0,y_0)$ 为中心、$\delta > 0$ 为半径的圆内部的点 $P(x,y)$ 的全体.

去掉邻域的中心,得到的集合称为点 P_0 的去心邻域,记作 $\mathring{U}(P_0,\delta)$,即

$$\mathring{U}(P_0,\delta) = \{P \mid 0 < |PP_0| < \delta\}.$$

如果不需要强调邻域的半径 δ，则用 $U(P_0)$ 表示点 P_0 的某个邻域，点 P_0 的去心邻域记作 $\mathring{U}(P_0)$.

下面介绍一些有关点和点集的名称.

设 E 是平面上的一个点集，点 P 是平面上任意一点，则它们有如下关系：

(1) **内点**. 若存在点 P 的某个邻域 $U(P)$，使得 $U(P) \subset E$，则称 P 为 E 的内点.

(2) **外点**. 若存在点 P 的某个邻域 $U(P)$，使得 $U(P) \cap E = \varnothing$，则称 P 为 E 的外点.

(3) **边界点**. 若点 P 的任一邻域内既含有属于 E 的点，又含有不属于 E 的点，则称 P 为 E 的边界点.

(4) **边界**. E 的边界点的全体称为 E 的边界，记作 ∂E.

(5) **聚点**. 如果对于任意给定的 $\delta > 0$，点 P 的去心邻域 $\mathring{U}(P, \delta)$ 内有 E 中的点，则称 P 是 E 的聚点.

(6) **开集**. 若点集 E 的点都是 E 的内点，则称 E 为开集.

(7) **闭集**. 若点集 E 的余集 E^c 为开集，则称 E 为闭集.

(8) **连通集**. 若点集 E 内任何两点都可用折线连接起来，且该折线上的点都属于 E，则称 E 为连通集.

(9) **区域(开区域)**. 连通的开集称为区域或开区域.

(10) **闭区域**. 开区域连同它的边界一起所构成的点集称为闭区域.

(11) **有界集**. 对于平面点集 E，如果存在某一正数 r，使得

$$E \subset U(O, r),$$

其中，O 是坐标原点，则称 E 为有界集.

(12) **无界集**. 一个集合如果不是有界集，则称该集合为无界集.

例如，设平面点集

$$E = \{(x, y) \mid 1 < x^2 + y^2 \leqslant 2\}.$$

满足 $1 < x^2 + y^2 < 2$ 的一切点 (x, y) 都是 E 的内点；满足 $x^2 + y^2 = 1$ 的一切点 (x, y) 都是 E 的边界点，它们都不属于 E；满足 $x^2 + y^2 = 2$ 的一切点 (x, y) 也是 E 的边界点，它们都属于 E；点集 E 以及它的边界 ∂E 上的一切点都是 E 的聚点. 再如，集合 $\{(x, y) \mid 1 < x^2 + y^2 < 2\}$ 是开集；集合 $\{(x, y) \mid 1 \leqslant x^2 + y^2 \leqslant 2\}$ 是闭集；而集合 $\{(x, y) \mid 1 < x^2 + y^2 \leqslant 2\}$ 既非开集，也非闭集. 又如，集合 $\{(x, y) \mid 1 \leqslant x^2 + y^2 \leqslant 2\}$ 是有界闭区域；集合 $\{(x, y) \mid 1 < x^2 + y^2\}$ 是无界开区域，也可称为无界区域；集合 $\{(x, y) \mid 1 \leqslant x^2 + y^2\}$ 是无界闭区域.

2. 空间

设 n 为取定的一个自然数，用 R^n 表示 n 元有序实数组 $x_1, x_2, \cdots, x_{n-1}, x_n$ 的全体构成的集合，即

$$R^n = \underbrace{\mathbf{R} \times \mathbf{R} \times \cdots \times \mathbf{R}}_{n\text{个}} = \{(x_1, x_2, \cdots, x_{n-1}, x_n) \mid x_i \in \mathbf{R}, i = 1, 2, \cdots, n\}.$$

对 R^n 中的元素 $(x_1, x_2, \cdots, x_n)$，当所有的 $x_i (i = 1, 2, \cdots, n)$ 都为零时，称这样的元素为 $\boldsymbol{R^n}$ 中的零元，记为 $\mathbf{0}$ 或 $\boldsymbol{O}$. 在解析几何中，通过直角坐标系，R^2 或 R^3 中的元素分别与平面或空间中的点或向量建立一一对应，因而 R^n 中的元素 $x = (x_1, x_2, \cdots, x_n)$ 也称为 R^n 中的一个点或一个 n 维向量，x_i 称为 x 的第 i 个坐标或 n 维向量 x 的第 i 个分量. 特别地，R^n 中的零元 $\mathbf{0}$ 称为 R^n 中的坐标原点或 n 维零向量.

注 为了书写方便，以后我们不加区别地将向量 x 用 x 表示，根据上下文，读者不难判断出 x 是元素(向量)还是坐标(分量).

为了在集合 R^n 中的元素之间建立联系，在 R^n 中定义线性运算如下：

设 $x = (x_1, x_2, \cdots, x_n)$, $y = (y_1, y_2, \cdots, y_n)$ 为 R^n 中任意两个元素，$\lambda \in \mathbf{R}$，规定

$$x + y = (x_1 + y_1, x_2 + y_2, \cdots, x_n + y_n),$$

$$\lambda x = (\lambda x_1, \lambda x_2, \cdots, \lambda x_n).$$

这样定义了线性运算的集合 R^n 称为 n 维线性空间，简称 n 维空间.

R^n 中点 $x = (x_1, x_2, \cdots, x_n)$ 和点 $y = (y_1, y_2, \cdots, y_n)$ 之间的距离记作 $\rho(x, y)$，规定

$$\rho(x, y) = \sqrt{(x_1 - y_1)^2 + (x_2 - y_2)^2 + \cdots + (x_n - y_n)^2}.$$

显然，$n = 1, 2, 3$ 时，上述规定与数轴上、直角坐标系下平面及空间中两点间的距离一致.

R^n 中元素 $x = (x_1, x_2, \cdots, x_n)$ 与零元 $\mathbf{0}$ 之间的距离 $\rho(x, 0)$ 记作 $\| x \|$ (在 R^1, R^2, R^3 中，通常将 $\| x \|$ 记作 $|x|$)，即

$$\| x \| = \sqrt{x_1^2 + x_2^2 + \cdots + x_n^2}.$$

采用这一记号，结合向量的线性运算，便得

$$\| x - y \| = \sqrt{(x_1 - y_1)^2 + (x_2 - y_2)^2 + \cdots + (x_n - y_n)^2} = \rho(x, y).$$

在 n 维空间 R^n 中定义了距离以后，就可以定义 R^n 中变元的极限：

设 $x = (x_1, x_2, \cdots, x_n)$, $a = (a_1, a_2, \cdots, a_n) \in R^n$. 如果

$$\| x - a \| \to 0,$$

则称变元 x 在 R^n 中趋于固定元 a，记作 $x \to a$.

显然，$x \to a$ 的充分必要条件是 $x_1 \to a_1$, $x_2 \to a_2$, $\cdots$, $x_n \to a_n$.

在 R^n 中引入线性运算和距离，使得前面讨论过的有关平面点集的一系列概念，可以类似地被引入到 $n(\geqslant 3)$ 维空间中来. 例如：

设 $a = (a_1, a_2, \cdots, a_n) \in R^n$, δ 是某一正数,则 n 维空间内的点集

$$U(a, \delta) = \{x \mid x \in R^n, \rho(x, a) < \delta\}$$

称为 R^n 中点 a 的 δ 邻域. 以邻域为基础,可以定义点集的内点、外点、边界点和聚点,以及开集、闭集、区域等一系列概念. 这里就不再赘述.

3. 多元函数

多元函数就是含有多个自变量的函数,例如,

例 1　三角形的一边 c 是另外两边 a 与 b 及其夹角 θ 的函数,记作

$$c = \sqrt{a^2 + b^2 - 2ab\cos\theta}.$$

例 2　一定质量的理想气体的压强 p 是其体积 V 及温度 T 的函数,记作

$$p = k\frac{T}{V}, \quad k = 常数.$$

例 3　R 是电阻 R_1, R_2 并联后的总电阻,则可得 R 的表达式

$$R = \frac{R_1 R_2}{R_1 + R_2}.$$

下面给出多元函数的定义.

定义 5.1.1　设有一个集合 $D \subset R^n$,如果对于集合 D 中每一点 $(x_1, x_1, \cdots, x_n)$,按照一定的规则 f,都有一个唯一确定的实数 $u \in \mathbf{R}$ 与之相对应,则称 f 是一个定义在 D 上的 **n 元函数**. 这里 D 称为 f 的定义域,与 $(x_1, x_1, \cdots, x_n)$ 相对应的数 u 称为 f 在点 $(x_1, x_1, \cdots, x_n)$ 的值,并记为 $f(x_1, x_1, \cdots, x_n)$,全体函数值的集合

$$f(D) = \{f(x_1, x_1, \cdots, x_n) \mid (x_1, x_1, \cdots, x_n) \in D\}$$

称为 f 的值域.

通常把 $(x_1, x_1, \cdots, x_n)$ 称为自变量,u 称为因变量,有时也称 u 是 $(x_1, x_1, \cdots, x_n)$ 的函数.

习惯上将 R^2 中的点用 (x, y) 表示,而 R^3 中的点用 (x, y, z) 表示,故通常的二元函数与三元函数用 $z = f(x, y)$ 与 $u = f(x, y, z)$ 表示.

当 $n = 1$ 时,n 元函数就是一元函数;当 $n \geqslant 2$ 时,n 元函数统称为多元函数.

关于多元函数的定义域,与一元函数相类似,可作如下约定:在讨论用算式表达的多元函数 $u = f(x)$ 时,就以使这个算式有意义的变元 x 的值所组成的点集为这个多元函数的自然定义域. 因此,对这类函数的定义域不再特别指出.

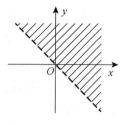

例如,函数 $z = \ln(x + y)$ 的定义域为 $\{(x, y) \mid x + y > 0\}$,这是一个无界区域. 如图 5.1 所示.

设函数 $z = f(x, y)$ 的定义域为 D. 对于任意取定的点

图 5.1

$P(x,y) \in D$, 对应的函数值为 $z = f(x,y)$. 因此, 以 x 为横坐标、y 为纵坐标、$z = f(x,y)$ 为竖坐标, 在空间上就能确定一点 $M(x,y,z)$. 当 (x,y) 取遍 D 上的每一点时, 得到一个空间点集

$$\{(x,y,z) \mid z = f(x,y), (x,y) \in D\}.$$

这个点集称为二元函数 $z = f(x,y)$ 的图形, 这是空间坐标系中的一张曲面.

例如, 函数 $z = ax + by + c\,(abc \neq 0)$ 的图形是一张平面, 如图 5.2 所示. 函数 $z = x^2 + y^2$ 的图形是旋转抛物面, 如图 5.3 所示.

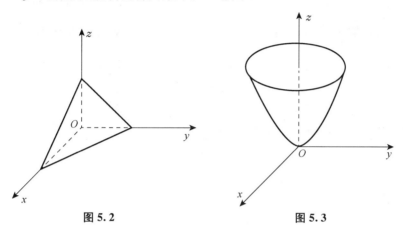

图 5.2　　　　　　　　　　图 5.3

注　对于多元函数, 常以二元函数为例进行讨论.

5.1.2　二元函数的极限与连续

1. 二元函数的极限

先讨论二元函数极限的情况, 即 $z = f(x,y)$ 当 $(x,y) \to (x_0,y_0)$ 时的极限.

与一元函数的情况类似, 一个二元函数 (或多元函数) 在一点处的极限, 就是指当动点任意接近该点时, 动点的函数值所趋向的值, 即当 $(x,y) \to (x_0,y_0)$ 时, 对应的函数值 $f(x,y)$ 无限接近于一个确定的常数 A, 则说 A 是函数 $f(x,y)$ 当 $(x,y) \to (x_0,y_0)$ 时的极限. 下面用 "ε-δ" 语言来描述极限概念.

定义 5.1.2　设二元函数 $z = f(x,y)$ 在点 (x_0,y_0) 的某个空心邻域内有定义, 若有一常数 A, 对任意给定的正数 ε, 都存在正数 δ, 使得当

$$0 < \sqrt{(x-x_0)^2 + (y-y_0)^2} < \delta$$

时, 就有 $\mid f(x,y) - A \mid < \varepsilon$, 则称点 (x,y) 趋于点 (x_0,y_0) 时, $f(x,y)$ 以 A 为极限, 记作

$$\lim_{(x,y) \to (x_0,y_0)} f(x,y) = A.$$

有时也写成

$$\lim_{\substack{x \to x_0 \\ y \to y_0}} f(x,y) = A .$$

为了区别于一元函数的极限,把二元函数的极限也称为**二重极限**.

注 在定义 5.1.2 中,条件 $0 < \sqrt{(x-x_0)^2 + (y-y_0)^2} < \delta$ 也常用 $|x-x_0| < \delta$, $|y-y_0| < \delta$,点 $(x,y) \neq (x_0,y_0)$ 来代替,两种形式的定义是等价的.

例 4 设 $f(x,y) = (x^2+y^2)\sin\dfrac{1}{x^2+y^2}$,求证 $\lim\limits_{(x,y)\to(0,0)} f(x,y) = 0$.

证明 函数 $f(x,y)$ 的定义域为 $D = R^2 \backslash \{(0,0)\}$,点 $O(0,0)$ 为 D 的聚点,因为

$$|f(x,y) - 0| = \left| (x^2+y^2)\sin\frac{1}{x^2+y^2} - 0 \right| \leqslant x^2 + y^2 .$$

于是,对任意 $\varepsilon > 0$,取 $\delta = \sqrt{\varepsilon}$,则当

$$0 < \sqrt{(x-0)^2 + (y-0)^2} < \delta,$$

即 $P(x,y) \in D \bigcap \mathring{U}(0,\delta)$ 时,总有

$$|f(x,y) - 0| < \varepsilon$$

成立,所以

$$\lim_{(x,y)\to(0,0)} f(x,y) = 0 .$$

尽管二元函数极限的定义与一元函数极限的定义非常类似,但点 $P(x,y) \to P_0(x_0,y_0)$ 的方式有很多,可以沿任何方向趋于 P_0,可以沿直线,也可以沿折线,甚至可以沿曲线,函数都趋于同一个常数. 这就提供了证明极限不存在的一种方法:只要能指出两条路径,当 P 沿这两条不同的路径趋于 P_0 时,$f(x,y)$ 趋于不同的常数,就可以断定当 $P \to P_0$ 时,$f(P)$ 没有极限.

例 5 问函数

$$f(x,y) = \frac{|x|}{\sqrt{x^2+y^2}}$$

当 $(x,y) \to (0,0)$ 时是否有极限?

解 令 $y = kx$,k 是任何固定的常数,显然当 $x \to 0$ 时,$y \to 0$;换句话说,点 (x,y) 是沿直线 $y = kx$ 趋向于点 $(0,0)$ 的. 在这种限制下,

$$f(x,y) = \frac{|x|}{\sqrt{x^2+y^2}} = \frac{1}{\sqrt{1+k^2}} .$$

那么,当点 (x,y) 沿着直线 $y=kx$ 趋向于点 $(0,0)$ 时,$f(x,y)$ 以 $\dfrac{1}{\sqrt{1+k^2}}$ 为极限. 因此,沿着不同斜率的直线趋向点 $(0,0)$ 时,函数 $f(x,y)$ 趋于不同的数. 所以,$f(x,y)$ 当点 $(x,y)\to(0,0)$ 时没有极限.

关于多元函数的极限运算,有与一元函数类似的运算法则.

例 6 求 $\lim\limits_{(x,y)\to(0,2)}\dfrac{\sin(xy)}{x}$.

解 函数 $\dfrac{\sin(xy)}{x}$ 的定义域 $D=\{(x,y)\mid x\neq 0,y\in\mathbf{R}\}$,$P_0(0,2)$ 为 D 的聚点,由极限运算法则,得

$$\lim_{(x,y)\to(0,2)}\frac{\sin(xy)}{x}=\lim_{(x,y)\to(0,2)}\left[\frac{\sin(xy)}{xy}\cdot y\right]=\lim_{xy\to 0}\frac{\sin(xy)}{xy}\cdot\lim_{y\to 2}y$$
$$=1\times 2=2.$$

2. 二元函数的连续

定义 5.1.3 设函数 $z=f(x,y)$ 在点 (x_0,y_0) 的一个邻域内有定义,若函数 $z=f(x,y)$ 当点 $(x,y)\to(x_0,y_0)$ 时有极限,且其极限等于函数值 $f(x_0,y_0)$,即

$$\lim_{(x,y)\to(x_0,y_0)}f(x,y)=f(x_0,y_0),$$

则称函数 $f(x,y)$ 在点 (x_0,y_0) 处连续.

如果函数 $z=f(x,y)$ 在区域 D 内有定义,且在 D 内每一点都连续,则称 $z=f(x,y)$ 在区域 D 内连续,或者称 $f(x,y)$ 是 D 上的连续函数.

例 7 函数 $f(x,y)=\sin(x+y)$,证明 $f(x,y)$ 是 R^2 上的连续函数.

证明 设 (x_0,y_0) 是 R^2 中任意给定的一点,那么对于任意一点 (x,y),有

$$\left|\sin(x+y)-\sin(x_0+y_0)\right|=2\left|\sin\frac{(x+y)-(x_0+y_0)}{2}\cos\frac{(x+y)+(x_0+y_0)}{2}\right|$$
$$\leqslant 2\left|\sin\frac{(x+y)-(x_0+y_0)}{2}\right|$$
$$\leqslant\left|(x+y)-(x_0+y_0)\right|$$
$$\leqslant\left|x-x_0\right|+\left|y-y_0\right|.$$

于是,对任意 $\varepsilon>0$,取 $\delta=\dfrac{\varepsilon}{2}$,则当 $\left|x-x_0\right|<\delta$,$\left|y-y_0\right|<\delta$,且 $(x,y)\neq(x_0,y_0)$ 时,上式小于 ε,所以,$f(x,y)$ 在点 (x_0,y_0) 处连续.

例 8 设 $f(x,y)=\sin x$,证明 $f(x,y)$ 是 R^2 上的连续函数.

证明 设 $P_0(x_0,y_0)\in R^2$,对任意 $\varepsilon>0$,由于 $\sin x$ 在 x_0 处连续,故 $\exists\delta>0$,当 $\left|x-x_0\right|<\delta$ 时,有

$$\left|\sin x-\sin x_0\right|<\varepsilon.$$

以上述 δ 作 P_0 的 δ 邻域 $U(P_0, \delta)$，则当 $P(x,y) \in U(P_0, \delta)$ 时，显然

$$| x - x_0 | \leqslant \rho(P, P_0) < \delta.$$

从而

$$| f(x,y) - f(x_0, y_0) | = | \sin x - \sin x_0 | < \varepsilon,$$

即 $f(x,y) = \sin x$ 在点 $P_0(x_0, y_0)$ 处连续. 由 P_0 的任意性知, $\sin x$ 作为 x, y 的二元函数在 R^2 上连续.

前面讨论过一元函数的四则运算及复合运算均保持函数的连续性, 在多元函数中这些结论依然成立. 此外, 一切多元初等函数在其定义区域内是连续的. 所谓定义区域, 是指包含在定义域内的开区域或闭区域.

例 9 求 $\displaystyle\lim_{(x,y) \to (0,1)} \dfrac{1 - xy}{x^2 + y^2}$.

解 函数 $f(x,y) = \dfrac{1 - xy}{x^2 + y^2}$ 的定义域为

$$D = \{(x,y) \mid x^2 + y^2 \neq 0\}.$$

$P_0(0,1)$ 是 D 的内点, 故存在 P_0 的某一个邻域 $U(P_0) \subset D$, 而任何邻域都是区域, 所以 $U(P_0)$ 是 $f(x,y)$ 的一个定义区域, 因此

$$\lim_{(x,y) \to (0,1)} \frac{1 - xy}{x^2 + y^2} = f(0,1) = 1.$$

一般地, 求 $\displaystyle\lim_{P \to P_0} f(P)$ 时, 如果 $f(P)$ 是初等函数, 且 P_0 是 $f(P)$ 的定义域的内点, 则 $f(P)$ 在点 P_0 处连续, 于是

$$\lim_{P \to P_0} f(P) = f(P_0).$$

例 10 求 $\displaystyle\lim_{(x,y) \to (0,0)} \dfrac{2 - \sqrt{xy + 4}}{xy}$.

解

$$\lim_{(x,y) \to (0,0)} \frac{2 - \sqrt{xy + 4}}{xy} = \lim_{(x,y) \to (0,0)} \frac{4 - (xy + 4)}{xy(2 + \sqrt{xy + 4})}$$

$$= -\lim_{(x,y) \to (0,0)} \frac{1}{2 + \sqrt{xy + 4}} = -\frac{1}{4}.$$

与一元函数类似, 有界闭区域上连续的多元函数有下列性质:

性质 1(有界性与最大值最小值定理) 设多元函数 $f(P)$ 在有界闭区域 D 上连续, 则 $f(P)$ 在 D 上一定有界, 且可以取得最大值和最小值.

性质 2(介值定理) 在有界闭区域 D 上的多元函数可以取得介于最大值和最小值之间的任何值.

性质 3(一致连续性定理) 在有界闭区域 D 上的多元连续函数 $f(P)$ 必定在 D 上一致连续. 即对任意 $\varepsilon > 0$, 有 $\delta > 0$, 使对任意 $P_1, P_2 \in D$, 只要 $d(P_1, P_2) < \delta$, 就有 $| f(P_1) - f(P_2) | < \varepsilon$.

习题 5.1

1. 求下列点集的内点、外点、边界点.

(1) $E = \{(x,y) \mid y < x^2\}$;

(2) $E = \left\{(x,y) \,\middle|\, 1 \leqslant x^2 + \dfrac{y^2}{4} < 4\right\}$;

(3) $E = \{(x,y) \mid 0 < x^2 + y^2 < 1\}$;

(4) $E = \{(x,y) \,\big|\, | x | < 1, | y - 1 | < 2\}$.

2. 求下列各函数的定义域.

(1) $z = \dfrac{1}{\sqrt{x+y}} + \dfrac{1}{\sqrt{x-y}}$;

(2) $z = \ln(y^2 - 2x + 1)$;

(3) $z = \sqrt{x - \sqrt{y}}$;

(4) $z = \dfrac{x^2 + y^2}{x^2 - y^2}$;

(5) $u = \sqrt{R^2 - x^2 - y^2 - z^2} + \dfrac{1}{\sqrt{x^2 + y^2 + z^2 - r^2}} \ (R > r > 0)$;

(6) $z = \ln(y - x) + \arcsin \dfrac{y}{x}$.

3. 已知函数 $f(x,y) = x^2 + y^2 - xy \sin \dfrac{x}{y}$, 试求 $f(tx, ty)$.

4. 设 $f\left(x + y, \dfrac{y}{x}\right) = x^2 - y^2$, 求 $f(3,2)$, $f(x,y)$, $f(x+h, y)$.

5. (1) 设函数 $f(x,y) = \dfrac{x - 2y}{2x - y}$, 求 $f(1,3)$, $f(2t,t)$;

(2) 设函数 $f(x,y) = (x + y)^{x-y}$, 求 $f(0,1)$, $f(-1,-1)$, $f(2,3)$;

(3) 设函数 $f(x,y) = \dfrac{2xy}{x^2 + y^2}$, 求 $f\left(1, \dfrac{y}{x}\right)$.

6. 证明:函数 $f(x,y) = \ln x \cdot \ln y$ 满足关系式

$$f(xy, uv) = f(x,u) + f(x,v) + f(y,u) + f(y,v).$$

7. 设 $z = x + y + f(x - y)$, 已知 $y = 0$ 时, $z = x^2$, 求 $f(x)$ 和 z.

8. 求下列极限.

(1) $\lim\limits_{(x,y) \to (-2,1)} \dfrac{x^2 + xy + y^2}{x^2 - y^2}$;

(2) $\lim\limits_{(x,y) \to (0,0)} \dfrac{x^2 + y^2}{\sqrt{x^2 + y^2 + 1} - 1}$;

(3) $\lim\limits_{(x,y) \to (0,0)} \dfrac{\sin xy}{x}$;

(4) $\lim\limits_{(x,y) \to (0,1)} \dfrac{1 - xy}{x^2 + y^2}$;

(5) $\lim\limits_{(x,y) \to (0,0)} \dfrac{2 - \sqrt{xy + 4}}{xy}$;

(6) $\lim\limits_{(x,y) \to (0,0)} \dfrac{1 - \cos(x^2 + y^2)}{(x^2 + y^2) x^2 y^2}$.

9. 证明极限 $\lim\limits_{(x,y) \to (0,0)} \dfrac{x^2 - y^2}{x^2 + y^2}$ 不存在.

10. 设 $f(x,y) = \begin{cases} x \sin \dfrac{1}{y} + y \sin \dfrac{1}{x}, & xy \neq 0, \\ 0, & xy = 0, \end{cases}$ 讨论下面三种极限:

(1) $\lim\limits_{(x,y)\to(0,0)} f(x,y)$；(2) $\lim\limits_{x\to0}\lim\limits_{y\to0} f(x,y)$；(3) $\lim\limits_{y\to0}\lim\limits_{x\to0} f(x,y)$.

11. 求下列函数的间断点.

(1) $z = \dfrac{y^2+2x}{y^2-2x}$； (2) $z = \tan(x^2+y^2)$.

12. 讨论函数 $f(x,y)=\begin{cases} \dfrac{2xy}{x^2+y^2}, & x^2+y^2\neq0, \\ 0, & x^2+y^2=0 \end{cases}$ 在点 $O(0,0)$ 处的连续性.

5.2 偏导数与全微分

5.2.1 偏导数与高阶偏导数

1. 偏导数

考察一个二元函数 $z=f(x,y)$，将自变量 y 固定时，$z=f(x,y)$ 就是 x 的一个一元函数，自然可以考虑其导数，这样求得的对 x 的导数称作 $z=f(x,y)$ 对 x 的偏导数. 类似地，也可以考虑 $z=f(x,y)$ 对 y 的偏导数.

定义 5.2.1 设函数 $z=f(x,y)$ 在点 (x_0,y_0) 的某个邻域内有定义，将 y 固定为 y_0，若极限

$$\lim_{\Delta x\to0}\frac{f(x_0+\Delta x,y_0)-f(x_0,y_0)}{\Delta x}$$

存在，则称该极限为 $f(x,y)$ 在点 (x_0,y_0) 处关于 x 的偏导数，记作

$$\frac{\partial z}{\partial x}\bigg|_{\substack{x=x_0\\y=y_0}},\quad \frac{\partial f}{\partial x}\bigg|_{\substack{x=x_0\\y=y_0}},\quad z_x\bigg|_{(x_0,y_0)} \text{ 或 } f_x(x_0,y_0).$$

类似地，若极限

$$\lim_{\Delta y\to0}\frac{f(x_0,y_0+\Delta y)-f(x_0,y_0)}{\Delta y}$$

存在，则称该极限为 $f(x,y)$ 在点 (x_0,y_0) 处关于 y 的偏导数，记作

$$\frac{\partial z}{\partial y}\bigg|_{\substack{x=x_0\\y=y_0}},\quad \frac{\partial f}{\partial y}\bigg|_{\substack{x=x_0\\y=y_0}},\quad z_y\bigg|_{(x_0,y_0)} \text{ 或 } f_y(x_0,y_0).$$

从定义可看出，$f_x(x_0,y_0)$ 就是 $f(x,y_0)$ 作为 x 的一元函数在 x_0 处的导数，而 $f_y(x_0,y_0)$ 就是 $f(x_0,y)$ 作为 y 的一元函数在 y_0 处的导数.

因此，在求 $z=f(x,y)$ 的偏导数时，并不需要用新的方法. 因为这里只有一个自变量在变动，而另一个是固定的，可认为是常数，所以，仍旧是一元函数的微分问题. 在求 $\dfrac{\partial f}{\partial x}$ 时，只要把 y 暂时看作常量而对 x 求导数；在求 $\dfrac{\partial f}{\partial y}$ 时，则只要把 x 暂时

看作常量而对 y 求导数.

偏导数的概念还可以推广到二元以上的函数,例如,三元函数 $u = f(x,y,z)$ 在点 (x,y,z) 处对 x 的偏导数定义为

$$f_x(x,y,z) = \lim_{\Delta x \to 0} \frac{f(x+\Delta x,y,z) - f(x,y,z)}{\Delta x},$$

式中,(x,y,z) 是函数 $u = f(x,y,z)$ 的定义域的内点,它的求法仍旧是一元函数的求导问题.

例 1 求 $z = x^3 + x^2y + xy^2 + y^3$ 的偏导数.

解 把 y 看成常量,则

$$\frac{\partial z}{\partial x} = 3x^2 + 2xy + y^2.$$

同理,把 x 看成常量,可得

$$\frac{\partial z}{\partial y} = x^2 + 2xy + 3y^2.$$

例 2 设 $z = f(x,y) = x\ln(x^2 + y^2)$,求 $\left.\dfrac{\partial z}{\partial x}\right|_{(1,2)}$.

解 用两种方法求解此题.

方法 1 先将 $y = 2$ 代入函数表达式,得

$$z = f(x,2) = x\ln(x^2 + 4).$$

然后,把 $f(x,2)$ 作为 x 的一元函数求其导数,即得到

$$\left.\frac{\partial z}{\partial x}\right|_{(1,2)} = \left.\frac{\mathrm{d}}{\mathrm{d}x}f(x,2)\right|_{x=1} = \left[\ln(x^2+4) + \frac{2x^2}{x^2+4}\right]_{x=1}$$

$$= \ln 5 + \frac{2}{5}.$$

方法 2 先求出 $\dfrac{\partial z}{\partial x}$ 在任意一点 (x,y) 的表达式,然后将 $x = 1$ 及 $y = 2$ 代入. 事实上,容易得到

$$\frac{\partial z}{\partial x} = \ln(x^2 + y^2) + x \cdot \frac{2x}{x^2 + y^2}.$$

于是

$$\left.\frac{\partial z}{\partial x}\right|_{(1,2)} = \ln 5 + \frac{2}{5}.$$

例 3 设 $z = \arctan\dfrac{(x-2)y + y^2}{xy + (x-2)^2y^3}$,求 $\left.\dfrac{\partial z}{\partial y}\right|_{(2,0)}$.

解　先求出 $z(2,y) = \arctan \dfrac{y}{2}$，于是

$$\frac{\partial z}{\partial y}\bigg|_{(2,0)} = \frac{\mathrm{d}z(2,y)}{\mathrm{d}y}\bigg|_{y=0} = \frac{\dfrac{1}{2}}{1+\dfrac{y^2}{4}}\bigg|_{y=0} = \frac{1}{2}.$$

例 4　设 $u = (x^2 + y^2)z^2 + \sin x^2$，求 $\dfrac{\partial u}{\partial x}, \dfrac{\partial u}{\partial y}$ 及 $\dfrac{\partial u}{\partial z}$.

解　先求 $\dfrac{\partial u}{\partial x}$，这时将表达式中的 y 与 z 均视作常数，于是

$$\frac{\partial u}{\partial x} = 2xz^2 + 2x\cos x^2.$$

类似地，可得

$$\frac{\partial u}{\partial y} = 2yz^2, \frac{\partial u}{\partial z} = 2z(x^2 + y^2).$$

下面以二元函数为例来讨论多元函数偏导数的几何意义.

因为 $f_x(x_0,y_0) = \dfrac{\mathrm{d}f(x,y_0)}{\mathrm{d}x}\bigg|_{x=x_0}$，所以 $f_x(x_0,y_0)$ 的几何意义就是平面曲线

$$l_1 : \begin{cases} z = f(x,y), \\ y = y_0 \end{cases}$$

在 $x = x_0$ 处的切线关于 x 轴的斜率. 同理，$f_y(x_0,y_0)$ 的几何意义是平面曲线

$$l_2 : \begin{cases} z = f(x,y), \\ x = x_0 \end{cases}$$

在 $y = y_0$ 处的切线关于 y 轴的斜率.

上面的平面曲线 l_1 实际上是曲面 $z = f(x, y)$ 与平面 $y = y_0$ 的交线，而平面曲线 l_2 是曲面 $z = f(x,y)$ 与平面 $x = x_0$ 的交线. 因此，$f_x(x_0, y_0)$ 与 $f_y(x_0,y_0)$ 是曲面 $z = f(x,y)$ 在点 (x_0, y_0) 处分别沿着 x 轴方向与 y 轴方向上的切线的斜率，如图 5.4 所示.

对于一元函数 $y = f(x)$，它在一点 x_0 处有导数，则意味着它在该点一定是连续的. 对于二元函数而言，在点 (x_0, y_0) 处对 x 与 y 的偏导数存在，但不能推出在该点连续. 例如，函数

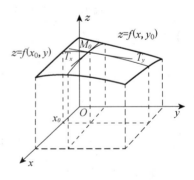

图 5.4

$$z = f(x,y) = \begin{cases} \dfrac{xy}{x^2+y^2}, & x^2+y^2 \neq 0, \\ 0, & x^2+y^2 = 0 \end{cases}$$

在点$(0,0)$处对x的偏导数为

$$f_x(0,0) = \lim_{\Delta x \to 0} \frac{f(0+\Delta x,0)-f(0,0)}{\Delta x} = \lim_{\Delta x \to 0} 0 = 0.$$

同样有

$$f_y(0,0) = \lim_{\Delta y \to 0} \frac{f(0,0+\Delta y)-f(0,0)}{\Delta y} = \lim_{\Delta y \to 0} 0 = 0.$$

但是,显然这个函数在点$(0,0)$处是不连续的.

2. 高阶偏导数

设函数$z=f(x,y)$在区域D内有偏导数$f_x(x,y)$与$f_y(x,y)$. 若这两个偏导数在D内也有偏导数,这就导出$f(x,y)$的二阶偏导数. $f(x,y)$的二阶偏导数有四个,分别记作

$$\frac{\partial}{\partial x}\left(\frac{\partial z}{\partial x}\right) = \frac{\partial^2 z}{\partial x^2} = f_{xx}(x,y), \quad \frac{\partial}{\partial y}\left(\frac{\partial z}{\partial x}\right) = \frac{\partial^2 z}{\partial x \partial y} = f_{xy}(x,y),$$

$$\frac{\partial}{\partial x}\left(\frac{\partial z}{\partial y}\right) = \frac{\partial^2 z}{\partial y \partial x} = f_{yx}(x,y), \quad \frac{\partial}{\partial y}\left(\frac{\partial z}{\partial y}\right) = \frac{\partial^2 z}{\partial y^2} = f_{yy}(x,y).$$

其中,$f_{xy}(x,y)$与$f_{yx}(x,y)$称为二阶混合偏导数.

例5 设$z = y\mathrm{e}^{xy}$,求二阶偏导数.

解 先求一阶偏导数,得 $z_x = y^2\mathrm{e}^{xy}$,$z_y = (1+xy)\mathrm{e}^{xy}$.

再求二阶偏导数,得

$$z_{xx} = y^3\mathrm{e}^{xy},$$

$$z_{xy} = (2y+xy^2)\mathrm{e}^{xy},$$

$$z_{yx} = [y+(1+xy)y]\mathrm{e}^{xy} = (2y+xy^2)\mathrm{e}^{xy},$$

$$z_{yy} = [x+x(1+xy)]\mathrm{e}^{xy} = (2x+x^2y)\mathrm{e}^{xy}.$$

在上例中,两个二阶混合偏导数相等,即$f_{xy}(x,y) = f_{yx}(y,x)$. 现在提出一个问题:一个二元函数的二阶混合偏导数在什么情况下相等? 下面的定理回答了这个问题.

定理 5.2.1 若函数$f(x,y)$的两个混合偏导数$f_{xy}(x,y)$和$f_{yx}(x,y)$在区域D内连续,则在该区域内这两个二阶偏导数必相等.

换句话说,二阶混合偏导数在连续的条件下与求导的次序无关.

对于二元以上的函数,也可以类似地定义高阶偏导数. 而且高阶混合偏导数在连续的条件下也与求导的次序无关.

例 6 证明 $z = \ln\sqrt{x^2 + y^2}$ 满足平面拉普拉斯(Laplace)方程

$$\frac{\partial^2 z}{\partial x^2} + \frac{\partial^2 z}{\partial y^2} = 0.$$

证明 因为 $\quad z = \ln\sqrt{x^2 + y^2} = \frac{1}{2}\ln(x^2 + y^2),$

所以

$$\frac{\partial z}{\partial x} = \frac{x}{x^2 + y^2}, \quad \frac{\partial z}{\partial y} = \frac{y}{x^2 + y^2},$$

$$\frac{\partial^2 z}{\partial x^2} = \frac{(x^2 + y^2) - x \cdot 2x}{(x^2 + y^2)^2} = \frac{y^2 - x^2}{(x^2 + y^2)^2},$$

$$\frac{\partial^2 z}{\partial y^2} = \frac{(x^2 + y^2) - y \cdot 2y}{(x^2 + y^2)^2} = \frac{x^2 - y^2}{(x^2 + y^2)^2}.$$

因此

$$\frac{\partial^2 z}{\partial x^2} + \frac{\partial^2 z}{\partial y^2} = \frac{y^2 - x^2}{(x^2 + y^2)^2} + \frac{x^2 - y^2}{(x^2 + y^2)^2} = 0.$$

一个含有未知函数的偏导数的方程式称作偏微分方程. 显然,上述拉普拉斯方程是一个偏微分方程. 诸多的物理现象可以通过拉普拉斯方程描述.

例 7 证明函数 $u = \dfrac{1}{\sqrt{x^2 + y^2 + z^2}}$ 满足空间拉普拉斯方程

$$\frac{\partial^2 u}{\partial x^2} + \frac{\partial^2 u}{\partial y^2} + \frac{\partial^2 u}{\partial z^2} = 0.$$

证明 可先算出 $\dfrac{\partial u}{\partial x} = -\dfrac{x}{(x^2 + y^2 + z^2)^{\frac{3}{2}}},$

$$\frac{\partial^2 u}{\partial x^2} = -\frac{1}{(x^2 + y^2 + z^2)^{\frac{3}{2}}} + \frac{3x^2}{(x^2 + y^2 + z^2)^{\frac{5}{2}}}.$$

由函数关于自变量的对称性可知

$$\frac{\partial^2 u}{\partial y^2} = -\frac{1}{(x^2 + y^2 + z^2)^{\frac{3}{2}}} + \frac{3y^2}{(x^2 + y^2 + z^2)^{\frac{5}{2}}},$$

$$\frac{\partial^2 u}{\partial z^2} = -\frac{1}{(x^2 + y^2 + z^2)^{\frac{3}{2}}} + \frac{3z^2}{(x^2 + y^2 + z^2)^{\frac{5}{2}}}.$$

因此

$$\frac{\partial^2 u}{\partial x^2} + \frac{\partial^2 u}{\partial y^2} + \frac{\partial^2 u}{\partial z^2} = 0.$$

注 上面两个例子中的两个方程都叫做拉普拉斯方程,是数学物理方程中一种很重要的方程.

5.2.2 全微分及其应用

1. 全微分的定义

根据一元函数微分学中增量与微分的关系,有

$$f(x+\Delta x,y)-f(x,y) \approx f_x(x,y)\Delta x,$$

$$f(x,y+\Delta y)-f(x,y) \approx f_y(x,y)\Delta y.$$

上面两式的左端分别叫做二元函数对 x 和对 y 的偏增量,而右端分别叫做二元函数对 x 和对 y 的偏微分.

在实际问题中,有时需要研究多元函数中各个自变量都取得增量时,因变量所获得的增量,即所谓全增量的问题.下面以二元函数为例进行讨论.

设 $z=f(x,y)$,当自变量 x,y 分别有改变量 $\Delta x,\Delta y$ 时,函数 z 的全增量为

$$\Delta z=f(x+\Delta x,y+\Delta y)-f(x,y).$$

一般来说,计算全增量 Δz 较复杂.与一元函数的情形一样,可以用自变量的增量 $\Delta x,\Delta y$ 的线性函数来近似地代替函数的全增量 Δz,从而有如下定义.

定义 5.2.2 如果函数 $z=f(x,y)$ 在点 (x,y) 处的全增量

$$\Delta z=f(x+\Delta x,y+\Delta y)-f(x,y)$$

可表示为

$$\Delta z=A\Delta x+B\Delta y+o(\rho),$$

式中,A,B 只与点 (x,y) 有关而与自变量的改变量 $\Delta x,\Delta y$ 无关,$\rho=\sqrt{(\Delta x)^2+(\Delta y)^2}$,则称 $f(x,y)$ 在点 (x,y) 处可微,并称 $A\Delta x+B\Delta y$ 为 $f(x,y)$ 在点 (x,y) 处的全微分,记作 $\mathrm{d}z$,即

$$\mathrm{d}z=A\Delta x+B\Delta y.$$

由定义可见,全微分 $\mathrm{d}z$ 是 Δx 与 Δy 的线性函数;当 $\rho \to 0$ 时,$\Delta z-\mathrm{d}z=o(\rho)$. 因此,$z$ 的全微分 $\mathrm{d}z$ 是 z 的全增量 Δz 的线性主要部分.

当函数 $f(x,y)$ 在区域 D 内每一点都可微时,称函数在 D 内可微.

前面已经提到,多元函数在某点的偏导数存在,并不能保证函数在该点处连续.但是由上述定义可知,如果函数 $z=f(x,y)$ 在点 (x,y) 处可微分,那么,这个函数在该点处必定连续.

事实上,由全微分定义可得

$$\lim_{\rho \to 0}\Delta z=0,$$

从而
$$\lim_{(\Delta x,\Delta y)\to(0,0)} f(x+\Delta x,y+\Delta y) = \lim_{\rho\to 0}[f(x,y)+\Delta z] = f(x,y).$$

因此,函数 $z=f(x,y)$ 在点 (x,y) 处连续.

下面讨论函数 $z=f(x,y)$ 在点 (x,y) 处可微分的条件.

定理 5.2.2(可微的必要条件) 如果函数 $z=f(x,y)$ 在点 (x,y) 处可微分,则该函数在点 (x,y) 处的偏导数 $\dfrac{\partial z}{\partial x},\dfrac{\partial z}{\partial y}$ 都存在,且函数 $z=f(x,y)$ 在点 (x,y) 处的全微分为

$$dz = \frac{\partial z}{\partial x}\Delta x + \frac{\partial z}{\partial y}\Delta y.$$

证明 已知 $f(x,y)$ 在 (x,y) 处可微,即存在常数 A 与 B 使得 $\Delta z = A\Delta x + B\Delta y + o(\rho)$. 令 $\Delta y=0$,此时有 $\rho=|\Delta x|$,且

$$f(x+\Delta x,y)-f(x,y) = A\Delta x + o(|\Delta x|),$$

于是

$$\frac{f(x+\Delta x,y)-f(x,y)}{\Delta x} = A + \frac{o(|\Delta x|)}{\Delta x},$$

令 $\Delta x\to 0$,取极限得

$$\lim_{\Delta x\to 0} \frac{f(x+\Delta x,y)-f(x,y)}{\Delta x} = A,$$

所以,$f(x,y)$ 在点 (x,y) 处关于 x 的偏导数存在且等于 A,即 $f_x(x,y)=A$.

同理可证 $f_y(x,y)=B$.

由上面定理可知,若 $f(x,y)$ 在区域 D 内可微,则在 D 内任一点 (x,y) 处的全微分可写成

$$dz = f_x(x,y)\Delta x + f_y(x,y)\Delta y.$$

与一元函数微分类似,自变量的全微分就等于它的改变量,即 $dx=\Delta x$,$dy=\Delta y$. 这样,全微分公式又可写成

$$dz = f_x(x,y)dx + f_y(x,y)dy$$

或

$$dz = \frac{\partial z}{\partial x}dx + \frac{\partial z}{\partial y}dy.$$

注 该定理不仅证明了二元函数可微的必要条件是偏导数存在,而且还给出了计算全微分的公式.

现在出现了一个问题:偏导数存在是否可微？答案是否定的.实际上,前面已经推导出,偏导数存在并不意味着函数在所考虑的点连续.虽然函数

$$f(x,y) = \begin{cases} \dfrac{xy}{x^2 + y^2}, & (x,y) \neq (0,0), \\ 0, & (x,y) = (0,0) \end{cases}$$

在点$(0,0)$处的偏导数存在,但在点$(0,0)$处不连续.另外,连续是可微的必要条件.由此可知,这个函数在点$(0,0)$处不可微.

由定理5.2.2及这个例子可知,偏导数存在是可微分的必要条件而不是充分条件.但是,如果再假定函数的各个偏导数连续,则可以证明函数是可微分的,即有下面的定理.

定理 5.2.3(可微的充分条件) 如果函数$z = f(x,y)$的偏导数$f_x(x,y)$,$f_y(x,y)$在点(x,y)的某个邻域内存在,且这两个偏导数在(x,y)处连续,则函数$f(x,y)$在点(x,y)处可微分.

证明 考虑函数的全增量,有

$$\begin{aligned} \Delta z &= f(x+\Delta x, y+\Delta y) - f(x,y) \\ &= [f(x+\Delta x, y+\Delta y) - f(x, y+\Delta y)] + [f(x, y+\Delta y) - f(x,y)]. \end{aligned}$$

在上式第一个方括号的表达式中,由于$y+\Delta y$不变,因而可以看作x的一元函数$f(x, y+\Delta y)$的增量.于是,应用拉格朗日中值定理,得到

$$\begin{aligned} &f(x+\Delta x, y+\Delta y) - f(x, y+\Delta y) \\ &= f_x(x+\theta_1\Delta x, y+\Delta y)\Delta x \quad (0 < \theta_1 < 1). \end{aligned}$$

又据假设,$f_x(x,y)$在点(x,y)处连续,所以上式可写为

$$f(x+\Delta x, y+\Delta y) - f(x, y+\Delta y) = f_x(x,y)\Delta x + \varepsilon_1\Delta x,$$

式中,ε_1为$\Delta x, \Delta y$的函数,且当$\Delta x \to 0, \Delta y \to 0$时,$\varepsilon_1 \to 0$.

同理可证,第二个方括号内的表达式可写为

$$f(x, y+\Delta y) - f(x,y) = f_y(x,y)\Delta y + \varepsilon_2\Delta y,$$

式中,ε_2为Δy的函数,且当$\Delta y \to 0$时,$\varepsilon_2 \to 0$.

因此,在偏导数连续的假定下,全增量Δz可以表示为

$$\Delta z = f_x(x,y)\Delta x + f_y(x,y)\Delta y + \varepsilon_1\Delta x + \varepsilon_2\Delta y.$$

容易看出

$$\left| \frac{\varepsilon_1\Delta x + \varepsilon_2\Delta y}{\rho} \right| \leqslant |\varepsilon_1| + |\varepsilon_2|,$$

因此有

$$\Delta z = f_x(x,y)\Delta x + f_y(x,y)\Delta y + o(\rho), \ \rho \to 0.$$

这就证明了 $f(x,y)$ 在点 (x,y) 处可微.

推论 若 D 是 R^2 中的一个区域,f 在区域 D 中有连续一阶偏导数,则 f 在 D 内可微.

通常情况下,遇到的函数大多是初等函数. 一个初等函数的偏导数若存在,一般仍是初等函数,而初等函数在其定义区域内是连续的. 因此,对于初等函数而言,只要偏导数存在,就一定可微.

通常把二元函数的全微分等于它的两个偏微分之和,称为二元函数的微分符合叠加原理.

叠加原理也适合于二元以上函数的情形. 例如,若三元函数 $u = f(x,y,z)$ 可微分,那么它的全微分就等于它的三个偏微分之和,即

$$\mathrm{d}u = \frac{\partial u}{\partial x}\mathrm{d}x + \frac{\partial u}{\partial y}\mathrm{d}y + \frac{\partial u}{\partial z}\mathrm{d}z.$$

例 8 计算函数 $z = x^2 y + xy^2$ 的全微分.

解 因为 $\qquad \dfrac{\partial z}{\partial x} = 2xy + y^2, \dfrac{\partial z}{\partial y} = x^2 + 2xy,$

所以 $\qquad \mathrm{d}z = (2xy + y^2)\mathrm{d}x + (x^2 + 2xy)\mathrm{d}y.$

例 9 计算函数 $z = \mathrm{e}^{xy}$ 在点 $(2,1)$ 处的全微分.

解 因为 $\qquad \dfrac{\partial z}{\partial x} = y\mathrm{e}^{xy}, \dfrac{\partial z}{\partial y} = x\mathrm{e}^{xy},$

$$\left.\frac{\partial z}{\partial x}\right|_{(2,1)} = \mathrm{e}^2, \left.\frac{\partial z}{\partial y}\right|_{(2,1)} = 2\mathrm{e}^2,$$

所以 $\qquad \mathrm{d}z = \mathrm{e}^2 \mathrm{d}x + 2\mathrm{e}^2 \mathrm{d}y.$

例 10 计算函数 $u = \mathrm{e}^z \sin(x + y)$ 的全微分.

解 因为 $\dfrac{\partial u}{\partial x} = \mathrm{e}^z \cos(x+y), \dfrac{\partial u}{\partial y} = \mathrm{e}^z \cos(x+y), \dfrac{\partial u}{\partial z} = \mathrm{e}^z \sin(x+y),$

所以 $\qquad \mathrm{d}u = \mathrm{e}^z [\cos(x + y)\mathrm{d}x + \cos(x + y)\mathrm{d}y + \sin(x + y)\mathrm{d}z].$

2. 全微分的应用

由二元函数全微分的定义及关于全微分存在的充分条件可知,当二元函数 $z = f(x,y)$ 在点 $P(x,y)$ 处的两个偏导数 $f_x(x,y), f_y(x,y)$ 连续,并且 $|\Delta x|, |\Delta y|$ 都较小时,就有近似等式

$$\Delta z \approx \mathrm{d}z = f_x(x,y)\Delta x + f_y(x,y)\Delta y.$$

上式也可以写成

$$f(x + \Delta x, y + \Delta y) \approx f(x,y) + f_x(x,y)\Delta x + f_y(x,y)\Delta y.$$

与一元函数类似,可以利用上式作近似计算和误差估计,下面举一些例子.

例 11 有一圆柱体,受压后发生变形,它的半径由 20 cm 增大到 20.05 cm,高度由100 cm 减少到 99 cm. 求此圆柱体体积变化的近似值.

解 设圆柱体的半径、高和体积依次为 r,h 和 V,则有

$$V = \pi r^2 h.$$

记 r,h 和 V 的增量依次为 $\Delta r,\Delta h$ 和 ΔV,由公式有

$$\Delta V \approx dV = V_r \Delta r + V_h \Delta h = 2\pi r h \Delta r + \pi r^2 \Delta h.$$

把 $r = 20, h = 100, \Delta r = 0.05, \Delta h = -1$ 代入,得

$$\Delta V \approx 2\pi \times 20 \times 100 \times 0.05 + \pi \times 20^2 \times (-1) = -200\pi (\text{cm}^3),$$

即此圆柱体在受压后体积约减少了 $200\pi \text{cm}^3$.

例 12 计算 $(1.04)^{2.02}$ 的近似值.

解 设函数 $f(x,y) = x^y$. 显然,要计算的值就是函数在 $x = 1.04, y = 2.02$ 时的函数值 $f(1.04, 2.02)$.

取 $x = 1, y = 2, \Delta x = 0.04, \Delta y = 0.02$. 由于

$$f(1,2) = 1,$$

$$f_x(x,y) = yx^{y-1}, f_x(1,2) = 2,$$

$$f_y(x,y) = x^y \ln x, f_y(1,2) = 0,$$

所以由公式可得

$$(1.04)^{2.02} \approx 1 + 2 \times 0.04 + 0 \times 0.02 = 1.08.$$

例 13 利用单摆舞动测定重力加速度 g 的公式是

$$g = \frac{4\pi^2 l}{T^2}.$$

现测得单摆摆长 l 与振动周期 T 分别为 $l = (100 \pm 0.1)\text{cm}, T = (2 \pm 0.004)\text{s}$. 问:由于测定 l 与 T 的误差而引起 g 的绝对误差和相对误差各为多少?

解 如果把测量 l 与 T 时所产生的误差当作 $|\Delta l|$ 与 $|\Delta T|$,则利用上面的计算公式所产生的误差就是二元函数 $g = \frac{4\pi^2 l}{T^2}$ 的全增量的绝对值 $|\Delta g|$. 由于 $|\Delta l|$, $|\Delta T|$ 都很小,因此,可以用 dg 来近似地代替 Δg. 这样就得到 g 的误差为

$$|\Delta g| \approx |dg| = \left| \frac{\partial g}{\partial l} \Delta l + \frac{\partial g}{\partial T} \Delta T \right| \leqslant \left| \frac{\partial g}{\partial l} \right| \cdot \delta_l + \left| \frac{\partial g}{\partial T} \right| \cdot \delta_T$$

$$= 4\pi^2 \left(\frac{1}{T^2} \delta_l + \frac{2l}{T^3} \delta_T \right),$$

式中,δ_l 与 δ_T 为 l 与 T 的绝对误差. 把 $l=100$, $T=2$, $\delta_l=0.1$, $\delta_T=0.004$ 代入上式,得 g 的绝对误差约为

$$\delta_g = 4\pi^2\left(\frac{0.1}{2^2} + \frac{2\times200}{2^3}\times0.004\right) = 0.5\pi^2 \approx 4.93(\text{cm/s}^2).$$

从而 g 的相对误差约为

$$\frac{\delta_g}{g}\times100\% = \frac{0.5\pi^2}{\dfrac{4\pi^2\times100}{2^2}}\times100\% = 0.5\%.$$

对于一般的二元函数 $z=f(x,y)$,如果自变量 x,y 的绝对误差分别为 δ_x, δ_y,即

$$|\Delta x| \leqslant \delta_x, \quad |\Delta y| \leqslant \delta_y,$$

则 z 的误差

$$|\Delta z| \approx |\mathrm{d}z| = \left|\frac{\partial z}{\partial x}\Delta x + \frac{\partial z}{\partial y}\Delta y\right| \leqslant \left|\frac{\partial z}{\partial x}\right|\cdot|\Delta x| + \left|\frac{\partial z}{\partial y}\right|\cdot\Delta y$$

$$\leqslant \left|\frac{\partial z}{\partial x}\right|\delta_x + \left|\frac{\partial z}{\partial y}\right|\delta_y;$$

从而得到 z 的绝对误差约为

$$\delta_z = \left|\frac{\partial z}{\partial x}\right|\delta_x + \left|\frac{\partial z}{\partial y}\right|\delta_y;$$

z 的相对误差约为

$$\frac{\delta_z}{|z|} = \left|\frac{\dfrac{\partial z}{\partial x}}{z}\right|\delta_x + \left|\frac{\dfrac{\partial z}{\partial y}}{z}\right|\delta_y.$$

5.2.3 多元复合函数求导法则

下面将一元函数微分学中的复合函数的求导法则推广到多元复合函数. 按照多元复合函数的复合情形,分三种情形讨论.

1. 复合函数的中间变量均为二元函数的情形

定理 5.2.4 设函数 $u=\varphi(x,y)$ 及 $v=\psi(x,y)$ 在点 (x,y) 处对 x,y 的偏导数存在,又设函数 $z=f(u,v)$ 在相应的点 (u,v) 处对 u,v 的偏导数存在且连续,则复合函数 $z=f[\varphi(x,y),\psi(x,y)]$ 在点 (x,y) 处对 x,y 的偏导数也存在,且有公式

$$\frac{\partial z}{\partial x} = \frac{\partial z}{\partial u}\cdot\frac{\partial u}{\partial x} + \frac{\partial z}{\partial v}\cdot\frac{\partial v}{\partial x},$$

$$\frac{\partial z}{\partial y} = \frac{\partial z}{\partial u}\cdot\frac{\partial u}{\partial y} + \frac{\partial z}{\partial v}\cdot\frac{\partial v}{\partial y},$$

这两个公式称为求复合函数偏导数的**链式法则**或**锁链法则**.

证明 先证明第一个公式.

首先,给 x 一个改变量 Δx,那么,相应地有 u,v 的改变量

$$\Delta u = \varphi(x+\Delta x,y) - \varphi(x,y),$$

$$\Delta v = \psi(x+\Delta x,y) - \psi(x,y).$$

又由于 $f(u,v)$ 可微,所以有

$$\Delta z = \frac{\partial z}{\partial u} \cdot \Delta u + \frac{\partial z}{\partial v} \cdot \Delta v + o(\sqrt{(\Delta u)^2 + (\Delta v)^2}),$$

$$\frac{\Delta z}{\Delta x} = \frac{\partial z}{\partial u} \cdot \frac{\Delta u}{\Delta x} + \frac{\partial z}{\partial v} \cdot \frac{\Delta v}{\Delta x} + \frac{o(\sqrt{(\Delta u)^2 + (\Delta v)^2})}{\Delta x}.$$

又因为 u,v 对于 x 都连续,所以,当 $\Delta x \to 0$ 时,有 $\Delta u \to 0, \Delta v \to 0$,且

$$\lim_{\Delta x \to 0} \frac{o(\sqrt{(\Delta u)^2 + (\Delta v)^2})}{\Delta x}$$

等于零,所以有

$$\frac{\partial z}{\partial x} = \lim_{\Delta x \to 0} \frac{\Delta z}{\Delta x} = \frac{\partial z}{\partial u} \cdot \frac{\partial u}{\partial x} + \frac{\partial z}{\partial v} \cdot \frac{\partial v}{\partial x}.$$

第二个等式可以类似地证明.

如果设 $u=\varphi(x,y), v=\psi(x,y), w=\omega(x,y)$,且在点 (x,y) 处具有对 x 及对 y 的偏导数,函数 $z=f(u,v,w)$ 在对应点 (u,v,w) 处具有连续的偏导数,则复合函数

$$z = f[\varphi(x,y), \psi(x,y), \omega(x,y)]$$

在点 (x,y) 的两个偏导数都存在,且可用下列公式计算:

$$\frac{\partial z}{\partial x} = \frac{\partial z}{\partial u} \cdot \frac{\partial u}{\partial x} + \frac{\partial z}{\partial v} \cdot \frac{\partial v}{\partial x} + \frac{\partial z}{\partial w} \cdot \frac{\partial w}{\partial x},$$

$$\frac{\partial z}{\partial y} = \frac{\partial z}{\partial u} \cdot \frac{\partial u}{\partial y} + \frac{\partial z}{\partial v} \cdot \frac{\partial v}{\partial y} + \frac{\partial z}{\partial w} \cdot \frac{\partial w}{\partial y}.$$

2. 复合函数的中间变量均为一元函数的情形

定理 5.2.5 设函数 $u=\varphi(x)$ 及 $v=\psi(x)$ 在点 x 处可导,又设函数 $z=f(u,v)$ 在对应的点 (u,v) 处对 u,v 的偏导数存在且连续,则复合函数 $z=f[\varphi(x), \psi(x)]$ 在点 x 处可导,且有公式

$$\frac{\mathrm{d}z}{\mathrm{d}x} = \frac{\partial z}{\partial u} \cdot \frac{\mathrm{d}u}{\mathrm{d}x} + \frac{\partial z}{\partial v} \cdot \frac{\mathrm{d}v}{\mathrm{d}x}.$$

本定理是定理 5.2.4 的特殊情况.

用同样的方法,可把定理推广到复合函数的中间变量多于两个的情形. 例如, 设 $z = f(u,v,w), u = \varphi(x), v = \psi(x), w = \omega(x)$ 复合而得复合函数

$$z = f[\varphi(x), \psi(x), \omega(x)],$$

则在与定理类似的条件下,这个复合函数在点 x 处可导,且其导数可用下列公式计算:

$$\frac{\mathrm{d}z}{\mathrm{d}x} = \frac{\partial z}{\partial u} \cdot \frac{\mathrm{d}u}{\mathrm{d}x} + \frac{\partial z}{\partial v} \cdot \frac{\mathrm{d}v}{\mathrm{d}x} + \frac{\partial z}{\partial w} \cdot \frac{\mathrm{d}w}{\mathrm{d}x}.$$

以上两个公式中的导数 $\dfrac{\mathrm{d}z}{\mathrm{d}x}$ 称为 x 的全导数.

3. 复合函数的中间变量既有一元函数,又有二元函数的情形

定理 5.2.6 设函数 $u = \varphi(x,y)$ 在点 (x,y) 处对 x 及对 y 的偏导数存在,函数 $v = \psi(y)$ 在点 y 处可导,又设函数 $z = f(u,v)$ 在相应的点 (u,v) 处对 u,v 的偏导数存在且连续,则复合函数 $z = f[\varphi(x,y), \psi(y)]$ 在点 (x,y) 处的两个偏导数都存在,且有公式

$$\frac{\partial z}{\partial x} = \frac{\partial z}{\partial u} \cdot \frac{\partial u}{\partial x},$$

$$\frac{\partial z}{\partial y} = \frac{\partial z}{\partial u} \cdot \frac{\partial u}{\partial y} + \frac{\partial z}{\partial v} \cdot \frac{\mathrm{d}v}{\mathrm{d}y}.$$

上述情形实际上也是情形 1 的一种特例. 即在上述情形中,变量 v 与 x 无关, 从而 $\dfrac{\partial v}{\partial x} = 0$;而 v 对 y 求导时,由于 v 是 y 的一元函数,故 $\dfrac{\partial v}{\partial y}$ 换成了 $\dfrac{\mathrm{d}v}{\mathrm{d}y}$,这就得到上述结果.

在上述情形中,还会遇到如下情形:复合函数的某些中间变量本身又是复合函数的自变量. 例如,设 $z = f(u,x,y)$ 具有连续偏导数,而 $u = \varphi(x,y)$ 具有偏导数, 则复合函数 $z = f[\varphi(x,y), x, y]$ 可看作 $v = x, w = y$ 的特殊情形. 因此

$$\frac{\partial v}{\partial x} = 1, \quad \frac{\partial w}{\partial x} = 0,$$

$$\frac{\partial v}{\partial y} = 0, \quad \frac{\partial w}{\partial y} = 1.$$

从而,复合函数 $z = f[\varphi(x,y), x, y]$ 具有对自变量 x 及 y 的偏导数,且由公式得

$$\frac{\partial z}{\partial x} = \frac{\partial f}{\partial u} \frac{\partial u}{\partial x} + \frac{\partial f}{\partial x},$$

$$\frac{\partial z}{\partial y} = \frac{\partial f}{\partial u} \frac{\partial u}{\partial y} + \frac{\partial f}{\partial y}.$$

注 这里的 $\dfrac{\partial z}{\partial x}$ 与 $\dfrac{\partial f}{\partial x}$ 是不同的;$\dfrac{\partial z}{\partial x}$ 是把复合函数 $z = f[\varphi(x,y),x,y]$ 中的 y 看作不变而对 x 的偏导数;$\dfrac{\partial f}{\partial x}$ 是把 $z = f(u,x,y)$ 中的 u 及 y 看作不变而对 x 的偏导数.$\dfrac{\partial z}{\partial y}$ 与 $\dfrac{\partial f}{\partial y}$ 也有类似的区别.

例 14 设 $z = \mathrm{e}^u \sin v, u = 2xy, v = x^2 + y$,求 $\dfrac{\partial z}{\partial x}, \dfrac{\partial z}{\partial y}$.

解
$$\frac{\partial z}{\partial x} = \frac{\partial z}{\partial u} \cdot \frac{\partial u}{\partial x} + \frac{\partial z}{\partial v} \cdot \frac{\partial v}{\partial x} = \mathrm{e}^u \sin v \cdot 2y + \mathrm{e}^u \cos v \cdot 2x$$
$$= 2\mathrm{e}^u (x\cos v + y\sin v),$$
$$\frac{\partial z}{\partial y} = \frac{\partial z}{\partial u} \cdot \frac{\partial u}{\partial y} + \frac{\partial z}{\partial v} \cdot \frac{\partial v}{\partial y} = \mathrm{e}^u \sin v \cdot 2x + \mathrm{e}^u \cos v \cdot 1$$
$$= \mathrm{e}^u (2x\sin v + \cos v).$$

例 15 设 $z = uv, u = \mathrm{e}^x, v = \cos x$,求全导数 $\dfrac{\mathrm{d}z}{\mathrm{d}x}$.

解
$$\frac{\mathrm{d}z}{\mathrm{d}x} = \frac{\partial z}{\partial u} \cdot \frac{\mathrm{d}u}{\mathrm{d}x} + \frac{\partial z}{\partial v} \cdot \frac{\mathrm{d}v}{\mathrm{d}x} = v\mathrm{e}^x - u\sin x$$
$$= \mathrm{e}^x \cos x - \mathrm{e}^x \sin x = \mathrm{e}^x (\cos x - \sin x).$$

例 16 设 $z = f(x,y)$ 有连续的一阶偏导数,且 $x = r\cos\theta, y = r\sin\theta$,求 $\dfrac{\partial z}{\partial r}$,$\dfrac{\partial z}{\partial \theta}$,并证明关系式

$$\left(\frac{\partial z}{\partial r}\right)^2 + \frac{1}{r^2}\left(\frac{\partial z}{\partial \theta}\right)^2 = \left(\frac{\partial z}{\partial x}\right)^2 + \left(\frac{\partial z}{\partial y}\right)^2.$$

解 由链式法则,可得

$$\frac{\partial z}{\partial r} = \frac{\partial z}{\partial x} \cdot \frac{\partial x}{\partial r} + \frac{\partial z}{\partial y} \cdot \frac{\partial y}{\partial r} = \cos\theta \frac{\partial z}{\partial x} + \sin\theta \frac{\partial z}{\partial y},$$
$$\frac{\partial z}{\partial \theta} = \frac{\partial z}{\partial x} \cdot \frac{\partial x}{\partial \theta} + \frac{\partial z}{\partial y} \cdot \frac{\partial y}{\partial \theta} = -r\sin\theta \frac{\partial z}{\partial x} + r\cos\theta \frac{\partial z}{\partial y}.$$

所以

$$\left(\frac{\partial z}{\partial r}\right)^2 + \left(\frac{1}{r} \cdot \frac{\partial z}{\partial \theta}\right)^2 = \left(\cos\theta \frac{\partial z}{\partial x} + \sin\theta \frac{\partial y}{\partial y}\right)^2 + \left(-\sin\theta \frac{\partial z}{\partial x} + \cos\theta \frac{\partial z}{\partial y}\right)^2$$
$$= \left(\frac{\partial z}{\partial x}\right)^2 + \left(\frac{\partial z}{\partial y}\right)^2.$$

例 17 设 $w = f(x+y+z, xyz), f$ 具有二阶连续偏导数,求 $\dfrac{\partial w}{\partial x}$ 及 $\dfrac{\partial^2 w}{\partial x \partial z}$.

解 令 $u = x + y + z, v = xyz$，则 $w = f(u, v)$．

为表达简便起见，引入以下记号：

$$f_1' = \frac{\partial f(u, v)}{\partial u}, \quad f_{12}'' = \frac{\partial^2 f(u, v)}{\partial u \partial v}.$$

这里的下标 1 表示对第一个变量 u 求偏导数，下标 2 表示对第二个变量 v 求偏导数．同理有 f_2'，f_{21}''，f_{22}''，等等．

因所给函数由 $w = f(u, v)$ 及 $u = x + y + z, v = xyz$ 复合而成，根据复合函数求导法则，有

$$\frac{\partial w}{\partial x} = \frac{\partial f}{\partial u} \cdot \frac{\partial u}{\partial x} + \frac{\partial f}{\partial v} \cdot \frac{\partial v}{\partial x} = f_1' + yz f_2',$$

$$\frac{\partial^2 w}{\partial x \partial z} = \frac{\partial}{\partial z}(f_1' + yz f_2') = \frac{\partial f_1'}{\partial z} + y f_2' + yz \frac{\partial f_2'}{\partial z}.$$

求 $\dfrac{\partial f_1'}{\partial z}$ 及 $\dfrac{\partial f_2'}{\partial z}$ 时，应注意 f_1' 及 f_2' 仍旧是复合函数，根据复合函数求导法则，有

$$\frac{\partial f_1'}{\partial z} = \frac{\partial f_1'}{\partial u} \frac{\partial u}{\partial z} + \frac{\partial f_1'}{\partial v} \frac{\partial v}{\partial z} = f_{11}'' + xy f_{12}'',$$

$$\frac{\partial f_2'}{\partial z} = \frac{\partial f_2'}{\partial u} \frac{\partial u}{\partial z} + \frac{\partial f_2'}{\partial v} \frac{\partial v}{\partial z} = f_{21}'' + xy f_{22}'',$$

于是

$$\begin{aligned}
\frac{\partial^2 w}{\partial x \partial z} &= f_{11}'' + xy f_{12}'' + y f_2' + yz f_{21}'' + xy^2 z f_{22}'' \\
&= f_{11}'' + y(x + z) f_{12}'' + xy^2 z f_{22}'' + y f_2'.
\end{aligned}$$

例 18 设 $z = f(u, v, w)$，其中 $u = e^x, v = xy, w = y\sin x$，求 $\dfrac{\partial z}{\partial x}, \dfrac{\partial z}{\partial y}$．

解 根据上述链式法则，有

$$\frac{\partial z}{\partial x} = \frac{\partial f}{\partial u} \cdot e^x + \frac{\partial f}{\partial v} \cdot y + \frac{\partial f}{\partial w} \cdot y\cos x,$$

$$\frac{\partial z}{\partial y} = \frac{\partial f}{\partial u} \cdot 0 + \frac{\partial f}{\partial v} \cdot x + \frac{\partial f}{\partial w} \cdot \sin x.$$

全微分形式不变性 与一元函数的一阶微分形式不变性类似，多元函数的一阶全微分也有形式不变性．

定理 5.2.7 设函数 $z = f(u, v), u = u(x, y), v = v(x, y)$ 都有连续的偏导数，则复合函数

$$z = f[u(x, y), v(x, y)]$$

在点(x,y)处的全微分仍可表示为

$$\mathrm{d}z = f_u\mathrm{d}u + f_v\mathrm{d}v.$$

证明 由于复合函数$z = f[u(x,y),v(x,y)]$在点(x,y)处有连续的偏导数，因而在点(x,y)处可微，再由链式法则有

$$\begin{aligned}
\mathrm{d}z &= \frac{\partial z}{\partial x}\mathrm{d}x + \frac{\partial z}{\partial y}\mathrm{d}y \\
&= \left(f_u\frac{\partial u}{\partial x} + f_v\frac{\partial v}{\partial x}\right)\mathrm{d}x + \left(f_u\frac{\partial u}{\partial y} + f_v\frac{\partial v}{\partial y}\right)\mathrm{d}y \\
&= f_u\left(\frac{\partial u}{\partial x}\mathrm{d}x + \frac{\partial u}{\partial y}\mathrm{d}y\right) + f_v\left(\frac{\partial v}{\partial x}\mathrm{d}x + \frac{\partial v}{\partial y}\mathrm{d}y\right) \\
&= f_u\mathrm{d}u + f_v\mathrm{d}v.
\end{aligned}$$

由定理5.2.7可知，无论z是自变量u,v的函数还是中间变量u,v的函数，它的全微分形式是一样的.这个性质叫做全微分形式不变性.

例 19 设$w = \sin(x^2 + y^2) + \mathrm{e}^{xz}$，求在点$(1,0,1)$处的全微分$\mathrm{d}w$.

解 不妨设$u = x^2 + y^2, v = xz$，则$w = \sin u + \mathrm{e}^v$.由一阶微分形式不变性，有

$$\begin{aligned}
\mathrm{d}w &= \cos u\mathrm{d}u + \mathrm{e}^v\mathrm{d}v \\
&= \cos(x^2 + y^2)\mathrm{d}(x^2 + y^2) + \mathrm{e}^{xz}\mathrm{d}xz \\
&= \cos(x^2 + y^2)(2x\mathrm{d}x + 2y\mathrm{d}y) + \mathrm{e}^{xz}(z\mathrm{d}x + x\mathrm{d}z).
\end{aligned}$$

将$x = 1, y = 0, z = 1$代入上式，可以得到

$$\begin{aligned}
\mathrm{d}w &= \cos 1 \cdot 2\mathrm{d}x + \mathrm{e}(\mathrm{d}x + \mathrm{d}z) \\
&= (2\cos 1 + \mathrm{e})\mathrm{d}x + \mathrm{e}\mathrm{d}z.
\end{aligned}$$

5.2.4 隐函数求导公式

本节将介绍由一个方程$F(x,y,z) = 0$所确定的隐函数求导法，以及由方程组$F(x,y,u,v) = 0, G(x,y,u,v) = 0$所确定的隐函数求导法.

1. 一个方程的情形

前面提出了隐函数的概念，并且指出了不经过显化，直接由方程$F(x,y) = 0$求它所确定的隐函数的导数方法.不过，那里只是就具体方程来介绍求导的方法.现在利用偏导数符号，可以得出一般的隐函数的求导公式.

定理5.2.8 设函数$F(x,y)$在点$P(x_0,y_0)$的某一个邻域内具有连续偏导数，且$F(x_0,y_0) = 0, F_y(x_0,y_0) \neq 0$，则方程$F(x,y) = 0$在点$(x_0,y_0)$的某一邻域内唯一确定一个连续且具有连续导数的函数$y = f(x)$，它满足条件$y_0 = f(x_0)$，并有

$$\frac{\mathrm{d}y}{\mathrm{d}x} = -\frac{F_x}{F_y}.$$

上面的定理给出了隐函数的求导公式,在这里不对定理作具体的证明,只对公式进行简单推导.

把方程 $F(x,y) = 0$ 所确定的函数 $y = f(x)$ 代回方程中,得恒等式

$$F[x, f(x)] = 0.$$

上式左端可以看作 x 的复合函数,由全导数公式,对恒等式求导得

$$\frac{\partial F}{\partial x} + \frac{\partial F}{\partial y}\frac{\mathrm{d}y}{\mathrm{d}x} = 0.$$

由于 F_y 连续,且 $F_y(x_0, y_0) \neq 0$,所以,存在点 (x_0, y_0) 的一个邻域,在这个邻域内 $F_y \neq 0$,于是得到

$$\frac{\mathrm{d}y}{\mathrm{d}x} = -\frac{F_x}{F_y}.$$

隐函数存在定理还可以推广到多元函数. 既然一个二元方程可以确定一个一元函数,那么,一个三元方程

$$F(x, y, z) = 0$$

就有可能确定一个二元函数. 因此,与定理 5.2.8 类似,有下面的定理.

定理 5.2.9 设函数 $F(x,y,z)$ 在点 $P(x_0, y_0, z_0)$ 的某一邻域内具有连续偏导数,且 $F(x_0, y_0, z_0) = 0, F_z(x_0, y_0, z_0) \neq 0$,则方程 $F(x, y, z) = 0$ 在点 (x_0, y_0, z_0) 的某一邻域内能唯一确定一个连续且具有连续偏导数的函数 $z = f(x, y)$,它满足条件 $z_0 = f(x_0, y_0)$,并有

$$\frac{\partial z}{\partial x} = -\frac{F_x}{F_z}, \quad \frac{\partial z}{\partial y} = -\frac{F_y}{F_z}.$$

这个定理也不作证明,只对公式进行如下推导.

由于

$$F[x, y, f(x, y)] = 0,$$

将上式两端分别对 x 和 y 求导,应用复合函数求导法则得

$$F_x + F_z \frac{\partial z}{\partial x} = 0, \quad F_y + F_z \frac{\partial z}{\partial y} = 0.$$

因为 F_z 连续,且 $F_z(x_0, y_0, z_0) \neq 0$,所以,存在点 (x_0, y_0, z_0) 的一个邻域,在这个邻域内 $F_z \neq 0$,于是得

$$\frac{\partial z}{\partial x} = -\frac{F_x}{F_z}, \quad \frac{\partial z}{\partial y} = -\frac{F_y}{F_z}.$$

例 20 设 $xy + yz + e^{xz} = 3$,求 z_x, z_y.

解法 1 直接套用公式. 令

$$F(x, y, z) = xy + yz + e^{xz} - 3,$$

这时, $F_x = y + ze^{xz}, F_y = x + z, F_z = y + xe^{xz}$,则由定理 $5.2.9$ 得

$$\frac{\partial z}{\partial x} = -\frac{F_x}{F_z} = -\frac{y + ze^{xz}}{y + xe^{xz}},$$

$$\frac{\partial z}{\partial y} = -\frac{F_y}{F_z} = -\frac{x + z}{y + xe^{xz}}.$$

解法 2 在计算隐函数 $z = z(x, y)$ 的偏导数时,也可以用另外一种办法求得:在方程

$$xy + yz + e^{xz} - 3 = 0$$

中将 z 视作点 (x, y) 的函数,对方程两端关于 x 求偏导数,可得

$$y + yz_x + e^{xz}(z + xz_x) = 0,$$

由此可解出

$$\frac{\partial z}{\partial x} = -\frac{y + ze^{xz}}{y + xe^{xz}}.$$

同理,在方程两边同时对 y 求偏导数,可得

$$\frac{\partial z}{\partial y} = -\frac{x + z}{y + xe^{xz}}.$$

例 21 设 $x^2 + y^2 + z^2 = 4z$,求 $\dfrac{\partial^2 z}{\partial x^2}$.

解 设 $F(x, y, z) = x^2 + y^2 + z^2 - 4z$,则 $F_x = 2x, F_y = 2y, F_z = 2z - 4$,由定理可得

$$\frac{\partial z}{\partial x} = \frac{x}{2 - z}.$$

再一次对 x 求偏导数,得

$$\frac{\partial^2 z}{\partial x^2} = \frac{(2 - z) + x\dfrac{\partial z}{\partial x}}{(2 - z)^2} = \frac{(2 - z) + x\dfrac{x}{2 - z}}{(2 - z)^2} = \frac{(2 - z)^2 + x^2}{(2 - z)^3}.$$

2. 方程组的情形

上面讨论的是由一个方程所确定的隐函数. 但是,有时实际问题是由多个方程

所确定的隐函数问题. 例如, 在什么条件下, 由两个方程

$$\begin{cases} F(x,u,v) = 0, \\ G(x,u,v) = 0 \end{cases}$$

可确定隐函数 $u = u(x)$ 及 $v = v(x)$?

在前面的讨论中, 要想由 $F(x,y) = 0$ 确定 y 为 x 的函数, 需要条件 $F_y \neq 0$. 那么, 在多个方程的情形下, 相当于 $F_y \neq 0$ 的条件应当是什么呢?

下面的定理回答了所提出的问题.

定理 5.2.10 设 $F(x,y,u,v), G(x,y,u,v)$ 在点 $P(x_0, y_0, u_0, v_0)$ 的某一邻域内对各个变量具有连续偏导数, $F(x_0, y_0, u_0, v_0) = 0, G(x_0, y_0, u_0, v_0) = 0$, 且偏导数所组成的函数行列式, 或称雅可比(Jacobi)式

$$J = \begin{vmatrix} F_u & F_v \\ G_u & G_v \end{vmatrix}$$

在点 $P(x_0, y_0, u_0, v_0)$ 处不等于 0, 则方程组 $F(x,y,u,v) = 0, G(x,y,u,v) = 0$ 在点 (x_0, y_0, u_0, v_0) 的某个邻域内能唯一地确定一组连续且具有连续偏导数的函数 $u = u(x,y), v = v(x,y)$, 满足条件 $u_0 = u(x_0, y_0), v_0 = v(x_0, y_0)$, 且

$$\frac{\partial u}{\partial x} = -\frac{1}{J}\frac{\partial(F,G)}{\partial(x,v)} = -\frac{\begin{vmatrix} F_x & F_v \\ G_x & G_v \end{vmatrix}}{\begin{vmatrix} F_u & F_v \\ G_u & G_v \end{vmatrix}}, \quad \frac{\partial v}{\partial x} = -\frac{1}{J}\frac{\partial(F,G)}{\partial(u,x)} = -\frac{\begin{vmatrix} F_u & F_x \\ G_u & G_x \end{vmatrix}}{\begin{vmatrix} F_u & F_v \\ G_u & G_v \end{vmatrix}},$$

$$\frac{\partial u}{\partial y} = -\frac{1}{J}\frac{\partial(F,G)}{\partial(y,v)} = -\frac{\begin{vmatrix} F_y & F_v \\ G_y & G_v \end{vmatrix}}{\begin{vmatrix} F_u & F_v \\ G_u & G_v \end{vmatrix}}, \quad \frac{\partial v}{\partial y} = -\frac{1}{J}\frac{\partial(F,G)}{\partial(u,y)} = -\frac{\begin{vmatrix} F_u & F_y \\ G_u & G_y \end{vmatrix}}{\begin{vmatrix} F_u & F_v \\ G_u & G_v \end{vmatrix}}.$$

与前面两个定理类似, 仅就公式作如下推导.

由于

$$F[x,y,u(x,y),v(x,y)] \equiv 0,$$

$$G[x,y,u(x,y),v(x,y)] \equiv 0,$$

利用复合函数求导法则, 恒等式两边分别对 x 求导, 得

$$\begin{cases} F_x + F_u \dfrac{\partial u}{\partial x} + F_v \dfrac{\partial v}{\partial x} = 0, \\ G_x + G_u \dfrac{\partial u}{\partial x} + G_v \dfrac{\partial v}{\partial x} = 0. \end{cases}$$

把上式看作 $\dfrac{\partial u}{\partial x}, \dfrac{\partial v}{\partial x}$ 的线性方程组,其系数行列式

$$J = \begin{vmatrix} F_u & F_v \\ G_u & G_v \end{vmatrix} \neq 0,$$

从而可解出 $\dfrac{\partial u}{\partial x}, \dfrac{\partial v}{\partial x}$,得到

$$\frac{\partial u}{\partial x} = -\frac{1}{J}\frac{\partial(F,G)}{\partial(x,v)}, \frac{\partial v}{\partial x} = -\frac{1}{J}\frac{\partial(F,G)}{\partial(u,x)}.$$

同理可得

$$\frac{\partial u}{\partial y} = -\frac{1}{J}\frac{\partial(F,G)}{\partial(y,v)}, \frac{\partial v}{\partial y} = -\frac{1}{J}\frac{\partial(F,G)}{\partial(u,y)}.$$

例 22　设 $xu - yv = 0, yu + xv = 1$,求 $\dfrac{\partial u}{\partial x}, \dfrac{\partial u}{\partial y}$ 和 $\dfrac{\partial v}{\partial x}, \dfrac{\partial v}{\partial y}$.

解　将所给方程的两边对 x 求导并移项,得

$$\begin{cases} x\dfrac{\partial u}{\partial x} - y\dfrac{\partial v}{\partial x} = -u, \\[2mm] y\dfrac{\partial u}{\partial x} + x\dfrac{\partial v}{\partial x} = -v. \end{cases}$$

在 $J = \begin{vmatrix} x & -y \\ y & x \end{vmatrix} = x^2 + y^2 \neq 0$ 的条件下,

$$\frac{\partial u}{\partial x} = \frac{\begin{vmatrix} -u & -y \\ -v & x \end{vmatrix}}{\begin{vmatrix} x & -y \\ y & x \end{vmatrix}} = -\frac{xu + yv}{x^2 + y^2}, \quad \frac{\partial v}{\partial x} = \frac{\begin{vmatrix} x & -u \\ y & -v \end{vmatrix}}{\begin{vmatrix} x & -y \\ y & x \end{vmatrix}} = \frac{yu - xv}{x^2 + y^2}.$$

将所给的方程的两边对 y 求导.同理,在 $J = x^2 + y^2 \neq 0$ 的条件下可得

$$\frac{\partial u}{\partial y} = \frac{xv - yu}{x^2 + y^2}, \quad \frac{\partial v}{\partial y} = -\frac{xu + yv}{x^2 + y^2}.$$

例 23　设 $x = r\cos\theta, y = r\sin\theta$,求 $\dfrac{\partial r}{\partial x}, \dfrac{\partial \theta}{\partial x}$ 和 $\dfrac{\partial r}{\partial y}, \dfrac{\partial \theta}{\partial y}$.

解　对两式关于 x 求导,有

$$1 = \cos\theta\,\frac{\partial r}{\partial x} - r\sin\theta\,\frac{\partial \theta}{\partial x},$$

$$0 = \sin\theta\,\frac{\partial r}{\partial x} + r\cos\theta\,\frac{\partial \theta}{\partial x},$$

由此可解得
$$\frac{\partial r}{\partial x} = \cos\theta, \frac{\partial\theta}{\partial x} = -\frac{\sin\theta}{r}.$$

同样,对两式关于 y 求导,有

$$0 = \cos\theta\frac{\partial r}{\partial y} - r\sin\theta\frac{\partial\theta}{\partial y},$$

$$1 = \sin\theta\frac{\partial r}{\partial y} + r\cos\theta\frac{\partial\theta}{\partial y},$$

由此可解得
$$\frac{\partial r}{\partial y} = \sin\theta, \quad \frac{\partial\theta}{\partial y} = \frac{\cos\theta}{r}.$$

习题 5.2

1. 求下列函数的偏导数.

(1) $z = \arctan\dfrac{y}{x}$;

(2) $z = \dfrac{x\mathrm{e}^y}{y^2}$;

(3) $z = \sqrt{\ln(xy)}$;

(4) $z = (1+xy)^y$;

(5) $f(x,y) = \displaystyle\int_y^x \mathrm{e}^{t^2}\,\mathrm{d}t$;

(6) $u = (xy)^z$;

(7) $u = \arctan(x-y)^z$;

(8) $u = \sin(x_1 + 2x_2 + \cdots + nx_n)$.

2. 求下列指定的偏导数.

(1) $f(x,y) = \arctan\dfrac{y}{x} + \ln\sqrt{x^2+y^2}, f_x(x,y), f_y(1,1)$;

(2) $f(x,y) = \ln\left(x + \dfrac{y}{2x}\right), f_x(1,0), f_y(1,0)$;

(3) $f(x,y) = \displaystyle\int_y^x \mathrm{e}^{-t^2}\,\mathrm{d}t, f_x(x,y), f_y(x,y)$;

(4) $f(x,y,z) = \ln(xy+z), f_x(2,1,0), f_y(2,1,0), f_z(2,1,0)$.

3. 证明函数

$$f(x,y) = \begin{cases} \dfrac{x^2+y^2}{|x|+|y|}, & (x,y) \neq (0,0), \\ 0, & (x,y) = (0,0) \end{cases}$$
在点 $(0,0)$ 处连续,但 $f_x(0,0)$ 不存在.

4. 设 $z = xy + x\mathrm{e}^{\frac{y}{x}}$,证明

$$x\frac{\partial z}{\partial x} + y\frac{\partial z}{\partial y} = xy + z.$$

5. 求下列函数的二阶偏导数.

(1) $z = \sin(x+y) + \cos(x-y)$;

(2) $z = x^{\ln y}$;

(3) $z = \arctan\dfrac{y}{x}$;

(4) $z = x\ln(xy)$.

6. 设 $r = (x^2 + y^2 + z^2)^{\frac{1}{2}}$，证明

$$\frac{\partial^2 (\ln r)}{\partial x^2} + \frac{\partial^2 (\ln r)}{\partial y^2} + \frac{\partial^2 (\ln r)}{\partial z^2} = \frac{1}{r^2}.$$

7. 设 $z = \mathrm{e}^x (\cos y + x \sin y)$，求 $\dfrac{\partial^2 z}{\partial x^2} \Big|_{(0, \frac{\pi}{2})}, \dfrac{\partial^2 z}{\partial x \partial y} \Big|_{(0, \frac{\pi}{2})}, \dfrac{\partial^2 z}{\partial y^2} \Big|_{(0, \frac{\pi}{2})}.$

8. 设 $u(x, y) = \mathrm{e}^x \cos y$，证明

$$\frac{\partial^2 u}{\partial x^2} + \frac{\partial^2 u}{\partial y^2} = 0.$$

9. 求下列函数的全微分.

(1) $z = x^3 + y^3 - 3xy$；

(2) $z = x^2 y^3$；

(3) $z = yx^y$；

(4) $z = \dfrac{y}{\sqrt{x^2 + y^2}}$；

(5) $z = \mathrm{e}^x \cos(xy)$；

(6) $z = (x^2 + y^2) \mathrm{e}^{\frac{x^2+y^2}{xy}}$；

(7) $u = x^{yz}$；

(8) $u = x \tan(yz)$.

10. 求函数 $f(x, y) = \dfrac{xy}{x^2 - y^2}$，当 $x = 2, y = 1, \Delta x = 0.01, \Delta y = 0.03$ 时的全微分和全增量，并求二者之差.

11. 计算下列各式的近似值.

(1) $1.97^{1.05}$（$\ln 2 = 0.693$）；

(2) $\sqrt[3]{28} \times \sqrt[4]{15}$.

12. 一圆柱体受压后发生变形，它的半径由 20 cm 变到 20.05 cm，高由 100 cm 减少到 99 cm，求此圆柱体体积变化的近似值.

13. 已测得一电阻两端的电压 $U = 110$ V，电流强度 $I = 1.5$ A，其绝对误差 $\delta_U = 0.05$ V，$\delta_I = 0.1$ A，求电阻 R 的值，并计算绝对误差 δ_R 和相对误差 δ_R^* 的值.

14. 利用全微分证明.

(1) 和的绝对误差等于各加数的绝对误差之和；

(2) 乘积的相对误差等于各因子的相对误差之和；

(3) 商的相对误差等于被除数及除数的相对误差之差.

15. 求下列复合函数的导数 $\dfrac{\mathrm{d}z}{\mathrm{d}t}$.

(1) $z = \mathrm{e}^{xy}, x = t^2, y = t^3$；　(2) $z = \arctan(x - y), x = 3t, y = 4t^3$；

(3) $z = \mathrm{e}^{-x^2 - y^2}, x = t, y = \sqrt{t}$；(4) $z = \ln(x^2 + y^2), x = t + \dfrac{1}{t}, y = t(t - 1)$；

(5) $z = x^2 + u\mathrm{e}^y + \sin xu, x = t, y = t^2, u = t^3$；

(6) $z = u^3 v^2 + \mathrm{e}^t, u = \sin t, v = \cos t$.

16. 设 $z = u^2 v - uv^2$，而 $u = x \cos y, v = x \sin y$，求 $\dfrac{\partial z}{\partial x}, \dfrac{\partial z}{\partial y}$.

17. 设 $z = f(x^2 - y^2, \mathrm{e}^{xy})$，其中 $f(x, y)$ 的偏导数存在，求 $\dfrac{\partial z}{\partial x}, \dfrac{\partial z}{\partial y}$.

18. 设 $z = \arctan \dfrac{x}{y}, x = u + v, y = u - v$，求 $\dfrac{\partial z}{\partial u}, \dfrac{\partial z}{\partial v}$，并验证

$$\frac{\partial z}{\partial u} + \frac{\partial z}{\partial v} = \frac{u-v}{u^2+v^2}.$$

19. 求下列函数的二阶偏导数 $\frac{\partial^2 z}{\partial x^2}, \frac{\partial^2 z}{\partial x \partial y}, \frac{\partial^2 z}{\partial y^2}$ (其中 f 具有二阶连续偏导数).

(1) $z = f(xy, y)$;

(2) $z = f\left(x, \dfrac{x}{y}\right)$;

(3) $z = f(xy^2, x^2 y)$;

(4) $z = f(\sin x, \cos y, e^{x+y})$.

20. 设函数 $z = f(x+y, xy)$ 的二阶偏导数连续,求 $\frac{\partial^2 z}{\partial x \partial y}$.

21. 求下列隐函数的导数 $\frac{dy}{dx}$.

(1) $x^2 - xy + y^3 = 0$;

(2) $x \cos y + y \cos x = 0$;

(3) $\sin y + e^x - xy^2 = 0$;

(4) $\ln \sqrt{x^2 + y^2} = \arctan \dfrac{y}{x}$;

(5) $y = 1 + y^x$;

(6) $\arctan \dfrac{x+y}{a} - \dfrac{y}{a} = 0$.

22. 求下列隐函数的偏导数 $\frac{\partial z}{\partial x}$ 及 $\frac{\partial z}{\partial y}$.

(1) $xy + yz - xz = 0$;

(2) $x + 2y + 2z - 2\sqrt{xyz} = 0$;

(3) $xe^y + yz + ze^x = 0$;

(4) $x - z = \ln \dfrac{z}{y}$.

23. 求由方程 $\dfrac{x}{z} = \ln \dfrac{z}{y}$ 所确定的隐函数 $z = f(x, y)$ 的全微分 dz.

24. 设 $2\sin(x + 2y - 3z) = x + 2y - 3z$,证明 $\frac{\partial z}{\partial x} + \frac{\partial z}{\partial y} = 1$.

25. 设方程 $f(x+y+z, xy+yz+zx) = 0$ 确定了函数 $z = z(x,y)$,求 $\frac{\partial z}{\partial x}, \frac{\partial z}{\partial y}$.

26. 设由方程 $f(x, y, z) = 0$ 分别可确定函数 $x = x(y,z), y = y(x,z), z = z(x,y)$,证明

$$\frac{\partial x}{\partial y} \cdot \frac{\partial y}{\partial z} \cdot \frac{\partial z}{\partial x} = -1.$$

27. 设 $e^z - xyz = 0$ 确定函数 $z(x,y)$,求 $\frac{\partial^2 z}{\partial y^2}$.

28. 求由下列方程组所确定的函数的导数或偏导数.

(1) $\begin{cases} x + y + z = 0, \\ x^2 + y^2 + z^2 = 1, \end{cases}$ 求 $\dfrac{dx}{dz}, \dfrac{dy}{dz}$;

(2) $\begin{cases} z = x^2 + y^2, \\ x^2 + 2y^2 + 3z^2 = 20, \end{cases}$ 求 $\dfrac{dy}{dx}, \dfrac{dz}{dx}$;

(3) $\begin{cases} x = e^u + u\sin v, \\ y = e^u - u\cos v, \end{cases}$ 求 $\dfrac{\partial u}{\partial x}, \dfrac{\partial u}{\partial y}, \dfrac{\partial v}{\partial x}, \dfrac{\partial v}{\partial y}$.

29. 设 $z = f\left(xz, \dfrac{z}{y}\right)$ 确定 z 为 x, y 的函数,求 dz.

30. 设方程 $\displaystyle\int_0^{x^2} e^t dt + \int_0^{y^3} t dt + \int_0^z \cos t dt = 0$ 确定函数 $z = z(x,y)$,求 dz.

5.3 微分法的应用

5.3.1 微分法在几何上的应用

1. 空间曲线的切线与法平面

设空间曲线 Γ 的参数方程为

$$x = x(t), y = y(t), z = z(t)(\alpha \leqslant t \leqslant \beta),$$

且三个函数在 $[\alpha, \beta]$ 上可导. 通过此曲线上任一点 $M_0(x_0, y_0, z_0)$ 的切线定义为割线的极限位置, 如图 5.5 所示. 通过点 M_0 和点 $M(x, y, z)$ 的割线方程是

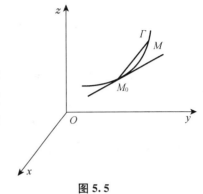

图 5.5

$$\frac{X - x_0}{x(t) - x(t_0)} = \frac{Y - y_0}{y(t) - y(t_0)} = \frac{Z - z_0}{z(t) - z(t_0)}.$$

上式中分母同时被 $\Delta t = t - t_0$ 除, 得到

$$\frac{X - x_0}{\dfrac{x(t) - x(t_0)}{\Delta t}} = \frac{Y - y_0}{\dfrac{y(t) - y(t_0)}{\Delta t}} = \frac{Z - z_0}{\dfrac{z(t) - z(t_0)}{\Delta t}},$$

则当 $t \to t_0$, 即 $\Delta t \to 0$ 时, 割线就变为切线. 于是, 空间曲线在点 M_0 的切线方程为

$$\frac{X - x_0}{x'(t_0)} = \frac{Y - y_0}{y'(t_0)} = \frac{Z - z_0}{z'(t_0)}.$$

这时, 当然要假定 $x'(t_0), y'(t_0)$ 及 $z'(t_0)$ 不能都为零. 若个别为零, 则可按空间解析几何中有关直线的对称式方程的说明来理解.

切线的方向向量称为曲线的**切向量**, 则

$$\boldsymbol{T} = \{x'(t_0), y'(t_0), z'(t_0)\}$$

就是曲线 Γ 在点 M_0 处的一个切向量, 它的指向与参数 t 增大时点 M 移动的方向一致.

通过点 M_0 而与切线垂直的平面称为曲线 Γ 在点 M_0 处的**法平面**, 它是通过点 $M_0(x_0, y_0, z_0)$ 而以 $\boldsymbol{T}$ 为法向量的平面, 因此法平面的方程为

$$x'(t_0)(x - x_0) + y'(t_0)(y - y_0) + z'(t_0)(z - z_0) = 0.$$

例 1 求曲线 $x = t, y = t^2, z = t^3$ 在点 $(1, 1, 1)$ 处的切线及法平面方程.

解 因为 $x_t' = 1, y_t' = 2t, z_t' = 3t^2$, 而点 $(1, 1, 1)$ 所对应的参数 $t = 1$, 所以

$$\boldsymbol{T} = \{1, 2, 3\}.$$

于是,切线方程为

$$\frac{x-1}{1} = \frac{y-1}{2} = \frac{z-1}{3},$$

法平面方程为

$$(x-1) + 2(y-1) + 3(z-1) = 0,$$

即
$$x + 2y + 3z = 6.$$

曲线的向量方程及向量值函数的导数   曲线 Γ 的参数方程也可以写成向量的形式. 若记

$$r = \{x, y, z\}, \ r(t) = \{\varphi(t), \psi(t), \omega(t)\},$$

则曲线方程可以写成向量方程的形式

$$\boldsymbol{r} = \boldsymbol{r}(t), \ t \in [\alpha, \beta].$$

它确定了一个从 $[\alpha, \beta] \to R^3$ 的映射. 由于这个映射将每一个 $t \in [\alpha, \beta]$,映成一个向量 $\boldsymbol{r}(t)$,故称该映射为**向量值函数**. 在几何上,$\boldsymbol{r}(t)$ 是 R^3 中点 $(\varphi(t), \psi(t), \omega(t))$ 的向径. 空间曲线 Γ 就是变化向径 $\boldsymbol{r}(t)$ 的终点的轨迹,故也称 Γ 为向量值函数 $\boldsymbol{r}(t)$ 的矢端曲线.

根据 R^3 中向量的模的概念与向量的线性运算法则,可以定义一元向量值函数 $\boldsymbol{r}(t)$ 的连续性与可导性如下:

设 $\boldsymbol{r}(t)$ 在点 t_0 的某邻域内有定义. 如果

$$\lim_{t \to t_0} |\boldsymbol{r}(t) - \boldsymbol{r}(t_0)| = 0,$$

则称 $\boldsymbol{r}(t)$ 在 t_0 处连续;又若存在常向量 $\boldsymbol{T} = \{a, b, c\}$,使得

$$\lim_{t \to t_0} \left| \frac{\boldsymbol{r}(t) - \boldsymbol{r}(t_0)}{t - t_0} - \boldsymbol{T} \right| = 0,$$

则称 $\boldsymbol{r}(t)$ 在 t_0 可导,并称 $\boldsymbol{T}$ 为 $\boldsymbol{r}(t)$ 在 t_0 的导数(或导向量),记作 $\boldsymbol{r}'(t_0)$,即 $\boldsymbol{r}'(t_0) = \boldsymbol{T}$,如图 5.6 所示.

容易证明,向量值函数 $\boldsymbol{r}(t)$ 在 t_0 处连续的充分必要条件是:$\boldsymbol{r}(t)$ 的三个分向量函数 $\varphi(t)$,$\psi(t)$,$\omega(t)$ 都在 t_0 处连续. $\boldsymbol{r}(t)$ 在 t_0 处可导的充分必要条件是:$\boldsymbol{r}(t)$ 的三个分量函数 $\varphi(t)$,$\psi(t)$,$\omega(t)$ 都在 t_0 处可导. 当 $\boldsymbol{r}(t)$ 在 t_0 处可导时,其导数为

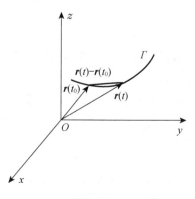

图 5.6

$$r'(t_0) = \{\varphi'(t_0), \psi'(t_0), \omega'(t_0)\}.$$

采用向量的形式,上面讨论的关于空间曲线的切线、切向量的结果可以表达为:

若向量值函数 $r(t)$ 在 t_0 处可导,且 $r'(t_0) \neq \mathbf{0}$,则 $r(t)$ 的矢端曲线 Γ 在 $r(t_0)$ 的终点处存在切线,$r'(t_0)$ 就是切线的方向向量,它的指向与参数 t 增大时点 M 移动的走向一致.

现在再来讨论空间曲线 Γ 的方程以另外两种形式给出的情形.

如果空间曲线 Γ 的方程以

$$\begin{cases} y = \varphi(x), \\ z = \psi(x) \end{cases}$$

的形式给出,取 x 为参数,它就可以表示为参数方程的形式

$$\begin{cases} x = x, \\ y = \varphi(x), \\ z = \psi(x). \end{cases}$$

若 $\varphi(t), \psi(t)$ 都在 $x = x_0$ 处可导,那么根据上面的讨论可知,$\mathbf{T} = \{1, \varphi'(x_0), \psi'(x_0)\}$,因此,曲线 Γ 在点 $M(x_0, y_0, z_0)$ 处的切线方程为

$$\frac{x - x_0}{1} = \frac{y - y_0}{\varphi'(x_0)} = \frac{z - z_0}{\psi'(x_0)},$$

在点 $M(x_0, y_0, z_0)$ 处的法平面方程为

$$(x - x_0) + \varphi'(x_0)(y - y_0) + \psi'(x_0)(z - z_0) = 0.$$

设空间曲线 Γ 的方程以

$$\begin{cases} F(x, y, z) = 0, \\ G(x, y, z) = 0 \end{cases}$$

的形式给出,$M(x_0, y_0, z_0)$ 是曲线 Γ 上的一个点. 又设 F, G 对各个变量有连续偏导数,且

$$\frac{\partial(F, G)}{\partial(y, z)}\bigg|_{(x_0, y_0, z_0)} \neq 0.$$

这时,方程组 $\begin{cases} F(x, y, z) = 0, \\ G(x, y, z) = 0 \end{cases}$ 在点 $M(x_0, y_0, z_0)$ 的某一邻域内确定了一组函数 $y = \varphi(x), z = \psi(x)$. 要求曲线 Γ 在点 M 处的切线方程和法平面方程,只要求出 $\varphi'(x_0), \psi'(x_0)$,然后代入切线方程和法平面方程即可. 为此,要在恒等式

$$F[x, \varphi(x), \psi(x)] \equiv 0,$$

$$G[x, \varphi(x), \psi(x)] \equiv 0$$

两边分别对 x 求偏导数,得到

$$\begin{cases} \dfrac{\partial F}{\partial x} + \dfrac{\partial F}{\partial y}\dfrac{\mathrm{d}y}{\mathrm{d}x} + \dfrac{\partial F}{\partial z}\dfrac{\mathrm{d}z}{\mathrm{d}x} = 0, \\[3mm] \dfrac{\partial G}{\partial x} + \dfrac{\partial G}{\partial y}\dfrac{\mathrm{d}y}{\mathrm{d}x} + \dfrac{\partial G}{\partial z}\dfrac{\mathrm{d}z}{\mathrm{d}x} = 0. \end{cases}$$

由假设可知,在点 M 的某个邻域内

$$J = \frac{\partial(F,G)}{\partial(y,z)} \neq 0,$$

故可解得 $\dfrac{\mathrm{d}y}{\mathrm{d}x} = \varphi'(x) = \dfrac{\begin{vmatrix} F_z & F_x \\ G_z & G_x \end{vmatrix}}{\begin{vmatrix} F_y & F_z \\ G_y & G_z \end{vmatrix}}, \quad \dfrac{\mathrm{d}z}{\mathrm{d}x} = \psi'(x) = \dfrac{\begin{vmatrix} F_x & F_y \\ G_x & G_y \end{vmatrix}}{\begin{vmatrix} F_y & F_z \\ G_y & G_z \end{vmatrix}}.$

于是, $\boldsymbol{T} = (1, \varphi'(x_0), \psi'(x_0))$ 是曲线 Γ 在点 M 处的一个切向量,这里

$$\varphi'(x_0) = \frac{\begin{vmatrix} F_z & F_x \\ G_z & G_x \end{vmatrix}_0}{\begin{vmatrix} F_y & F_z \\ G_y & G_z \end{vmatrix}_0}, \quad \psi'(x_0) = \frac{\begin{vmatrix} F_x & F_y \\ G_x & G_y \end{vmatrix}_0}{\begin{vmatrix} F_y & F_z \\ G_y & G_z \end{vmatrix}_0}$$

分子、分母中带下标 0 的行列式表示行列式在点 $M(x_0,y_0,z_0)$ 的值. 把上面的切向量 $\boldsymbol{T}$ 乘以 $\begin{vmatrix} F_y & F_z \\ G_y & G_z \end{vmatrix}_0$ 得

$$\boldsymbol{T}_1 = \left\{ \begin{vmatrix} F_y & F_z \\ G_y & G_z \end{vmatrix}_0, \begin{vmatrix} F_z & F_x \\ G_z & G_x \end{vmatrix}_0, \begin{vmatrix} F_x & F_y \\ G_x & G_y \end{vmatrix}_0 \right\},$$

这也是曲线 Γ 在点 M 处的一个切向量. 由此,可写出曲线 Γ 在点 $M(x_0,y_0,z_0)$ 处的切线方程为

$$\frac{x - x_0}{\begin{vmatrix} F_y & F_z \\ G_y & G_z \end{vmatrix}_0} = \frac{y - y_0}{\begin{vmatrix} F_z & F_x \\ G_z & G_x \end{vmatrix}_0} = \frac{z - z_0}{\begin{vmatrix} F_x & F_y \\ G_x & G_y \end{vmatrix}_0},$$

曲线 Γ 在点 $M(x_0,y_0,z_0)$ 处的法平面方程为

$$\begin{vmatrix} F_y & F_z \\ G_y & G_z \end{vmatrix}_0 (x - x_0) + \begin{vmatrix} F_z & F_x \\ G_z & G_x \end{vmatrix}_0 (y - y_0) + \begin{vmatrix} F_x & F_y \\ G_x & G_y \end{vmatrix}_0 (z - z_0) = 0.$$

如果 $\dfrac{\partial(F,G)}{\partial(y,z)}\Big|_0 = 0$,而 $\dfrac{\partial(F,G)}{\partial(z,x)}\Big|_0, \dfrac{\partial(F,G)}{\partial(x,y)}\Big|_0$ 中至少有一个不等于零,则可以得到

同样的结果.

例 2 求曲线 $x^2 + y^2 + z^2 = 6, x + y + z = 0$ 在点 $(1, -2, 1)$ 处的切线方程及法平面方程.

解 这里可直接利用公式来解,但下面还是依照推导公式的方法来解.

将所给方程的两边对 x 求偏导并移项得

$$
\begin{cases}
y \dfrac{\mathrm{d}y}{\mathrm{d}x} + z \dfrac{\mathrm{d}z}{\mathrm{d}x} = -x, \\
\dfrac{\mathrm{d}y}{\mathrm{d}x} + \dfrac{\mathrm{d}z}{\mathrm{d}x} = -1.
\end{cases}
$$

由此得

$$
\frac{\mathrm{d}y}{\mathrm{d}x} = \frac{\begin{vmatrix} -x & z \\ -1 & 1 \end{vmatrix}}{\begin{vmatrix} y & z \\ 1 & 1 \end{vmatrix}} = \frac{z - x}{y - z}, \quad \frac{\mathrm{d}z}{\mathrm{d}x} = \frac{\begin{vmatrix} y & -x \\ 1 & -1 \end{vmatrix}}{\begin{vmatrix} y & z \\ 1 & 1 \end{vmatrix}} = \frac{x - y}{y - z},
$$

$$
\frac{\mathrm{d}y}{\mathrm{d}x} \Big|_{(1,-2,1)} = 0, \quad \frac{\mathrm{d}z}{\mathrm{d}x} \Big|_{(1,-2,1)} = -1.
$$

从而
$$
\boldsymbol{T} = \{1, 0, -1\}.
$$

故所求切线方程为

$$
\frac{x-1}{1} = \frac{y+2}{0} = \frac{z-1}{-1},
$$

法平面方程为

$$
(x - 1) + 0 \cdot (y + 2) - (z - 1) = 0,
$$

即
$$
x - z = 0.
$$

2. 曲面的切平面与法线

若曲面方程为

$$
F(x, y, z) = 0,
$$

$M_0(x_0, y_0, z_0)$ 为曲面上一点,过点 M_0 任画一条在曲面上的曲线 l,设其方程为

$$
x = x(t), y = y(t), z = z(t),
$$

显然,

$$
F[x(t), y(t), z(t)] = 0.
$$

对 t 求导,在 M_0 点有

$$
(F_x)_{M_0} x'(t_0) + (F_y)_{M_0} y'(t_0) + (F_z)_{M_0} z'(t_0) = 0.
$$

前面已经知道,向量$\{x'(t_0),y'(t_0),z'(t_0)\}$正是曲线 l 在 M_0 点切线的方向向量.上式说明,向量 $\boldsymbol{n}=\{(F_x)_{M_0},(F_y)_{M_0},(F_z)_{M_0}\}$ 与切向量正交.由于 l 的任意性,可见曲面上过 M_0 的任一条曲线在该点的切线都与 $\boldsymbol{n}$ 正交.因此,这些切线应在同一平面上,这个平面就称为曲面在 M_0 点的**切平面**,而 $\boldsymbol{n}$ 就是切平面的法向量.从而,曲面在 M_0 点的切平面方程为

$$(F_x)_{M_0}(x-x_0)+(F_y)_{M_0}(y-y_0)+(F_z)_{M_0}(z-z_0)=0.$$

过 M_0 点并与切平面垂直的直线称为曲面在 M_0 点的法线,它的方程是

$$\frac{(x-x_0)}{(F_x)_{M_0}}=\frac{(y-y_0)}{(F_y)_{M_0}}=\frac{(z-z_0)}{(F_z)_{M_0}},$$

如图 5.7 所示.

若曲面方程是 $z=f(x,y)$,令

$$F(x,y,z)=f(x,y)-z,$$

则有

$$F_x(x,y,z)=f_x(x,y),$$

$$F_y(x,y,z)=f_y(x,y),$$

$$F_z(x,y,z)=-1.$$

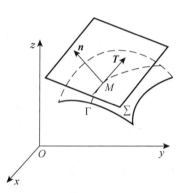

图 5.7

于是,当函数 $f(x,y)$ 的偏导数 $f_x(x,y),f_y(x,y)$ 在点 (x_0,y_0) 处连续时,曲面在点 $M_0(x_0,y_0,z_0)$ 处的法向量为

$$\boldsymbol{n}=\{f_x(x_0,y_0),f_y(x_0,y_0),-1\},$$

则切平面方程为

$$f_x(x_0,y_0)(x-x_0)+f_y(x_0,y_0)(y-y_0)-(z-z_0)=0,$$

而法线方程为

$$\frac{x-x_0}{f_x(x_0,y_0)}=\frac{y-y_0}{f_y(x_0,y_0)}=\frac{z-z_0}{-1}.$$

例 3　求球面 $x^2+y^2+z^2=14$ 在点 $(1,2,3)$ 处的切平面方程及法线方程.

解
$$F(x,y,z)=x^2+y^2+z^2-14,$$

$$\boldsymbol{n}=\{F_x,F_y,F_z\}=\{2x,2y,2z\},$$

$$\boldsymbol{n}\big|_{(1,2,3)}=\{2,4,6\}.$$

所以,在点 $(1,2,3)$ 处此球面的切平面方程为

$$2(x-1)+4(y-2)+6(z-3)=0,$$

即
$$x + 2y + 3z - 14 = 0.$$

法线方程为

$$\frac{x-1}{1} = \frac{y-2}{2} = \frac{z-3}{3}.$$

例 4 求旋转抛物面 $z = x^2 + y^2 - 1$ 在点 $(2,1,4)$ 处的切平面方程及法线方程.

解 设 $f(x,y) = x^2 + y^2 - 1$，则

$$f_x(x,y) = 2x, f_y(x,y) = 2y,$$

$$f_x(2,1) = 4, f_y(2,1) = 2,$$

所以切平面方程为

$$4(x-2) + 2(y-1) - (z-4) = 0,$$

即
$$4x + 2y - z = 6.$$

法线方程为

$$\frac{x-2}{4} = \frac{y-1}{2} = \frac{z-4}{-1}.$$

3. 方向导数

偏导数反映的是函数沿坐标轴的变化率. 但许多物理现象说明，只考虑函数沿坐标轴方向的变化率是不够的. 例如，热空气要向冷的地方流动，气象学中要确定大气温度、气压沿着某些方向的变化率. 因此，有必要讨论函数沿任一指定方向的变化率问题.

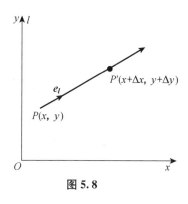

图 5.8

在平面上，设 $P(x,y)$ 为一给定点，l 是从 P 点出发的射线，它的方向向量用 $\boldsymbol{l}$ 来表示. 设 P' 是方向 l 上的任一点，如图 5.8 所示，P' 的坐标为

$$(x + \Delta x, y + \Delta y) = (x + \overline{PP'}\cos\alpha, y + \overline{PP'}\cos\beta),$$

式中，$\{\cos\alpha, \cos\beta\}$ 是与 $\boldsymbol{l}$ 同方向的单位向量，$\overline{PP'}$ 是线段 PP' 的长度. 在 $\overline{PP'}$ 这段长度内，函数 $f(x,y)$ 的平均变化率为

$$\frac{\Delta f}{\overline{PP'}} = \frac{f(P') - f(P)}{\overline{PP'}}.$$

若当 P' 沿 l 趋于 P 时，$\dfrac{\Delta f}{\overline{PP'}}$ 的极限存在，则称此极限为函数 $f(x,y)$ 在点 P_0 沿

方向 l 的**方向导数**,记作 $\left.\dfrac{\partial f}{\partial l}\right|_{(x_0, y_0)}$,即

$$\left.\frac{\partial f}{\partial l}\right|_{(x_0, y_0)} = \lim_{P' \to P} \frac{f(P') - f(P)}{\overrightarrow{PP'}}.$$

关于方向导数的存在及计算,有下面的定理.

定理 5.3.1 如果函数 $f(x, y)$ 在点 $P_0(x_0, y_0)$ 处可微,则 $f(x, y)$ 在该点沿任一方向 l 的方向导数均存在,且有

$$\left.\frac{\partial f}{\partial l}\right|_{(x_0, y_0)} = f_x(x_0, y_0)\cos \alpha + f_y(x_0, y_0)\cos \beta,$$

式中,$\cos \alpha, \cos \beta$ 是方向 l 的方向余弦.

证明 先在 l 上任取一点 $P(x_0 + \Delta x, y_0 + \Delta y)$,其中可设 $\Delta x = t\cos \alpha, \Delta y = t\cos \beta$. 由于 $f(x, y)$ 在点 $P_0(x_0, y_0)$ 处可微,故函数的改变量可表示为

$$\begin{aligned}
f(P) - f(P_0) &= f(x_0 + \Delta x, y_0 + \Delta y) - f(x_0, y_0) \\
&= f_x(x_0, y_0)\Delta x + f_y(x_0, y_0)\Delta y + o(\rho) \\
&= f_x(x_0, y_0)t\cos \alpha + f_y(x_0, y_0)t\cos \beta + o(\rho),
\end{aligned}$$

式中,ρ 是 P 与 P_0 之间的距离,即 $\rho = \sqrt{(\Delta x)^2 + (\Delta y)^2} = |t|$. 因此,这里的 $o(\rho)$ 等于 $o(|t|)$. 于是有

$$\begin{aligned}
&\lim_{t \to 0} \frac{f(x_0 + \Delta x, y_0 + \Delta y) - f(x_0, y_0)}{t} \\
&= \lim_{t \to 0} \frac{f(x_0 + t\cos \alpha, y_0 + t\cos \beta) - f(x_0, y_0)}{t} \\
&= f_x(x_0, y_0)\cos \alpha + f_y(x_0, y_0)\cos \beta.
\end{aligned}$$

这就证明了方向导数的存在,且其值为

$$\left.\frac{\partial f}{\partial l}\right|_{(x_0, y_0)} = f_x(x_0, y_0)\cos \alpha + f_y(x_0, y_0)\cos \beta.$$

例 5 求函数 $f(x, y) = x^3 y$ 在点 $(1, 2)$ 处沿从点 $P_0(1, 2)$ 到点 $P(1 + \sqrt{3}, 3)$ 的方向的方向导数.

解 先计算 $f(x, y)$ 在点 $(1, 2)$ 的偏导数

$$\left.\frac{\partial f}{\partial x}\right|_{(1,2)} = 3x^2 y \big|_{(1,2)} = 6, \quad \left.\frac{\partial f}{\partial y}\right|_{(1,2)} = x^3 \big|_{(1,2)} = 1.$$

其次,计算给定方向的方向余弦. 因为 $\overrightarrow{P_0 P} = \{\sqrt{3}, 1\}$,所以 $\overrightarrow{P_0 P}$ 的方向余弦 $\{\cos \alpha, \cos \beta\} = \left\{\dfrac{\sqrt{3}}{2}, \dfrac{1}{2}\right\}$. 于是,沿 $l = \overrightarrow{P_0 P}$ 的方向导数为

$$\frac{\partial f}{\partial l}\Big|_{(1,2)} = 6 \times \frac{\sqrt{3}}{2} + 1 \times \frac{1}{2} = 3\sqrt{3} + \frac{1}{2}.$$

类似地,对于三元可微函数 $f(x,y,z)$ 来说,它在空间一点 $P_0(x_0,y_0,z_0)$ 沿方向 $\{\cos\alpha,\cos\beta,\cos\gamma\}$ 的方向导数为

$$\frac{\partial f}{\partial l}\Big|_{(x_0,y_0,z_0)} = f_x(x_0,y_0,z_0)\cos\alpha + f_y(x_0,y_0,z_0)\cos\beta + f_z(x_0,y_0,z_0)\cos\gamma.$$

例 6 设 $f(x,y,z) = xy + yz + zx$,又设方向 l 的坐标为 $\{1,3,1\}$. 求函数 $f(x,y,z)$ 在点 $(1,1,1)$ 处的方向导数 $\dfrac{\partial f}{\partial l}$.

解 先求 l 的方向余弦,由定义

$$\{\cos\alpha,\cos\beta,\cos\gamma\} = \frac{l}{|l|} = \left\{\frac{1}{\sqrt{11}}, \frac{3}{\sqrt{11}}, \frac{1}{\sqrt{11}}\right\}.$$

则

$$\frac{\partial f}{\partial l}\Big|_{(1,1,1)} = f_x(1,1,1) \cdot \cos\alpha + f_y(1,1,1) \cdot \cos\beta + f_z(1,1,1) \cdot \cos\gamma$$

$$= 2 \times \frac{1}{\sqrt{11}} + 2 \times \frac{3}{\sqrt{11}} + 2 \times \frac{1}{\sqrt{11}} = \frac{10}{\sqrt{11}}.$$

4. 梯度

函数在一点处沿某一方向的方向导数,反映了函数沿该方向的变化率. 如果方向不同,则变化率也不同. 那么,提出这样一个问题:在同一点的所有方向导数中,是否有最大值? 若有,沿哪个方向取得最大值? 下面来讨论这些问题.

如果函数 $z = f(x,y)$ 在点 (x_0,y_0) 处有连续的偏导数,则由定理知,$f(x,y)$ 在点 $P_0(x_0,y_0)$ 处沿任何方向 l 的方向导数都存在,且可以表示为

$$\frac{\partial f}{\partial l}\Big|_{(x_0,y_0)} = f_x(x_0,y_0)\cos\alpha + f_y(x_0,y_0)\cos\beta.$$

式中,$\cos\alpha,\cos\beta$ 是方向 l 的方向余弦. 接下来引入向量

$$g = (f_x(x_0,y_0), f_y(x_0,y_0)),$$

并取向量 l 的单位向量

$$l° = (\cos\alpha, \cos\beta),$$

这时,方向导数可以表示为

$$\frac{\partial f}{\partial l}\Big|_{(x_0,y_0)} = g \cdot l°,$$

而且当点 (x_0, y_0) 给定后，$\boldsymbol{g}$ 为一固定向量，$\boldsymbol{l}$ 是随方向的变化而变化的. 则有

$$\frac{\partial f}{\partial l}\Big|_{(x_0, y_0)} = |\boldsymbol{g}||\boldsymbol{l}|\cos(\widehat{\boldsymbol{g}, \boldsymbol{l}^\circ}) = |\boldsymbol{g}|\cos(\widehat{\boldsymbol{g}, \boldsymbol{l}^\circ}).$$

式中，$(\widehat{\boldsymbol{g}, \boldsymbol{l}^\circ})$ 表示 $\boldsymbol{g}$ 与 $\boldsymbol{l}^\circ$ 之间的夹角.

从以上推导可以看出，当 $(\widehat{\boldsymbol{g}, \boldsymbol{l}^\circ}) = 0$ 时，$\dfrac{\partial f}{\partial l}\Big|_{(x_0, y_0)}$ 可以取到最大值 $|\boldsymbol{g}|$，即当 $\boldsymbol{l}$ 与 $\boldsymbol{g}$ 方向一致时，函数关于 l 的方向导数最大，且其最大值为 $|\boldsymbol{g}|$.

可见，这个向量 $\boldsymbol{g}$ 很特殊. 沿着这个向量方向的方向导数达到最大. 那么，我们称向量

$$\boldsymbol{g} = \{f_x(x_0, y_0), f_y(x_0, y_0)\}$$

为函数 $f(x, y)$ 在点 $P_0(x_0, y_0)$ 的梯度，记作

$$\mathbf{grad}\, f(x_0, y_0).$$

下面用一段话来概括前面的讨论.

函数 $z = f(x, y)$ 在点 $P_0(x_0, y_0)$ 处的梯度 $\mathbf{grad}\, f(x_0, y_0)$ 是这样一个向量，它的方向是使方向导数达到最大值的方向，它的模就是方向导数的最大值，在直角坐标系中

$$\mathbf{grad}\, f(x_0, y_0) = \{f_x(x_0, y_0), f_y(x_0, y_0)\}.$$

由公式 $\dfrac{\partial f}{\partial l}\Big|_{(x_0, y_0)} = |\boldsymbol{g}|\cos(\widehat{\boldsymbol{g}, \boldsymbol{l}^\circ})$ 还可以看出，当 $(\widehat{\boldsymbol{g}, \boldsymbol{l}^\circ}) = \pi$ 时，即 $\boldsymbol{l}^\circ$ 与 $\boldsymbol{g}$ 反向时，$\dfrac{\partial f}{\partial l}\Big|_{(x_0, y_0)}$ 达到最小，其最小值为 $-|\boldsymbol{g}|$. 由此可见，函数沿 $-\mathbf{grad}\, f(x_0, y_0)$ 的方向时，方向导数达到最小，并且其方向导数的值是 $-|\boldsymbol{g}|$. 换句话说，负梯度的方向是函数值减少最快的方向.

梯度的概念可以推广到任意的 n 元函数中去. 例如，对于三元可微函数 $u = f(x, y, z)$，它在点 $P_0(x_0, y_0, z_0)$ 处的梯度是

$$\mathbf{grad}\, f(x_0, y_0, z_0) = \{f_x(x_0, y_0, z_0), f_y(x_0, y_0, z_0), f_z(x_0, y_0, z_0)\}.$$

例 7 设 $f(x, y) = \dfrac{1}{x^2 + y^2}$，求 $\mathbf{grad}\, f(x, y)$.

解 先求偏导数

$$\frac{\partial f}{\partial x} = -\frac{2x}{(x^2 + y^2)^2}, \quad \frac{\partial f}{\partial y} = -\frac{2y}{(x^2 + y^2)^2},$$

所以

$$\mathbf{grad}\, f(x, y) = \left\{-\frac{2x}{(x^2 + y^2)^2}, -\frac{2y}{(x^2 + y^2)^2}\right\}.$$

例 8 设 $f(x,y,z) = xyz$，求 $\mathbf{grad}f(1,2,3)$.

解 根据公式，有

$$\mathbf{grad}f(x,y,z) = \{yz, zx, xy\}，因此有$$

$$\mathbf{grad}f(1,2,3) = \{6,3,2\}.$$

下面简单地介绍数量场与向量场的概念.

如果对于空间区域 G 内的任一点 M，都有一个确定的数量 $f(M)$，则称在这空间区域 G 内确定了一个数量场（比如温度场、密度场等）. 一个数量场可用一个数量函数 $f(M)$ 来确定. 如果与点 M 相对应的是一个向量 $\boldsymbol{F}(M)$，则称在这空间区域 G 内确定了一个向量场（比如力场、速度场等）. 一个向量场可用一个向量值函数 $\boldsymbol{F}(M)$ 来确定，而

$$\boldsymbol{F}(M) = \{P(M), Q(M), R(M)\},$$

式中，$P(M)$，$Q(M)$，$R(M)$ 是点 M 的数量函数.

利用场的概念，可以说向量函数 $\mathbf{grad}f(M)$ 确定了一个向量场——梯度场，它是由数量场 $f(M)$ 产生的. 通常称函数 $f(M)$ 为这个向量场的势，而这个向量场又称为势场. 必须注意，任意一个向量场不一定是势场，因为它不一定是某个数量函数的梯度场.

例 9 试求数量场 $\dfrac{m}{r}$ 所产生的梯度场，其中常数 $m > 0, r = \sqrt{x^2 + y^2 + z^2}$ 为原点 O 与点 $M(x,y,z)$ 之间的距离.

解
$$\frac{\partial}{\partial x}\left(\frac{m}{r}\right) = -\frac{m}{r^2}\frac{\partial r}{\partial x} = -\frac{mx}{r^3},$$

同理
$$\frac{\partial}{\partial y}\left(\frac{m}{r}\right) = -\frac{my}{r^3}, \frac{\partial}{\partial z}\left(\frac{m}{r}\right) = -\frac{mz}{r^3},$$

从而有

$$\mathbf{grad}\,\frac{m}{r} = -\frac{m}{r^2}\left\{\frac{x}{r}, \frac{y}{r}, \frac{z}{r}\right\}.$$

如果设 e_r 表示与 $\overrightarrow{OM}$ 同方向的单位向量，则

$$e_r = \left\{\frac{x}{r}, \frac{y}{r}, \frac{z}{r}\right\},$$

因此

$$\mathbf{grad}\,\frac{m}{r} = -\frac{m}{r^2}e_r.$$

上式右端在力学上可解释为，位于原点 O 而质量为 m 的质点对位于点 M 而质量为 1 的质点的引力. 该引力的大小与两质点的质量的乘积成正比，而与它们的

距离平方成反比,该引力的方向由点 M 指向原点. 因此数量场 $\dfrac{m}{r}$ 的势场即梯度场

$\operatorname{grad} \dfrac{m}{r}$ 称为**引力场**,而函数 $\dfrac{m}{r}$ 称为**引力势**.

5.3.2 多元函数的极值

1. 极值

与一元函数类似,多元函数的最大值、最小值与极大值、极小值有密切联系. 下面以二元函数为例,来讨论多元函数的极值问题.

定义 5.3.1 设函数 $f(x,y)$ 在区域 D 内有定义,点 (x_0,y_0) 是 D 的内点. 若存在点 (x_0,y_0) 的一个邻域,使得对该邻域内任一点 (x,y),都有

$$f(x,y) \leqslant f(x_0,y_0)(或 f(x,y) \geqslant f(x_0,y_0)),$$

则称 $f(x_0,y_0)$ 为 $f(x,y)$ 的一个极大(小)值,称点 (x_0,y_0) 为极大(小)值点. 极大值与极小值统称为极值,极大值点极小值点统称为极值点.

例 10 函数 $f(x,y) = (x-1)^2 + (y-2)^2$ 在点 $(1,2)$ 处的值为极小值. 这是因为,$f(1,2) = 0$,而在点 $(1,2)$ 邻近的其他点处的函数值都大于零.

例 11 函数 $z = -\sqrt{x^2 + y^2}$ 在点 $(0,0)$ 处有极大值. 这是因为,在点 $(0,0)$ 处函数值为 0,而对于点 $(0,0)$ 的任一邻域内异于点 $(0,0)$ 的点,函数值都为负数.

例 12 函数 $f(x,y) = xy$,点 $(0,0)$ 不是 $f(x,y)$ 的极值点. 这是因为,$f(0,0) = 0$,而在点 $(0,0)$ 的任意小的邻域内,总有使函数值大于 0 的点,也有使函数值小于 0 的点.

以上关于二元函数的极值概念,可以推广到 n 元函数. 设 n 元函数 $u = f(P)$ 的定义域为 D,P_0 为 D 的内点,若存在 P_0 的某个邻域 $U(P_0) \subset D$,使得该邻域内异于 P_0 的任何点 P 都有

$$f(P) \leqslant f(P_0) \ (或 f(P) \geqslant f(P_0)),$$

则称函数 $f(P)$ 在点 P_0 有极大值(或极小值)$f(P_0)$.

与一元函数类似,可以利用函数的偏导数来给出极值点的必要条件与充分条件.

先给出必要条件.

定理 5.3.2(必要条件) 若函数 $z = f(x,y)$ 在点 (x_0,y_0) 处达到极值,且 $f_x(x_0,y_0)$ 与 $f_y(x_0,y_0)$ 存在,则必有

$$f_x(x_0,y_0) = 0, f_y(x_0,y_0) = 0.$$

证明 先不妨设 $f(x_0,y_0)$ 为极大值. 由定义,对 (x_0,y_0) 某一邻域内的一切点 (x,y) 都有

$$f(x,y) \leqslant f(x_0,y_0),$$

特别地,有

$$f(x,y_0) \leqslant f(x_0,y_0),$$

因此,x_0 是一元函数 $f(x,y_0)$ 的极大值点. 由一元函数极值点的必要条件,有

$$\frac{\mathrm{d}}{\mathrm{d}x}[f(x,y_0)]\Big|_{x_0} = 0,$$

由偏导数的定义,上式意味着 $f_x(x_0,y_0) = 0$.

同理可证,$f_y(x_0,y_0) = 0$.

类似地,如果三元函数 $u = f(x,y,z)$ 在点 (x_0,y_0,z_0) 处具有偏导数,则它在点 (x_0,y_0,z_0) 处具有极值的必要条件为

$$f_x(x_0,y_0,z_0) = 0, \; f_y(x_0,y_0,z_0) = 0, \; f_z(x_0,y_0,z_0) = 0.$$

仿照一元函数,凡是能使 $f_x(x,y) = 0, f_y(x,y) = 0$ 同时成立的点 (x_0,y_0) 称为函数 $z = f(x,y)$ 的驻点. 从以上定理可知,凡具有偏导数的极值点必定是驻点. 但函数的驻点不一定是极值点,例如,点 $(0,0)$ 是函数 $z = xy$ 的驻点,但不是函数的极值点.

下面再介绍充分条件,以及怎样判断一个驻点是否为极值点.

定理 5.3.3(充分条件) 设函数 $z = f(x,y)$ 在点 (x_0,y_0) 的某邻域内连续且有二阶连续偏导数,且 $f_x(x_0,y_0) = 0, f_y(x_0,y_0) = 0$,令

$$f_{xx}(x_0,y_0) = A, \; f_{xy}(x_0,y_0) = B, \; f_{yy}(x_0,y_0) = C,$$

则 $f(x,y)$ 在点 (x_0,y_0) 处是否取得极值的条件如下:

(1) 当 $AC - B^2 > 0$ 时具有极值,且当 $A < 0$ 时有极大值,当 $A > 0$ 时有极小值;

(2) 当 $AC - B^2 < 0$ 时没有极值;

(3) 当 $AC - B^2 = 0$ 时可能有极值,也可能没有极值,需另外讨论.

定理的证明从略.

由上面两个定理,可以把具有二阶连续偏导数的函数 $z = f(x,y)$ 的极值的求法叙述如下:

第一步 解方程组

$$f_x(x,y) = 0, \; f_y(x,y) = 0,$$

求得一切实数解,即求出一切驻点.

第二步 对于每一个驻点 (x_0,y_0),求出二阶偏导数的值 A,B 和 C.

第三步 定出 $AC - B^2$ 的符号,由定理 5.3.3 的结论判定 $f(x_0,y_0)$ 是否为极

值,是极大值还是极小值.

例13 求函数 $f(x,y) = \dfrac{1}{3}(x^3 + y^3) + xy$ 的极值.

解 先解方程组

$$\begin{cases} f_x(x,y) = x^2 + y = 0, \\ f_y(x,y) = y^2 + x = 0, \end{cases}$$

求得驻点为点 $(0,0)$,点 $(-1,-1)$.

再求出二阶偏导数

$$f_{xx}(x,y) = 2x,\ f_{xy}(x,y) = 1,\ f_{yy}(x,y) = 2y.$$

在点 $(0,0)$ 处,$AC - B^2 = -1 < 0$,所以 $f(0,0)$ 不是极值;

在点 $(-1,-1)$ 处,$AC - B^2 = 4 - 1 > 0$,又 $A = -2 < 0$,所以函数在点 $(-1,-1)$ 处有极大值 $f(-1,-1) = \dfrac{1}{3}$.

接下来,讨论多元函数的最值问题.与一元函数类似,可以利用二元函数的极值求它的最值.当函数 $f(x,y)$ 在闭区域 D 上连续时,函数在 D 上就有最大值与最小值.为求最大(小)值,应把所有的极大(小)值与函数在区域边界上的值作比较,其中,最大(小)者就是最大(小)值.但是,这种做法比较复杂.在实际应用中,常遇到下列较简单的特殊情况:一方面,根据实际问题的性质,可以断言函数 $f(x,y)$ 在 D 内必有最大(小)值;另一方面,又能算出 $f(x,y)$ 在 D 内只有唯一的一个极值点 (x_0,y_0).在这种情况下,当 $f(x_0,y_0)$ 是极大(小)值时,它也就是 $f(x,y)$ 在 D 上的最大(小)值.

例14 某厂要用铁板做成一个体积为 $2\ \text{m}^3$ 的有盖长方体水箱.问:当长、宽、高各为多少时,才能使用料最省?

解 设水箱的长为 $x\ \text{m}$,宽为 $y\ \text{m}$,则其高应为 $\dfrac{2}{xy}\ \text{m}$.此水箱所用材料的面积

$$A = 2\left(xy + y \cdot \dfrac{2}{xy} + x \cdot \dfrac{2}{xy}\right),$$

即

$$A = 2\left(xy + \dfrac{2}{x} + \dfrac{2}{y}\right)(x > 0, y > 0).$$

可见,材料面积 A 是 x 和 y 的二元函数,这就是目标函数.下面求使这函数取得最小值的点 (x,y).

令

$$A_x = 2\left(y - \dfrac{2}{x^2}\right) = 0,$$

$$A_y = 2\left(x - \dfrac{2}{y^2}\right) = 0.$$

解上面方程组可得

$$x = \sqrt[3]{2}, \quad y = \sqrt[3]{2}.$$

由题意,水箱所用材料的面积最小值一定存在,且在区域 $D = \{(x,y) \mid x > 0, y > 0\}$ 内取得. 又函数在 D 内只有唯一的驻点 $(\sqrt[3]{2}, \sqrt[3]{2})$, 因此可断定, 在 $x = \sqrt[3]{2}$, $y = \sqrt[3]{2}$ 时, A 取得最小值. 即当水箱的长为 $\sqrt[3]{2}$ m、宽为 $\sqrt[3]{2}$ m、高为 $\dfrac{2}{\sqrt[3]{2} \times \sqrt[3]{2}}$ m = $\sqrt[3]{2}$ m 时,水箱所用的材料最省.

例 15 有一宽为 24 cm 的长方形铁板,把它的两边折起来做成一断面为等腰梯形的水槽. 问怎样折法才能使断面的面积最大?

解 设折起来的边长为 x (cm), 倾角为 α, 那么, 梯形断面的下底长为 $24 - 2x$, 上底长为 $24 - 2x + 2x\cos\alpha$, 高为 $x\sin\alpha$, 所以断面面积

$$A = \frac{1}{2}(24 - 2x + 2x\cos\alpha + 24 - 2x) \cdot x\sin\alpha,$$

即 $\quad A = 24x\sin\alpha - 2x^2\sin\alpha + x^2\sin\alpha\cos\alpha \left(0 < x < 12, 0 < \alpha \leqslant \dfrac{\pi}{2}\right).$

可见,断面面积 $A = A(x, \alpha)$ 是 x 与 α 的函数. 下面求使该函数取得最大值的点 (x, α).

令

$$\begin{cases} A_x = 24\sin\alpha - 4x\sin\alpha + 2x\sin\alpha\cos\alpha = 0, \\ A_\alpha = 24x\cos\alpha - 2x^2\cos\alpha + x^2(\cos^2\alpha - \sin^2\alpha) = 0. \end{cases}$$

由于 $\sin\alpha \neq 0, x \neq 0$, 上述方程组可化为

$$\begin{cases} 12 - 2x + x\cos\alpha = 0, \\ 24x\cos\alpha - 2x^2\cos\alpha + x^2(\cos^2\alpha - \sin^2\alpha) = 0. \end{cases}$$

解方程组,得

$$\alpha = \frac{\pi}{3} = 60°, \ x = 8 \,(\text{cm})\,.$$

根据题意可知,断面面积的最大值一定存在,并且在 $D = \left\{(x,y) \Big| 0 < x < 12, 0 < \alpha \leqslant \dfrac{\pi}{2}\right\}$ 内取得. 通过计算得知, $\alpha = \dfrac{\pi}{2}$ 时的函数值比 $\alpha = 60°, x = 8 \,(\text{cm})$ 时的函数值小. 又函数在 D 内只有一个驻点,因此可以断定,当 $x = 8 \,(\text{cm}), \alpha = 60°$ 时,就能使断面的面积最大.

47

2. 条件极值

上面所讨论的极值问题,对于函数的自变量,除了限制在函数的定义域内以外,并无其他条件,所以有时候称为无条件极值.但在实际问题中,有时会遇到对函数的自变量还有附加条件的极值问题.例如,求表面积为 a^2 而体积为最大的长方体的体积问题.设长方体的三条棱长分别为 x, y, z,则体积为 $V = xyz$.又因假定表面积为 a^2,所以,自变量 x, y, z 还必须满足附加条件 $2(xy + yz + xz) = a^2$.像这种自变量有附加条件的极值称为**条件极值**.

下面介绍求条件极值的一种方法,此方法称为**拉格朗日乘数法**,或 **λ 乘子法**.使用这种方法可以避免从约束条件下求解隐函数的过程.

为简便起见,先讨论二元函数的条件极值问题.考虑函数

$$z = f(x, y)$$

在约束条件

$$\varphi(x, y) = 0$$

下的条件极值.设 $f(x, y)$ 与 $\varphi(x, y)$ 都有连续的一阶偏导数,且 $\varphi_y(x, y) \neq 0$.设想由所给条件确定隐函数 $y = y(x)$,将它代入函数表达式得 $z = f[x, y(x)]$.这样条件极值问题就转化成求函数 $z = f[x, y(x)]$ 的普通极值问题.

先求其驻点,即求解方程

$$\frac{\mathrm{d}z}{\mathrm{d}x} = f_x + f_y \cdot y'(x) = 0,$$

由隐函数的求导法则知,上式中的 $y'(x) = -\dfrac{\varphi_x}{\varphi_y}$,代入上式得

$$f_x - f_y \frac{\varphi_x}{\varphi_y} = 0,$$

即

$$\frac{f_x}{\varphi_x} = \frac{f_y}{\varphi_y},$$

令比值 $\dfrac{f_y}{\varphi_y} = -\lambda$,则条件极值点须满足方程组

$$\begin{cases} f_x + \lambda\varphi_x = 0, \\ f_y + \lambda\varphi_y = 0, \\ \varphi(x, y) = 0. \end{cases}$$

为了便于记忆,引进辅助函数

$$L(x, y) = f(x, y) + \lambda\varphi(x, y),$$

且函数 $L(x,y)$ 称为拉格朗日函数,参数 λ 称为拉格朗日乘子.

由以上讨论,可以得到下面结论.

拉格朗日乘数法 要找到函数 $z=f(x,y)$ 在约束条件 $\varphi(x,y)=0$ 下的可能极值点,可以先作拉格朗日函数

$$L(x,y)=f(x,y)+\lambda\varphi(x,y),$$

式中,λ 为参数. 求其对 x 与 y 的一阶偏导数,并使之为零,然后与约束条件联立方程组

$$\begin{cases} L_x(x,y)=f_x+\lambda\varphi_x=0, \\ L_y(x,y)=f_y+\lambda\varphi_y=0, \\ \varphi(x,y)=0, \end{cases}$$

最后,消去 λ 可以得到点 (x,y) 的解,这样得到的点 (x,y) 就是函数 $f(x,y)$ 在约束条件 $\varphi(x,y)=0$ 下的可能极值点.

此方法还可以推广到自变量多于两个而约束条件多于一个的情形. 例如,要求函数

$$u=f(x,y,z,t)$$

在约束条件

$$\varphi(x,y,z,t)=0, \quad \psi(x,y,z,t)=0$$

下的极值,可以先作拉格朗日函数

$$L(x,y,z,t)=f(x,y,z,t)+\lambda\varphi(x,y,z,t)+\mu\psi(x,y,z,t),$$

式中,λ,μ 均为参数,求其一阶偏导数,并使之为零,然后与两个约束条件联立方程组求解,这样得出的 (x,y,z,t) 就是函数 $f(x,y,z,t)$ 在约束条件下的可能极值点.

例 16 要制造一容积为 $4\,\mathrm{m}^3$ 的无盖长方体水箱,问该水箱的长、宽、高各为多少时,所用材料最省?

解 设水箱的长、宽、高分别为 x,y,z,那么需要材料的面积为 $S=xy+2xz+2yz$,而 $V=xyz=4$,因而问题是求函数 $S=xy+2xz+2yz$ 在约束条件 $xyz=4$ 下的极值.

作辅助函数

$$L(x,y,z)=xy+2xz+2yz+\lambda(xyz-4),$$

求出函数的偏导数,得方程

$$\begin{cases} L_x=y+2z+\lambda yz=0, \\ L_y=x+2z+\lambda xz=0, \\ L_z=2x+2y+\lambda xy=0. \end{cases}$$

约束条件是
$$xyz = 4.$$
现在来解这个联立方程组. 对前三式分别乘以 x, y, z, 化为
$$\begin{cases} xy + 2xz + \lambda xyz = 0, \\ xy + 2yz + \lambda xyz = 0, \\ 2xz + 2yz + \lambda xyz = 0. \end{cases}$$
由此可以得出 $x = y = 2z$, 代入 $xyz = 4$ 可得
$$x = y = 2, z = 1.$$

根据问题的实际意义, 最小值必存在, 因此水箱的底是边长为 2 m 的正方形, 高为 1 m 时, 用料 12 m² 为最省.

例 17 求函数 $u = xyz$ 在约束条件
$$\frac{1}{x} + \frac{1}{y} + \frac{1}{z} = \frac{1}{a} \quad (x > 0, y > 0, z > 0, a > 0)$$
下的极值.

解 写出拉格朗日函数
$$L(x, y, z) = xyz + \lambda \left(\frac{1}{x} + \frac{1}{y} + \frac{1}{z} - \frac{1}{a} \right).$$
令
$$\begin{cases} L_x = yz - \dfrac{\lambda}{x^2} = 0, \\ L_y = xz - \dfrac{\lambda}{y^2} = 0, \\ L_z = xy - \dfrac{\lambda}{z^2} = 0. \end{cases}$$

注意到, 以上三个方程左端的第一项都是三个变量 x, y, z 中某两个变量的乘积, 将各方程两端同乘以相应缺少的那个变量, 使各方程左端的第一项都成为 xyz, 然后将所得的三个方程左、右两端相加, 得
$$3xyz - \lambda \left(\frac{1}{x} + \frac{1}{y} + \frac{1}{z} \right) = 0.$$

然后由约束条件可得
$$xyz = \frac{\lambda}{3a}.$$

于是, 可得 $x = y = z = 3a$. 由此得到点 $(3a, 3a, 3a)$ 是函数 $u = xyz$ 在约束条件下唯一可能的极值点. 把约束条件确定的隐函数记作 $z = z(x, y)$, 将目标函数看

作 $u = xyz(x, y) = F(x, y)$，再应用二元函数极值的充分条件判断，可知点$(3a, 3a, 3a)$是函数 $u = xyz$ 在约束条件下的极小值点. 因此，目标函数 $u = xyz$ 在约束条件下，在点$(3a, 3a, 3a)$处取得极小值.

下面的问题涉及经济学中的一个最优价格的模型.

在生产和销售商品过程中，商品销售量、生产成本与销售价格是相互影响的. 厂家要选择合理的销售价格，才能获得最大利润. 这个价格称为最优价格. 下面通过例题来讨论怎样确定电视机的最优价格.

例 18 设某电视机厂生产一台电视机的成本为 c，每台电视机的销售价格为 p，销售量为 x. 假设该厂的生产处于平衡状态，即电视机的生产量等于销售量，根据市场预测，销售量 x 与销售价格 p 之间有如下关系

$$x = Me^{-ap} \quad (M > 0, a > 0),$$

式中，M 为市场最大需求量，a 是价格系数. 同时，生产部门根据对生产环节的分析，对每台电视机的生产成本 c 有如下预算

$$c = c_0 - k\ln x \quad (k > 0, x > 1),$$

式中，c_0 是只生产一台电视机时的成本，k 是规模系数.

根据上述条件，应如何确定电视机的售价 p，才能使该厂获得最大利润？

解 设厂家获得的利润为 u，每台电视机售价为 p，每台生产成本为 c，销售量为 x，则

$$u = (p - c)x.$$

于是，问题化为求利润函数 $u = (p - c)x$ 在约束条件下的极值问题.

设拉格朗日函数

$$L(x, p, c) = (p - c)x + \lambda(x - Me^{-ap}) + \mu(c - c_0 + k\ln x).$$

令

$$\begin{cases} L_x = (p - c) + \lambda + k\dfrac{\mu}{x} = 0, \\ L_p = x + \lambda aMe^{-ap} = 0, \\ L_c = -x + \mu = 0. \end{cases}$$

由约束条件得

$$c = c_0 - k(\ln M - ap).$$

然后，联立方程组可得

$$\lambda = -\frac{1}{a}, \quad x = u,$$

代入 $L_x = 0$，得

$$p - c_0 + k(\ln M - ap) - \frac{1}{a} + k = 0,$$

由此解得

$$p^* = \frac{c_0 - k\ln M + \dfrac{1}{a} - k}{1 - ak}.$$

因为由问题本身可知最优价格必定存在,所以,这个 p^* 就是电视机的最优价格.只要确定了规模系数 k 和价格系数 a,电视机的最优价格问题就解决了.

习题 5.3

1. 求下列曲线在指定点处的切线方程和法平面方程.

(1) $x = t^2, y = 1 - t, z = t^3$ 在点 $(1,0,1)$ 处;

(2) $x = \cos t, y = \sin t, z = \tan\dfrac{t}{2}$ 在 $t = \dfrac{\pi}{2}$ 的对应点处;

(3) $\begin{cases} y^2 = 2mx, \\ z^2 = m - x \end{cases}$ 在点 (x_0, y_0, z_0) 处;

(4) $\begin{cases} x^2 + y^2 - 2 = 0, \\ y^2 + z^2 - 10 = 0 \end{cases}$ 在点 $(1,1,3)$ 处.

2. 求曲线 $\begin{cases} xyz = 1, \\ y^2 = x \end{cases}$ 在点 $(1,1,1)$ 处切线的方向余弦.

3. 在曲线 $x = t, y = t^2, z = t^3$ 上求一点,使得曲线所在的曲面在该点处的切平面平行于平面 $x + 2y + z - 4 = 0$.

4. 求下列曲面在指定点处的切平面方程和法线方程.

(1) $3x^2 + y^2 - z^2 = 27$ 在点 $(3,1,1)$ 处;

(2) $z = \ln(1 + x^2 + 2y^2)$ 在点 $(1,1,\ln 4)$ 处;

(3) $z = \arctan\dfrac{y}{x}$ 在点 $\left(1,1,\dfrac{\pi}{4}\right)$ 处.

5. 在曲面 $z = xy$ 上求一点,使得曲面在该点处的法线垂直于平面 $x + 3y + z + 9 = 0$,并写出该法线方程.

6. 求曲面 $x^2 - z^2 - 2x + 6y = 4$ 的平行于直线 $\dfrac{x+2}{1} = \dfrac{y}{3} = \dfrac{z+1}{4}$ 的法线方程.

7. 证明:二次曲面 $ax^2 + by^2 + cz^2 = k$ 上点 $P(x_0, y_0, z_0)$ 处的切平面方程为
$$ax_0 x + by_0 y + cz_0 z = k.$$

8. 证明:曲面 $\sqrt{x} + \sqrt{y} + \sqrt{z} = \sqrt{a}(a > 0)$ 上任何点处的切平面在各坐标轴上的截距之和等于 a.

9. 求下列函数在指定点沿指定角度 φ 的方向导数.

(1) $f(x,y) = y^x, (1,2), \varphi = \dfrac{\pi}{2}$;

(2) $f(x,y) = \sin(x + 2y), (4,-2), \varphi = -\dfrac{2\pi}{3}$.

10. 求函数 $z = x^2 + y^2$ 在点 $(1,2)$ 处沿点 $(1,2)$ 到点 $(2,2+\sqrt{3})$ 方向的方向导数.

11. 求函数 $z = \ln(x^2 + y^2)$ 在点 $(1,1)$ 处沿与 x 轴正向夹角 $60°$ 的方向的方向导数.

12. 求函数 $u = xy^2 + z^3 - xyz$ 在点 $(1,1,2)$ 处沿方向角为 $\alpha = \frac{\pi}{3}, \beta = \frac{\pi}{4}, \gamma = \frac{\pi}{3}$ 的方向的方向导数.

13. 设函数 $f(x,y,z) = x^2 + 2y^2 + 3z^2 + xy + 3x - 2y - 6z$, 求 $\mathbf{grad} f(0,0,0)$ 和 $\mathbf{grad} f(1,1,1)$.

14. 求函数 $u = \frac{1}{r}$ (其中 $r = \sqrt{x^2 + y^2 + z^2}$) 在点 $P(x_0, y_0, z_0)$ 处梯度的大小和方向 (其中 $x_0^2 + y_0^2 + z_0^2 \neq 0$).

15. 一位徒步旅行者爬山, 已知山的高度是 $z = 1\,000 - 2x^2 - 3y^2$. 当他在点 $(1,1,995)$ 处时, 为了尽可能快地爬高, 他应沿什么方向移动?

16. 问函数 $u = xy^2 z$ 在点 $P(1,-1,2)$ 处沿什么方向的方向导数最大? 并求此方向导数的最大值.

17. 求下列函数的驻点和极值.

(1) $f(x,y) = x^2 + y^2 + x^2 y + 4$;　　　(2) $f(x,y) = 3x^2 y + y^3 - 3x^2 - 3y^2 + 2$;

(3) $f(x,y) = x^2 + y^2 + \frac{1}{x^2 y^2}$;　　　(4) $f(x,y) = e^x \cos y$.

18. 确定下列函数在所给条件下的最大值及最小值.

(1) $z = x^2 + y^2$, 当 $\frac{x}{2} + \frac{y}{3} = 1$ 时;　　(2) $z = 3x + 4y$, 当 $x^2 + y^2 = 1$ 时.

19. 求由方程 $x^2 + y^2 + z^2 - 2x + 2y - 4z - 10 = 0$ 所确定的隐函数 $z = z(x,y)$ 的极值.

20. 求曲面 $z^2 = xy + 1$ 上与原点距离最近的点.

21. 在平面 $x + z = 0$ 上求一点, 使它到点 $A(1,1,1)$ 和 $B(2,3,-1)$ 的距离平方和最小.

22. 某工厂要建造一座长方体形状的厂房, 其体积为 $1\,500\ \text{m}^3$, 已知前壁和屋顶的每单位面积的造价分别是其他墙身造价的 3 倍和 1.5 倍, 问厂房前壁长度和高度为多少时, 厂房的造价最小?

23. 求内接于半径为 a 的球且有最大体积的长方体.

*5.4　泰勒公式与最小二乘法

5.4.1　泰勒公式

在一元函数中, 若 $f(x)$ 在含有 x_0 的某个开区间 (a,b) 内具有直到 $n+1$ 阶的导数, 则当 x 在 (a,b) 内时, 有下面的 n 阶泰勒公式:

$$f(x) = f(x_0) + f'(x_0)(x - x_0) + \frac{f''(x_0)}{2!}(x - x_0)^2 + \cdots +$$

$$\frac{f^{(n)}(x_0)}{n!}(x - x_0)^n + \frac{f^{(n+1)}(x_0 + \theta(x - x_0))}{(n+1)!}(x - x_0)^{n+1},\ 0 < \theta < 1$$

成立. 利用一元函数的泰勒公式, 可用 n 次多项式来近似表达函数 $f(x)$, 且误差是当 $x \to x_0$ 时比 $(x-x_0)^n$ 高阶的无穷小. 对于多元函数来说, 无论是出于理论的还是实际计算的目的, 都有必要考虑用多个变量的多项式来近似表达一个给定的多元函数, 并能具体估算出误差的大小. 以二元函数为例, 设 $z = f(x,y)$ 在点 (x_0, y_0) 的某一邻域内连续且有直到 $(n+1)$ 阶的连续偏导数, (x_0+h, y_0+k) 为此邻域内任一点, 现在的问题是要把函数 $f(x_0+h, y_0+k)$ 近似地表达为 $h = x-x_0, k = y-y_0$ 的 n 次多项式, 而由此所产生的误差是当 $\rho = \sqrt{h^2+k^2} \to 0$ 时比 ρ^n 高阶的无穷小. 为了解决这个问题, 就要把一元函数的泰勒中值定理推广到多元函数的情形.

定理 5.4.1 设 $z = f(x,y)$ 在点 (x_0, y_0) 的某一邻域内连续且有直到 $n+1$ 阶的连续偏导数, (x_0+h, y_0+k) 为此邻域内任一点, 则有

$$f(x_0+h, y_0+k) = f(x_0, y_0) + \left(h\frac{\partial}{\partial x} + k\frac{\partial}{\partial y}\right)f(x_0, y_0) +$$

$$\frac{1}{2!}\left(h\frac{\partial}{\partial x} + k\frac{\partial}{\partial y}\right)^2 f(x_0, y_0) + \cdots +$$

$$\frac{1}{n!}\left(h\frac{\partial}{\partial x} + k\frac{\partial}{\partial y}\right)^n f(x_0, y_0) +$$

$$\frac{1}{(n+1)!}\left(h\frac{\partial}{\partial x} + k\frac{\partial}{\partial y}\right)^{n+1} f(x_0+\theta h, y_0+\theta k), \quad 0 < \theta < 1.$$

式中, 记号

$\left(h\dfrac{\partial}{\partial x} + k\dfrac{\partial}{\partial y}\right)f(x_0, y_0)$ 表示 $hf_x(x_0, y_0) + kf_y(x_0, y_0)$,

$\left(h\dfrac{\partial}{\partial x} + k\dfrac{\partial}{\partial y}\right)^2 f(x_0, y_0)$ 表示 $h^2 f_{xx}(x_0, y_0) + 2hk f_{xy}(x_0, y_0) + k^2 f_{yy}(x_0, y_0)$.

一般地, 记号

$$\left(h\frac{\partial}{\partial x} + k\frac{\partial}{\partial y}\right)^m f(x_0, y_0)$$

表示 $\displaystyle\sum_{p=0}^{m} C_m^p h^p k^{m-p} \left.\frac{\partial^m f}{\partial x^p \partial y^{m-p}}\right|_{(x_0, y_0)}$.

证明 为了利用一元函数的泰勒公式来进行证明, 引入函数

$$u(t) = f(x_0+ht, y_0+kt),$$

显然, 有 $u(0) = f(x_0, y_0), u(1) = f(x_0+h, y_0+k)$. 由 $u(t)$ 的定义及多元复合函数的求导法则, 可得

$$u'(t) = hf_x(x_0+ht, y_0+kt) + kf_y(x_0+ht, y_0+kt)$$

$$= \left(h\frac{\partial}{\partial x} + k\frac{\partial}{\partial y}\right)f(x_0+ht, y_0+kt),$$

$$u''(t) = h^2 f_{xx}(x_0 + ht, y_0 + kt) + 2hk f_{xy}(x_0 + ht, y_0 + kt) + k^2 f_{yy}(x_0 + ht, y_0 + kt)$$

$$= \left(h \frac{\partial}{\partial x} + k \frac{\partial}{\partial y}\right)^2 f(x_0 + ht, y_0 + kt),$$

$$\vdots$$

$$u^{(n+1)}(t) = \sum_{p=0}^{n+1} C_{n+1}^p h^p k^{n+1-p} \frac{\partial^{n+1} f}{\partial x^p \partial y^{n+1-p}} \bigg|_{(x_0+ht, y_0+kt)}$$

$$= \left(h \frac{\partial}{\partial x} + k \frac{\partial}{\partial y}\right)^{n+1} f(x_0 + ht, y_0 + kt).$$

利用一元函数的麦克劳林公式,得

$$u(1) = u(0) + u'(0) + \frac{1}{2!}u''(0) + \cdots + \frac{1}{n!}u^{(n)}(0) + \frac{1}{(n+1)!}u^{(n+1)}(\theta), 0 < \theta < 1.$$

将 $u(0) = f(x_0, y_0), u(1) = f(x_0 + h, y_0 + k)$ 及上面求得 $u(t)$ 的直到 n 阶导数在 $t = 0$ 的值以及 $u^{(n+1)}(t)$ 在 $t = \theta$ 的值代入上式,即得

$$f(x_0 + h, y_0 + k) = f(x_0, y_0) + \left(h \frac{\partial}{\partial x} + k \frac{\partial}{\partial y}\right) f(x_0, y_0) +$$

$$\frac{1}{2!}\left(h \frac{\partial}{\partial x} + k \frac{\partial}{\partial y}\right)^2 f(x_0, y_0) + \cdots +$$

$$\frac{1}{n!}\left(h \frac{\partial}{\partial x} + k \frac{\partial}{\partial y}\right)^n f(x_0, y_0) + R_n,$$

其中,

$$R_n = \frac{1}{(n+1)!}\left(h \frac{\partial}{\partial x} + k \frac{\partial}{\partial y}\right)^{n+1} f(x_0 + \theta h, y_0 + \theta k), 0 < \theta < 1.$$

公式称为二元函数 $f(x, y)$ 在点 (x_0, y_0) 的 n 阶泰勒公式,而 R_n 的表达式称为拉格朗日型余项.

当 $n = 0$ 时,此公式就成为

$$f(x_0 + h, y_0 + k) = f(x_0, y_0) + h f_x(x_0 + \theta h, y_0 + \theta k) + k f_y(x_0 + \theta h, y_0 + \theta k).$$

上式称为二元函数的拉格朗日中值公式. 也可推出下述结论:

如果函数 $f(x, y)$ 的偏导数 $f_x(x, y), f_y(x, y)$ 在某一区域内都恒等于零,则函数 $f(x, y)$ 在该区域内为一常数.

例 1 求函数 $f(x, y) = \ln(1 + x + y)$ 在点 $(0, 0)$ 的三阶泰勒公式.

解 因为

$$f_x(x, y) = f_y(x, y) = \frac{1}{1 + x + y},$$

$$f_{xx}(x, y) = f_{xy}(x, y) = f_{yy}(x, y) = -\frac{1}{(1 + x + y)^2},$$

$$\frac{\partial^3 f}{\partial x^p \partial y^{3-p}} = \frac{2!}{(1+x+y)^3}, \quad p = 0,1,2,3,$$

$$\frac{\partial^4 f}{\partial x^p \partial y^{4-p}} = -\frac{3!}{(1+x+y)^4}, \quad p = 0,1,2,3,4,$$

所以

$$\left(h\frac{\partial}{\partial x} + k\frac{\partial}{\partial y}\right)f(0,0) = hf_x(0,0) + kf_y(0,0) = h+k,$$

$$\left(h\frac{\partial}{\partial x} + k\frac{\partial}{\partial y}\right)^2 f(0,0) = h^2 f_{xx}(0,0) + 2hkf_{xy}(0,0) + k^2 f_{yy}(0,0)$$
$$= -(h+k)^2,$$

$$\left(h\frac{\partial}{\partial x} + k\frac{\partial}{\partial y}\right)^3 f(0,0) = h^3 f_{xxx}(0,0) + 3h^2 kf_{xxy}(0,0) +$$
$$3hk^2 f_{xyy}(0,0) + k^3 f_{yyy}(0,0)$$
$$= 2(h+k)^3.$$

又 $f(0,0)=0$, 并将 $h=x, k=y$ 代入, 由三阶泰勒公式便得

$$\ln(1+x+y) = x+y - \frac{1}{2}(x+y)^2 + \frac{1}{3}(x+y)^3 + R_3,$$

式中,
$$R_3 = \frac{1}{4!}\left[\left(h\frac{\partial}{\partial x} + k\frac{\partial}{\partial y}\right)^4 f(\theta h, \theta k)\right]_{h=x,k=y}$$
$$= -\frac{1}{4} \cdot \frac{(x+y)^4}{(1+\theta x+\theta y)^4}, \quad 0 < \theta < 1.$$

5.4.2 最小二乘法

在生产实践中, 常常需要根据实际测量得到的一系列数据找出函数关系, 找出某 n 个变量的函数关系的近似表达式, 通常把这样得到的函数的近似表达式叫做经验公式. 这里, 介绍一种找经验公式的方法, 它是被广泛采用的一种处理数据的方法, 这种方法不难推广到求其他类型经验公式中去.

例 2 炼钢是一个氧化降碳的过程. 钢水含碳量的多少直接影响冶炼时间的长短, 必须掌握钢水含碳量和冶炼时间的关系. 如果已测得炉料熔化完毕时, 钢水的含碳量 x 与冶炼时间 T(从炉料熔化完毕到出钢的时间)的一列数据, 如下表所示:

$x/0.01\%$	104	180	190	177	147	134	150	191	204	121
$T/\min$	100	200	210	185	155	135	170	205	235	125

由此要推测出 T 和 x 的函数关系: $T = f(x)$.

解 首先,要确定 $f(x)$ 的类型,先按下面的方法处理. 在直角坐标系中,以 x 为横轴,以 T 为纵轴,描出上述各对数据的对应点,如图 5.9 所示. 从图上可以看出,这些点的连线大致接近于一条直线. 于是可认为 $T = f(x)$ 是线性函数,并设

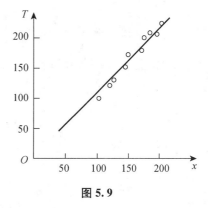

图 5.9

$$f(x) = ax + b,$$

式中,a 和 b 是待定常数.

于是,问题就成为合理选择系数 a 和 b. 从图上看到,可以画出不同的直线,使标出来的点都在这些直线的附近,这就是说,a 和 b 可以有不同的取法. 那么怎样选择最合理呢?

最理想的情形是选择 a,b,使直线 $T = f(x)$ 经过图中所标出的各点. 但实际上这是不可能的. 因为这些点本来就不在同一条直线上,因此只能要求选取这样的 a,b,使得 $f(x) = ax + b$ 在 $x_0, x_1, x_2, \cdots, x_9$ 处的函数值与实验数据 $T_0, T_1, T_2, \cdots, T_9$ 相差都很小. 也就是要使偏差

$$T_i - f(x_i) \quad (i = 0,1,2,\cdots,9)$$

都很小. 那么,如何达到这一要求呢? 能否设法使偏差的和

$$\sum_{i=0}^{9} \left[T_i - f(x_i) \right]$$

很小来保证每个偏差都很小呢? 不能,因为偏差有正有负,在求和时,可能会互相抵消. 为了避免这种情形,可对偏差取绝对值再求和,只要

$$\sum_{i=0}^{9} \mid T_i - f(x_i) \mid = \sum_{i=0}^{9} \mid T_i - (ax_i + b) \mid$$

很小,就可以保证每个偏差的绝对值很小. 但这个式子有绝对值记号,不便于进一步分析讨论. 由于任何实数的平方都是正数或零,因此,可以考虑取常数 a,b,使

$$M(a,b) = \sum_{i=0}^{9} \left[T_i - (ax_i + b) \right]^2$$

最小来保证每个偏差的绝对值都很小. 这种根据偏差的平方和为最小的条件来选择常数 a,b 的方法叫做最小二乘法,这种确定常数 a,b 的方法是通常所采用的.

一般地,为了选择 a 和 b,使总偏差 $M(a,b)$ 达到最小,由极值的必要条件,有

$$\frac{\partial M}{\partial a} = -2 \sum_{i=1}^{n} (T_i - ax_i - b)x_i = -2 \sum_{i=1}^{n} T_i x_i + 2a \sum_{i=1}^{n} x_i^2 + 2b \sum_{i=1}^{n} x_i = 0,$$

57

$$\frac{\partial M}{\partial b} = -2 \sum_{i=1}^{n} (T_i - ax_i - b) = -2 \sum_{i=1}^{n} T_i + 2a \sum_{i=1}^{n} x_i + 2nb = 0.$$

即 a 和 b 满足下列代数方程组

$$\begin{cases} (\sum_{i=1}^{n} x_i^2)a + (\sum_{i=1}^{n} x_i)b = \sum_{i=1}^{n} x_i T_i, \\ (\sum_{i=1}^{n} x_i)a + nb = \sum_{i=1}^{n} T_i. \end{cases}$$

解之得

$$\begin{cases} a = \dfrac{n \sum_{i=1}^{n} x_i T_i - (\sum_{i=1}^{n} x_i)(\sum_{i=1}^{n} T_i)}{n(\sum_{i=1}^{n} x_i^2) - (\sum_{i=1}^{n} x_i)^2}, \\ b = \dfrac{(\sum_{i=1}^{n} T_i)(\sum_{i=1}^{n} x_i^2) - (\sum_{i=1}^{n} x_i)(\sum_{i=1}^{n} x_i T_i)}{n(\sum_{i=1}^{n} x_i^2) - (\sum_{i=1}^{n} x_i)^2}. \end{cases}$$

例如,在上例中,共测得了 10 组数据 $x_i, T_i (i = 1, 2, \cdots, 10)$,将这些数据代入,得到下表:

i	1	2	3	4	5	6	7	8	9	10	$\sum\limits_{i=1}^{10}$
x_i	104	180	190	177	147	134	150	191	204	121	1 598
T_i	100	200	210	185	155	135	170	205	235	125	1 720
x_i^2	10 816	32 400	36 100	31 329	21 609	17 956	22 500	36 481	41 616	14 641	265 448
$x_i T_i$	10 400	36 000	39 900	32 745	22 785	18 090	25 500	39 155	47 940	15 125	287 640

关于 a, b 的二元一次方程是

$$265\,448a + 1\,598b = 287\,640,$$

$$1\,598a + 10b = 1\,720.$$

解这个方程组,得到一组解

$$a = 1.267, \ b = -30.51.$$

因此,经验公式就取为

$$T = 1.267x - 30.51.$$

偏差的平方和记为 M,它的平方根 $\sqrt{M}$ 称为均方误差,它的大小在一定程度上反映了用经验公式来近似表达原来函数关系的近似程度的好坏.

在上例中,按实验数据描出的图形接近于一条直线.在这种情形下,就可认为函数关系是线性函数类型的,从而问题可化为求解一个二元一次方程组,计算比较方便.还有一些实际问题,经验公式的类型不是线性函数,但是可以设法把它化成线性函数的类型来讨论.

例 3 在研究某单分子化学反应速度时,得到下列数据:

i	1	2	3	4	5	6	7	8
τ_i	3	6	9	12	15	18	21	24
y_i	57.6	41.9	31.0	22.7	16.6	12.2	8.9	6.5

其中,τ 表示从实验开始算起的时间,y 表示时刻 τ 反应物的量.试根据上述数据定出经验公式 $y = f(\tau)$.

解 由化学反应速度的理论知道,$y = f(\tau)$ 应是指数函数:$y = k e^{m\tau}$,其中 k 和 m 是待定常数.对这批数据,先来验证这个结论.为此,在 $y = k e^{m\tau}$ 的两边取常用对数,得

$$\lg y = (m \cdot \lg e)\tau + \lg k.$$

记 $m \cdot \lg e = a$,即 $0.4343m = a$,$\lg k = b$,则上式可写为

$$\lg y = a\tau + b,$$

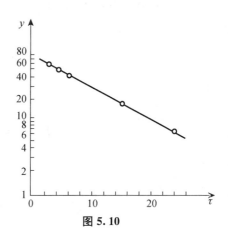

图 5.10

于是 $\lg y$ 就是 τ 的线性函数.所以,我们把表中各对数据 (τ_i, y_i) $(i = 1, 2, \cdots, 8)$ 所对应的点标在半对数坐标纸上(半对数坐标纸的横轴上各点处所标明的数字与普通的直角坐标纸相同,而纵轴上各点所标明的数字是这样的,它的常用对数就是该点到原点的距离),如图 5.10 所示.从图 5.10 可以看出,这些点的连线非常接近于一条直线,这说明 $y = f(\tau)$ 确实可以认为是指数函数.

下面来具体定出 k 与 m 的值.

由于 $\lg y = a\tau + b$,所以可以依照前面的讨论得方程组

$$\begin{cases} \left(\sum_{i=1}^{8}\tau_i^2\right)a + \left(\sum_{i=1}^{8}\tau_i\right)b = \sum_{i=1}^{8}\tau_i \lg y_i, \\ \left(\sum_{i=1}^{8}\tau_i\right)a + 8b = \sum_{i=1}^{8}\lg y_i. \end{cases}$$

解上面的方程组,可以确定 a,b 的值.

下面通过列表来计算 $\sum\limits_{i=1}^{8}\tau_i,\sum\limits_{i=1}^{8}\tau_i^2,\sum\limits_{i=1}^{8}\lg y_i$ 及 $\sum\limits_{i=1}^{8}\tau_i\lg y_i$.

	τ_i	τ_i^2	y_i	$\lg y_i$	$\tau_i\lg y_i$
	3	9	57.6	1.760 4	5.281 2
	6	36	41.9	1.622 2	9.733 2
	9	81	31.0	1.491 4	13.422 6
	12	144	22.7	1.356 0	16.272 0
	15	225	16.6	1.220 1	18.301 5
	18	324	12.2	1.086 4	19.555 2
	21	441	8.9	0.949 4	19.937 4
	24	576	6.5	0.812 9	19.509 6
$\sum$	108	1 836		10.298 8	122.012 7

将它们代入方程组,其中取 $\sum\limits_{i=1}^{8}\lg y_i=10.3,\sum\limits_{i=1}^{8}\tau_i\lg y_i=122$,得

$$\begin{cases} 1\,836a+108b=122, \\ 108a+8b=10.3. \end{cases}$$

解方程组,得

$$\begin{cases} a=-0.045=0.434\,3m, \\ b=1.896\,4=\lg k, \end{cases}$$

所以 $\qquad m=-0.103\,6,k=78.78.$

因此,所求的经验公式为

$$y=78.78\mathrm{e}^{-0.103\,6\tau}.$$

习题 5.4

1. 求函数 $f(x,y)=xy-y$ 在点 $(1,1)$ 处的二阶泰勒公式.

2. 求函数 $f(x,y)=2x^2-xy-y^2-6x-3y+5$ 在点 $(1,-2)$ 处的泰勒公式.

3. 求函数 $f(x,y)=\ln(1+x+y)$ 在点 $(0,0)$ 处的一阶泰勒公式.

4. 求函数 $f(x,y)=\sin x\sin y$ 在点 $\left(\dfrac{\pi}{4},\dfrac{\pi}{4}\right)$ 处的二阶泰勒公式.

5. 利用函数 $f(x,y)=x^y$ 的三阶泰勒公式,计算 $1.1^{1.02}$ 的近似值.

6. 求函数 $f(x,y)=\mathrm{e}^{x+y}$ 在点 $(0,0)$ 处的 n 阶泰勒公式.

7. 变量 x 和 y 满足线性方程 $y = ax + b$,它的系数需要确定,由一系列精确测定的结果,对于量 x 和 y,得到 $x_i, y_i (i = 1, 2, \cdots, n)$.利用最小二乘法求系数 a 和 b 的最可靠数值.

8. 已知一组实验数据为 $(x_1, y_1), (x_2, y_2), \cdots, (x_n, y_n)$.现假定经验公式是

$$y = ax^2 + bx + c.$$

试按最小二乘法建立 a, b, c 应满足的三元一次方程组.

复 习 题 5

1. 设 $z = \ln(e^x + e^y)$,证明

$$\frac{\partial^2 z}{\partial x^2} \cdot \frac{\partial^2 z}{\partial y^2} = \left(\frac{\partial^2 z}{\partial x \partial y}\right)^2.$$

2. 设 $z = 5x^2 + y^2, (x, y)$ 从 $(1, 2)$ 变到 $(1.05, 2.1)$,试比较 Δz 和 dz.

3. 有一批半径 $R = 5\,cm$、高 $H = 20\,cm$ 的金属圆柱体 100 个,现要在圆柱体的表面镀一层厚度为 $0.05\,cm$ 的镍,试估计大约需要多少镍(镍的密度为 $8.8\,g/cm^3$)?

4. 设 $u = f(x^2, y^2, z^2)$,其中 $f(u)$ 的偏导数存在,求 $\frac{\partial u}{\partial x}, \frac{\partial u}{\partial y}, \frac{\partial u}{\partial z}$.

5. 设 $z = \dfrac{y}{f(x^2 - y^2)}$,其中函数 f 可微.试证明

$$\frac{1}{x}\frac{\partial z}{\partial x} + \frac{1}{y}\frac{\partial z}{\partial y} = \frac{z}{y^2}.$$

6. 设函数 $u(x, y)$ 有二阶连续偏导数且满足拉普拉斯方程

$$\frac{\partial^2 u}{\partial x^2} + \frac{\partial^2 u}{\partial y^2} = 0.$$

证明:作变量替换

$$x = e^s \cos t, y = e^s \sin t$$

后,u 依然满足关于 s, t 的拉普拉斯方程

$$\frac{\partial^2 u}{\partial s^2} + \frac{\partial^2 u}{\partial t^2} = 0.$$

7. 设 $f(u, v)$ 为可微函数,证明由方程 $f\left(x + \dfrac{z}{y}, y + \dfrac{z}{x}\right) = 0$ 确定的函数 $z = z(x, y)$ 满足

$$x\frac{\partial z}{\partial x} + y\frac{\partial z}{\partial y} = z - xy.$$

8. 设 $z^3 + 3xyz = a^3$,求 $\dfrac{\partial z}{\partial x}, \dfrac{\partial z}{\partial y}, \dfrac{\partial^2 z}{\partial x \partial y}$.

9. 求曲线 $\begin{cases} z = \dfrac{x^2}{4} + y^2, \\ x = 1 \end{cases}$ 在点 $\left(1, \dfrac{1}{2}, \dfrac{1}{2}\right)$ 处切线的方向余弦及其与 y 轴正向的夹角.

10. 设平面 $3x + \lambda y - 3z + 16 = 0$ 与椭球面 $3x^2 + y^2 + z^2 = 16$ 相切,求 λ 值.

11. 求函数 $u(x,y,z)=xy+yz+zx$ 在点 $P_0(2,1,3)$ 处沿着与各坐标轴构成等角的方向的方向导数.

12. 设函数 $u=x+y+z$ 在球面 $x^2+y^2+z^2=1$ 上点为 (x_0,y_0,z_0),求沿球面在该点的外法线方向的方向导数.

13. 求椭球面 $x^2+y^2+\dfrac{z^2}{4}=1$ 与平面 $x+y+z=0$ 的交线上的点到坐标原点的最大距离与最小距离.

第6章　多元函数积分学

在介绍多元函数积分学前,请读者先回顾一元函数定积分的引入.在一元函数定积分中,我们知道,定积分是某种确定形式的和的极限.若将这种和的极限的概念推广到定义在区域、曲线及曲面上多元函数的情形,便得到重积分、曲线积分和曲面积分的概念.因此,重积分是一元函数定积分的推广与发展,它们都是某个相类似的和式的极限,即分割、近似、求和、取极限.故读者可用微元法的思想方法来理解重积分的概念及性质.本章将介绍重积分(包括二重积分和三重积分)的概念、含参变量的积分、曲线积分、曲面积分的计算方法和性质,以及它们的一些应用.

6.1　二　重　积　分

6.1.1　二重积分的概念与性质

1. 二重积分的概念

例1　曲顶柱体的体积. 设有一柱体,它的底是 xOy 面上的闭区域 D,它的顶是曲面 $z=f(x,y)$.这里 $f(x,y) \geqslant 0$ 且在 D 上是连续的,如图 6.1 所示.这种柱体叫做**曲顶柱体**.下面来讨论如何定义并计算这种曲顶柱体的体积 V.

若柱体的顶是平行于底面的平面(即平顶柱体),则它的体积可以用公式

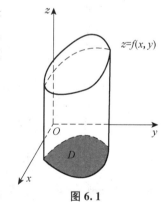

图 6.1

$$体积＝高×底面积$$

来计算;若柱体的顶是变动的,即当点 (x,y) 在闭区域 D 上变动时,高度 $f(x,y)$ 是个变量,则它的体积不能直接用上面公式来计算.但可以用类似于求曲边梯形面积的方法来求曲顶柱体的体积.

首先,用一组曲线网把闭区域 D 分成 n 个小闭区域

$$\Delta\sigma_1, \Delta\sigma_2, \cdots, \Delta\sigma_n,$$

其中,$\Delta\sigma_i$ 表示第 i 个小区域 $(i=1,2,3,\cdots,n)$,也表示它的面积.用 d_i 表示第 i 个小区域的直径 $(i=1,2,3,\cdots,n)$.如果以这些小闭区域的边界曲线为准线,作母线平行于 z 轴的柱面,这些柱面把原来的曲顶柱体分为 n 个小曲顶柱体.当小闭区域

的直径 d_i 很小时,由于 $f(x,y)$ 连续,对同一个小闭区域来说, $f(x,y)$ 变化很小,这时小曲顶柱体可近似看作平顶柱体,如图 6.2 所示.若在每个 $\Delta\sigma_i$ 中任取一点 (ξ_i,η_i) ,则以 $f(\xi_i,\eta_i)$ 为高而底为 $\Delta\sigma_i$ 的平顶柱体的体积为

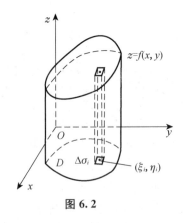

$$f(\xi_i,\eta_i)\Delta\sigma_i, i=1,2,\cdots,n.$$

这 n 个平顶柱体体积之和

$$\sum_{i=1}^{n} f(\xi_i,\eta_i)\Delta\sigma_i$$

图 6.2

可以认为是整个曲顶柱体体积的近似值.令 $d = \max\{d_i \mid i=1,2,\cdots,n\}$,若当 $d\to0$ 时,上述和的极限存在,则此极限便自然地定义为此曲顶柱体的体积 V ,即

$$V = \lim_{d\to 0}\sum_{i=1}^{n} f(\xi_i,\eta_i)\Delta\sigma_i.$$

例 2(平面薄片的质量) 设有一平面薄片占有 xOy 面上的闭区域 D ,它在点 (x,y) 处的面密度为 $\mu(x,y)$,这里 $\mu(x,y)\geqslant0$ 且在 D 上连续.现在要计算该薄片的质量 M .

若薄片是均匀的,那么薄片的质量可以用公式

$$质量＝面密度\times面积$$

求得.而此时面密度 $\mu(x,y)$ 是变量,薄片的质量就不能用上述公式来计算.但例 1 用来计算曲顶柱体体积的方法完全适用于本问题.

由于 $\mu(x,y)$ 在闭区域 D 上连续,用一组曲线网把薄片分成许多小块后,只要小块所占的小闭区域 $\Delta\sigma_i$ (表示第 i 个小闭区域,也表示它的面积)的直径足够小,这些小块就可以近似地看作均匀薄片.故若在 $\Delta\sigma_i$ 上任取一点 (ξ_i,η_i) ,则

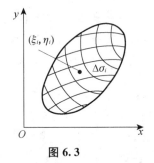

$$\mu(\xi_i,\eta_i)\Delta\sigma_i(i=1,2,\cdots,n)$$

图 6.3

可以看作第 i 个小块的质量的近似值,如图 6.3 所示.通过求和、取极限,便得到

$$M = \lim_{d\to 0}\sum_{i=1}^{n} \mu(\xi_i,\eta_i)\Delta\sigma_i,$$

其中, d 表示各小闭区域中直径的最大值.

从这两个例子可以看出,所求量都归结为同一形式的和的极限.还有许多实际

问题都可以化为上述形式的和的极限. 因此,研究这种和的极限是具有实际意义的. 据此,可以抽象地给出二重积分的定义,将其叙述如下:

定义 6.1.1 设 $f(x,y)$ 是有界闭区域 D 上的有界函数. 用曲线网将闭区域 D 任意分成 n 个小闭区域

$$\Delta\sigma_1,\Delta\sigma_2,\cdots,\Delta\sigma_n,$$

其中,$\Delta\sigma_i$ 表示第 i 个小闭区域,也表示它的面积,在每个 $\Delta\sigma_i$ 上任取一点 (ξ_i,η_i),作乘积 $f(\xi_i,\eta_i)\Delta\sigma_i (i=1,2,\cdots,n)$,并作和 $\sum\limits_{i=1}^{n}f(\xi_i,\eta_i)\Delta\sigma_i$. 如果当各小闭区域的直径中的最大值 d 趋于 0 时,该和的极限总存在,则称此极限为函数 $f(x,y)$ 在闭区域 D 上的**二重积分**,记作 $\iint\limits_{D}f(x,y)\mathrm{d}\sigma$,即

$$\iint\limits_{D}f(x,y)\mathrm{d}\sigma = \lim_{d\to 0}\sum_{i=1}^{n}f(\xi_i,\eta_i)\Delta\sigma_i. \tag{6.1.1}$$

式中,$f(x,y)$ 叫做**被积函数**,$f(x,y)\mathrm{d}\sigma$ 叫做**被积表达式**,$\mathrm{d}\sigma$ 叫做**面积元素**,x 与 y 叫做**积分变量**,D 叫做**积分区域**,$\sum\limits_{i=1}^{n}f(\xi_i,\eta_i)\Delta\sigma_i$ 叫做**积分和**.

这里需要指出的是,当 $f(x,y)$ 在闭区域 D 上连续时,式(6.1.1)右端的和的极限必定存在,也就是说,函数 $f(x,y)$ 在 D 上的二重积分必定存在. 本书在讨论二重积分时,总是假设 $f(x,y)$ 在闭区域 D 上连续.

注 (1) 定义 6.1.1 中的积分和 $\sum\limits_{i=1}^{n}f(\xi_i,\eta_i)\Delta\sigma_i$ 的极限存在,是指对积分区域 D 的任意分割和点 (ξ_i,η_i) 的任意取法,只要 $d\to 0$,积分和虽然不同,但其极限值唯一,即极限值与积分区域 D 的分割方式以及 (ξ_i,η_i) 的取法无关.

(2) 二重积分是一数值,这个值只与积分区域 D 和被积函数 $f(x,y)$ 有关,而与积分变量用什么字母表示无关,即

$$\iint\limits_{D}f(x,y)\mathrm{d}\sigma = \iint\limits_{D}f(s,t)\mathrm{d}\sigma.$$

(3) 当 $f(x,y)\geqslant 0$ 且连续时,$\iint\limits_{D}f(x,y)\mathrm{d}\sigma$ 表示以积分区域 D 为底、$z=f(x,y)$ 为顶的曲顶柱体的体积,这就是二重积分的几何意义.

2. 二重积分的性质

比较二重积分和定积分的定义可知,二重积分具有与定积分类似的性质,现不作证明叙述如下:

性质 1(积分线性性) 设 α,β 为常数,则

$$\iint_D [\alpha f(x,y) + \beta g(x,y)] \mathrm{d}\sigma = \alpha \iint_D f(x,y) \mathrm{d}\sigma + \beta \iint_D g(x,y) \mathrm{d}\sigma. \quad (6.1.2)$$

性质 2（积分区域可加性）　若 D 被分割成有限个闭区域，则在 D 上的二重积分等于在这些有限个闭区域上的二重积分的和. 例如，D 分为两个闭区域 D_1 和 D_2，则

$$\iint_D f(x,y) \mathrm{d}\sigma = \iint_{D_1} f(x,y) \mathrm{d}\sigma + \iint_{D_2} f(x,y) \mathrm{d}\sigma. \quad (6.1.3)$$

性质 3　如果在 D 上，$f(x,y) \equiv 1$，D 的面积为 σ，则

$$\sigma = \iint_D 1 \cdot \mathrm{d}\sigma = \iint_D \mathrm{d}\sigma. \quad (6.1.4)$$

这个性质的几何意义就是：高为 1 的平顶柱体的体积在数值上就等于柱体的底面积.

性质 4　如果在 D 上，$f(x,y) \leqslant g(x,y)$，则有

$$\iint_D f(x,y) \mathrm{d}\sigma \leqslant \iint_D g(x,y) \mathrm{d}\sigma. \quad (6.1.5)$$

特别地，由于

$$-|f(x,y)| \leqslant f(x,y) \leqslant |f(x,y)|,$$

则有

$$\left| \iint_D f(x,y) \mathrm{d}\sigma \right| \leqslant \iint_D |f(x,y)| \mathrm{d}\sigma. \quad (6.1.6)$$

性质 5　设 M,m 分别是 $f(x,y)$ 在闭区域 D 上的最大值和最小值，σ 是 D 的面积，则有

$$m\sigma \leqslant \iint_D f(x,y) \mathrm{d}\sigma \leqslant M\sigma. \quad (6.1.7)$$

此不等式就是对二重积分估值的不等式，利用性质 1、性质 3、性质 4 即可证明.

性质 6（二重积分的中值定理）　设函数 $f(x,y)$ 在闭区域 D 上连续，σ 是 D 的面积，则在 D 上至少有一点 (ξ,η)，使得

$$\iint_D f(x,y) \mathrm{d}\sigma = f(\xi,\eta) \cdot \sigma. \quad (6.1.8)$$

证明　由于函数 $f(x,y)$ 在闭区域 D 上连续，故在此区域上必有最大值和最小值，分别设为 M,m，则由性质 5 可知

$$m \leqslant \frac{1}{\sigma} \iint\limits_{D} f(x,y) \mathrm{d}\sigma \leqslant M.$$

这说明，$\frac{1}{\sigma} \iint\limits_{D} f(x,y) \mathrm{d}\sigma$ 是介于函数 $f(x,y)$ 的最大值 M 和最小值 m 之间的一个确定的数. 根据闭区域上连续函数的介值定理，在 D 上至少存在一点 (ξ, η)，使得函数在该点的值等于这个确定的数，即

$$\frac{1}{\sigma} \iint\limits_{D} f(x,y) \mathrm{d}\sigma = f(\xi, \eta).$$

故式(6.1.8)成立.

例 3 试估计下列积分的值：

$$I = \iint\limits_{D} \frac{\mathrm{d}\sigma}{200 + \sin^2 x + \sin^2 y}, \text{其中 } D: \{(x,y) \mid x^2 + y^2 \leqslant 100\}.$$

解 由于

$$\frac{1}{202} \leqslant \frac{1}{200 + \sin^2 x + \sin^2 y} \leqslant \frac{1}{200},$$

故由性质 5 知

$$\frac{50}{101} \pi \leqslant I \leqslant \frac{1}{2} \pi.$$

例 4 利用二重积分的性质估计积分值

$$I = \iint\limits_{D} \mathrm{e}^{\sqrt{1+3x+y}} \mathrm{d}x\mathrm{d}y,$$

其中，D 是由 x 轴，y 轴及直线 $x+y=1$ 所围成的闭区域.

解 在 D 上，有

$$\mathrm{e} \leqslant f(x,y) = \mathrm{e}^{\sqrt{1+3x+y}} = \mathrm{e}^{\sqrt{1+(x+y)+2x}} \leqslant \mathrm{e}^2,$$

其中，$f(0,0) = \mathrm{e}, f(1,0) = \mathrm{e}^2$. 区域 D 为直角三角形，面积为 $\frac{1}{2}$. 因此，由性质 5 得

$$\frac{1}{2}\mathrm{e} < I < \frac{1}{2}\mathrm{e}^2.$$

6.1.2 二重积分的计算

用二重积分的定义来计算二重积分，对极少数特别简单的被积函数和积分区域来说是可行的. 但对一般的函数和区域来说，这是不切实际的. 下面将

介绍一种计算二重积分的方法,即将它化成两次定积分的计算.用此方法计算二重积分时,关键在于如何根据积分区域 D 的边界来确定两个定积分的上、下限.

1. 利用直角坐标计算二重积分

下面从几何观点来讨论二重积分 $\iint\limits_D f(x,y)\mathrm{d}\sigma$ 的计算问题.在讨论过程中,始终假设 $f(x,y)\geqslant 0$.

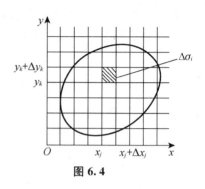

图 6.4

当 $f(x,y)$ 在区域 D 上可积时,其积分值与分割方法无关,所以可以选取一种特殊的分割方法来计算二重积分.在直角坐标系中,常用平行于坐标轴的直线网来分割区域 D,如图 6.4 所示,那么,除了包含边界点的一些小闭区域外,其余的小闭区域都是小矩形.假设小矩形的面积为

$\Delta\sigma_i$,边长为 Δx_j 和 Δy_k,则 $\Delta\sigma_i = \Delta x_j \cdot \Delta y_k$.因此,在积分 $\iint\limits_D f(x,y)\mathrm{d}\sigma$ 中,面积元素

$\mathrm{d}\sigma = \mathrm{d}x\mathrm{d}y$,故二重积分 $\iint\limits_D f(x,y)\mathrm{d}\sigma$ 在直角坐标系下,可记为 $\iint\limits_D f(x,y)\mathrm{d}x\mathrm{d}y$.

下面先讨论两种相对特殊的积分闭区域,称这两种特殊的积分区域为标准区域.

(1)X-型区域

设积分闭区域 D 满足不等式

$$\varphi_1(x)\leqslant y\leqslant\varphi_2(x),a\leqslant x\leqslant b,$$

其表示的区域如图 6.5 所示,其中函数 $\varphi_1(x),\varphi_2(x)$ 在区间 $[a,b]$ 上连续.

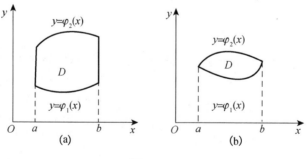

图 6.5

根据二重积分的几何意义,$\iint\limits_D f(x,y)\mathrm{d}\sigma$ 表示以 D 为底、以曲面 $z = f(x,y)$ 为

顶的曲顶柱体的体积,如图 6.6 所示.下面运用"已知平行截面面积来求立体体积"的方法,来求曲顶柱体体积.

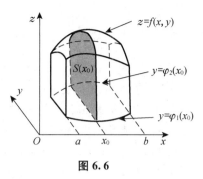

图 6.6

首先计算截面面积.在区间 $[a,b]$ 上任意取定一点 x_0,作平行于 yOz 面的平面 $x = x_0$.此截面是一个以 $[\varphi_1(x_0),\varphi_2(x_0)]$ 为底、曲线 $z = f(x_0,y)$ 为曲边的曲边梯形,如图 6.6 中的阴影部分.故此截面的面积为

$$S(x_0) = \int_{\varphi_1(x_0)}^{\varphi_2(x_0)} f(x_0,y)\mathrm{d}y.$$

由 x_0 的任意性知,过区间 $[a,b]$ 上的任意点 x 且平行于 yOz 面的平面截曲顶柱体所得的截面面积为

$$S(x) = \int_{\varphi_1(x)}^{\varphi_2(x)} f(x,y)\mathrm{d}y.$$

因此,该曲顶柱体的体积为

$$V = \iint\limits_{D} f(x,y)\mathrm{d}x\mathrm{d}y = \int_a^b \left[\int_{\varphi_1(x)}^{\varphi_2(x)} f(x,y)\mathrm{d}y \right]\mathrm{d}x. \tag{6.1.9}$$

式(6.1.9)右端的积分叫做先对 y、后对 x 的**二次积分**.即先把 x 看作常量,把 $f(x,y)$ 只看作 y 的函数,并对 y 计算从 $\varphi_1(x)$ 到 $\varphi_2(x)$ 的定积分;然后把算得的结果再对 x 计算在区间 $[a,b]$ 上的定积分.这样的二次积分常记作

$$\int_a^b \mathrm{d}x \int_{\varphi_1(x)}^{\varphi_2(x)} f(x,y)\mathrm{d}y.$$

因此,等式(6.1.9)也可写成

$$\iint\limits_{D} f(x,y)\mathrm{d}x\mathrm{d}y = \int_a^b \mathrm{d}x \int_{\varphi_1(x)}^{\varphi_2(x)} f(x,y)\mathrm{d}y, \tag{6.1.9'}$$

这就是将二重积分化为先对 y、后对 x 的二次积分的公式.

注 此讨论过程的前提是 $f(x,y) \geqslant 0$,但实际上公式(6.1.9')成立与否,并不受此前提限制.

(2) Y-型区域

类似地,若积分区域 $D = \{(x,y) \mid \psi_1(y) \leqslant x \leqslant \psi_2(y), c \leqslant y \leqslant d\}$,如图 6.7 所示,则有

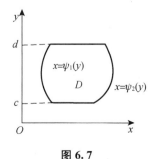

图 6.7

$$\iint\limits_{D} f(x,y)\mathrm{d}x\mathrm{d}y = \int_{c}^{d}\left[\int_{\psi_1(y)}^{\psi_2(y)} f(x,y)\mathrm{d}x\right]\mathrm{d}y$$

$$= \int_{c}^{d}\mathrm{d}y\int_{\psi_1(y)}^{\psi_2(y)} f(x,y)\mathrm{d}x. \tag{6.1.10}$$

注 （1）当然一般情况下,积分区域 D 不会符合上述两种情况,如图 6.8 所示.但可以将积分区域划分成几个区域,使每个小区域符合 X-型区域或 Y-型区域,再利用积分区域可加性,就可以得到最后的结果.

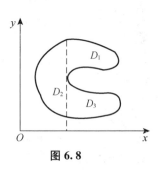

图 6.8

（2）化二重积分为二次积分的关键是确定积分上、下限,而积分限是由积分区域 D 的几何形状确定的.因此,在计算二重积分时,首先应画出积分区域 D 的图形,根据图形来确定是先对 x 积分还是先对 y 积分方便.若不是标准区域,则将区域分成若干个标准区域.

（3）就理论而言,将二重积分化成两种不同顺序的积分,结果是一样的,但在实际计算中,这可能影响到计算的繁简,甚至影响到能否积出来.因此,还要根据被积函数的特点,结合积分区域来选择积分次序.

例 5 将下列区域上的二重积分 $\iint\limits_{D} f(x,y)\mathrm{d}\sigma$ 表示成次序不同的二次积分.

（1）D 是由曲线 $y = x^2, x^2 + y^2 = 6, y = 0$ 所围成的在第一象限内的区域;

（2）D 是由曲线 $y^2 = 2ax, x^2 + y^2 = 2ax, x = 2a$ 所围成的在第一象限内的区域,其中 $a > 0$.

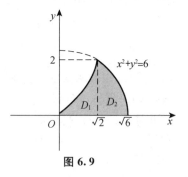

图 6.9

解 （1）先画出积分区域 D,如图 6.9 所示, $y = x^2$ 与 $x^2 + y^2 = 6$ 在第一象限内的交点为 $(\sqrt{2}, 2)$. 由此交点向 x 轴作垂线,此垂线将 D 分成 D_1 和 D_2 两部分,其中

$$D_1 : \begin{cases} 0 \leqslant x \leqslant \sqrt{2}, \\ 0 \leqslant y \leqslant x^2, \end{cases} \qquad D_2 : \begin{cases} \sqrt{2} \leqslant x \leqslant \sqrt{6}, \\ 0 \leqslant y \leqslant \sqrt{6 - x^2}, \end{cases}$$

因此,由公式 (6.1.9') 得

$$\iint\limits_{D} f(x,y)\mathrm{d}\sigma = \iint\limits_{D_1} f(x,y)\mathrm{d}\sigma + \iint\limits_{D_2} f(x,y)\mathrm{d}\sigma$$

$$= \int_{0}^{\sqrt{2}}\mathrm{d}x\int_{0}^{x^2} f(x,y)\mathrm{d}y + \int_{\sqrt{2}}^{\sqrt{6}}\mathrm{d}x\int_{0}^{\sqrt{6-x^2}} f(x,y)\mathrm{d}y.$$

由交点 $(\sqrt{2}, 2)$ 向 y 轴作垂线,可知 D 夹在 $y = 0, y = 2$ 之间,左边界曲线是

$x = \sqrt{y}$,右边界曲线是 $x = \sqrt{6-y^2}$,即

$$D: \begin{cases} 0 \leqslant y \leqslant 2, \\ \sqrt{y} \leqslant x \leqslant \sqrt{6-y^2}. \end{cases}$$

故由公式(6.1.10)得

$$\iint\limits_{D} f(x,y)\mathrm{d}\sigma = \int_0^2 \mathrm{d}y \int_{\sqrt{y}}^{\sqrt{6-y^2}} f(x,y)\mathrm{d}x.$$

(2) $x^2 + y^2 = 2ax$ 可配方为 $(x-a)^2 + y^2 = a^2$,它表示圆心为 $(a,0)$、半径为 a 的圆. 如图 6.10 所示.

显然 D 夹在直线 $x = 0$ 与 $x = 2a$ 之间,下边界曲线是圆 $(x-a)^2 + y^2 = a^2$ 的上半支 $y = \sqrt{2ax-x^2}$,上边界曲线是抛物线 $y^2 = 2ax$ 的上半支 $y = \sqrt{2ax}$,即

$$D: \begin{cases} 0 \leqslant x \leqslant 2a, \\ \sqrt{2ax-x^2} \leqslant y \leqslant \sqrt{2ax}, \end{cases}$$

所以,由公式(6.1.9′)得

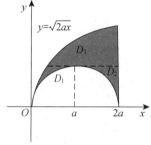

图 6.10

$$\iint\limits_{D} f(x,y)\mathrm{d}\sigma = \int_0^{2a} \mathrm{d}x \int_{\sqrt{2ax-x^2}}^{\sqrt{2ax}} f(x,y)\mathrm{d}y.$$

作水平线 $y = a$,可将 D 分为 D_1, D_2 和 D_3,其中

$$D_1: \begin{cases} 0 \leqslant y \leqslant a, \\ \dfrac{y^2}{2a} \leqslant x \leqslant a - \sqrt{a^2-y^2}, \end{cases}$$

$$D_2: \begin{cases} 0 \leqslant y \leqslant a, \\ a + \sqrt{a^2-y^2} \leqslant x \leqslant 2a, \end{cases}$$

$$D_3: \begin{cases} a \leqslant y \leqslant 2a, \\ \dfrac{y^2}{2a} \leqslant x \leqslant 2a, \end{cases}$$

所以,由式(6.1.3)和式(6.1.10)得

$$\iint\limits_{D} f(x,y)\mathrm{d}\sigma = \iint\limits_{D_1} f(x,y)\mathrm{d}\sigma + \iint\limits_{D_2} f(x,y)\mathrm{d}\sigma + \iint\limits_{D_3} f(x,y)\mathrm{d}\sigma$$

$$= \int_0^a \mathrm{d}y \int_{\frac{y^2}{2a}}^{a-\sqrt{a^2-y^2}} f(x,y)\mathrm{d}x + \int_0^a \mathrm{d}y \int_{a+\sqrt{a^2-y^2}}^{2a} f(x,y)\mathrm{d}x +$$

$$\int_a^{2a} \mathrm{d}y \int_{\frac{y^2}{2a}}^{2a} f(x,y)\mathrm{d}x.$$

例6 计算二重积分 $\iint\limits_{D} xy\,\mathrm{d}\sigma$，其中 D 是由抛物线 $y^2 = x$ 及 $y = x - 2$ 所围成的有界闭区域.

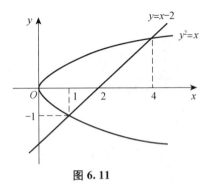

图 6.11

解 如图 6.11 所示，区域 D 可以看成 Y-型区域，它表示为 $D = \{(x,y)\mid -1\leqslant y\leqslant 2, y^2\leqslant x\leqslant y+2\}$，所以由公式(6.1.10)得：

$$\iint\limits_{D} xy\,\mathrm{d}\sigma = \int_{-1}^{2}\mathrm{d}y\int_{y^2}^{y+2} xy\,\mathrm{d}x$$
$$= \int_{-1}^{2}\left(\frac{1}{2}x^2 y\,\Big|_{y^2}^{y+2}\right)\mathrm{d}y = \frac{45}{8}.$$

也可以把 D 看作两个 X-型区域 D_1, D_2 的并，其中

$$D_1 = \{(x,y)\mid 0\leqslant x\leqslant 1, -\sqrt{x}\leqslant y\leqslant \sqrt{x}\},$$
$$D_2 = \{(x,y)\mid 1\leqslant x\leqslant 4, x-2\leqslant y\leqslant \sqrt{x}\}.$$

所以，由式(6.1.3)和式(6.1.9′)知，积分可以写为两个二次积分的和，即

$$\iint\limits_{D} xy\,\mathrm{d}\sigma = \int_{0}^{1}\mathrm{d}x\int_{-\sqrt{x}}^{\sqrt{x}} xy\,\mathrm{d}y + \int_{1}^{4}\mathrm{d}x\int_{x-2}^{\sqrt{x}} xy\,\mathrm{d}y.$$

上式的最后结果也是 $\frac{45}{8}$. 读者可以自己试试.

显然，此题将积分区域看作 Y-型的计算过程，要比将积分区域看成两个 X-型的计算过程简单，虽然最后的结果是一样的. 因此，在计算二重积分时，选择合适的积分次序是相当重要的. 而且有时，尽管积分区域既是 X-型又是 Y-型的，但在计算中将它看成其中一种时，可能计算不出结果，这时我们需要考虑改变积分次序.

例7 计算二重积分 $\iint\limits_{D}\dfrac{\sin x}{x}\mathrm{d}\sigma$，其中 D 是由 x 轴，$y = x$ 和 $x = 1$ 围成的区域.

解 此题的积分区域既可以看作 Y-型的，也可以看作 X-型的，如图 6.12 所示. 若将其看作 Y-型积分区域，则

$$\iint\limits_{D}\frac{\sin x}{x}\mathrm{d}\sigma = \int_{0}^{1}\mathrm{d}y\int_{y}^{1}\frac{\sin x}{x}\mathrm{d}x,$$

按照这个顺序积分是计算不出结果的，因为 $\dfrac{\sin x}{x}$ 的原函数是存在的，但它不是一个初等函数.

若将积分区域看作 X-型的，则有

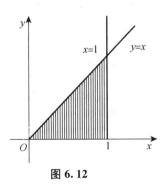

图 6.12

$$\iint_D \frac{\sin x}{x} d\sigma = \int_0^1 dx \int_0^x \frac{\sin x}{x} dy = \int_0^1 \frac{\sin x}{x} y \Big|_0^x dx$$

$$= \int_0^1 \sin x dx = -\cos x \Big|_0^1 = 1 - \cos 1.$$

事实上,二重积分中被积函数若是 $\frac{\sin x}{x}, \frac{\cos x}{x}, \sin x^2, \cos x^2, e^{-x^2}, \sin \frac{y}{x}, \frac{1}{\ln x}$ 等,则都不能用"先对 x 积分、后对 y 积分"的二次积分来求解,因为这些函数的原函数都不是初等函数. 所以,在计算二重积分时,不仅需要考虑积分区域,而且还需要考虑被积函数 $f(x,y)$ 的特性. 从例 7 可以看出,变换积分次序有时可以把不可计算的化为可计算的. 但要注意,经过变换后的二次积分确定的积分区域要同原来的二次积分确定的积分区域一致.

若被积函数是 $f(x)g(y)$,而积分区域 D 为 $D = \{(x,y) \mid a \leqslant x \leqslant b, c \leqslant y \leqslant d\}$,则有

$$\iint_D f(x)g(y) d\sigma = \int_a^b f(x) dx \cdot \int_c^d g(y) dy. \tag{6.1.11}$$

读者可以自己验证上面的结论.

例 8 设在闭区间 $[a,b]$ 上 $f(x)$ 连续且恒大于 0,试证

$$\int_a^b f(x) dx \int_a^b \frac{dx}{f(x)} \geqslant (b-a)^2.$$

证明 令 $I = \int_a^b f(x) dx \int_a^b \frac{dx}{f(x)}$,积分区域 D 为 $\{(x,y) \mid a \leqslant x \leqslant b, a \leqslant y \leqslant b\}$,则有

$$I = \int_a^b f(x) dx \int_a^b \frac{1}{f(y)} dy = \iint_D \frac{f(x)}{f(y)} dx dy,$$

又有

$$I = \int_a^b f(y) dy \int_a^b \frac{1}{f(x)} dx = \iint_D \frac{f(y)}{f(x)} dx dy,$$

所以

$$2I = \iint_D \left[\frac{f(x)}{f(y)} + \frac{f(y)}{f(x)} \right] dx dy = \iint_D \frac{f^2(x) + f^2(y)}{f(x)f(y)} dx dy$$

$$\geqslant \iint_D \frac{2f(x)f(y)}{f(x)f(y)} dx dy = 2 \iint_D dx dy = 2(b-a)^2.$$

因此,有 $I \geqslant (b-a)^2$.

例 9 求两个底圆半径都等于 R 的直交圆柱面所围成的立体的体积.

解 设这两个圆柱的方程分别为

$$x^2 + y^2 = R^2, x^2 + z^2 = R^2.$$

利用立体关于坐标平面的对称性,只要算出它在第一卦限部分的体积 V_1,如图 6.13 所示,然后再乘以 8 就行了.

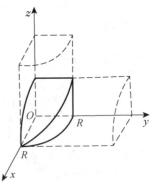

图 6.13

所求立体在第一卦限部分可以看成一个曲顶柱体,它的底为

$$D = \{(x, y) \mid 0 \leqslant y \leqslant \sqrt{R^2 - x^2}, 0 \leqslant x \leqslant R\},$$

如图 6.14 所示. 它的顶是柱面 $z = \sqrt{R^2 - x^2}$. 所以

$$V_1 = \iint\limits_{D} \sqrt{R^2 - x^2}\, \mathrm{d}\sigma.$$

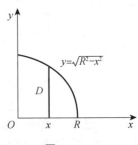

图 6.14

将积分区域看作 X-型的,由公式(6.1.9′)得

$$V_1 = \iint\limits_{D} \sqrt{R^2 - x^2}\, \mathrm{d}\sigma = \int_0^R \mathrm{d}x \int_0^{\sqrt{R^2 - x^2}} \sqrt{R^2 - x^2}\, \mathrm{d}y$$

$$= \int_0^R [\sqrt{R^2 - x^2}\, y]_0^{\sqrt{R^2 - x^2}}\, \mathrm{d}x$$

$$= \int_0^R (R^2 - x^2)\, \mathrm{d}x = \frac{2}{3} R^3.$$

因此,所求立体的体积为

$$V = 8V_1 = \frac{16}{3} R^3.$$

由例 9 可知,求积分时,考虑其几何性质时,常会简化计算. 另外,有时考虑积分区域的对称性和被积函数的奇偶性,同样能使原本无法计算或计算相当复杂的积分变得相当容易.

例 10 计算 $I = \iint\limits_{D} \dfrac{\sin xy}{x}\, \mathrm{d}x\, \mathrm{d}y$,其中 D 的左右边界分别为 $x = y^2$ 与 $x = 1 + \sqrt{1 - y^2}$.

解 如图 6.15 所示,由于 D 关于 x 轴对称,而被积函数关于 y 是奇函数,所以

$$I = \int_0^1 \mathrm{d}x \int_{-\sqrt{x}}^{\sqrt{x}} \frac{\sin xy}{y}\, \mathrm{d}y + \int_1^2 \mathrm{d}x \int_{-\sqrt{2x - x^2}}^{\sqrt{2x - x^2}} \frac{\sin xy}{x}\, \mathrm{d}y$$

$$= 0 + 0 = 0.$$

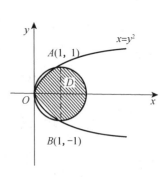

图 6.15

带有绝对值的二重积分,需采用分区域积分的方法进行计算.分区域的原则是:使得绝对值的函数在各个小区域内保持同一符号,从而可以去掉绝对值符号.

例 11 计算 $I = \iint\limits_{D} | \cos(x+y) | \mathrm{d}x\mathrm{d}y$,其中 D 由 $y = x, y = 0, x = \dfrac{\pi}{2}$ 所围成.

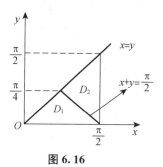

图 6.16

解 当 $x + y = \dfrac{\pi}{2}$ 时,$\cos(x+y) = 0$,因而用直线 $x + y = \dfrac{\pi}{2}$ 把区域 D 分成两部分 D_1 和 D_2,如图 6.16 所示.

在 D_1 上,$0 \leqslant (x+y) \leqslant \dfrac{\pi}{2}$,$\cos(x+y) \geqslant 0$;而在 D_2 上,$\dfrac{\pi}{2} \leqslant (x+y) \leqslant \pi$,$\cos(x+y) \leqslant 0$.
所以

$$I = \iint\limits_{D} | \cos(x,y) | \mathrm{d}x\mathrm{d}y = \iint\limits_{D_1} \cos(x+y)\mathrm{d}x\mathrm{d}y - \iint\limits_{D_2} \cos(x+y)\mathrm{d}x\mathrm{d}y.$$

把 D_1 看作 Y-型区域,D_1 可表示为 $y \leqslant x \leqslant \dfrac{\pi}{2} - y, 0 \leqslant y \leqslant \dfrac{\pi}{4}$;

把 D_2 看作 X-型区域,D_2 可表示为 $\dfrac{\pi}{2} - x \leqslant y \leqslant x, \dfrac{\pi}{4} \leqslant x \leqslant \dfrac{\pi}{2}$.
于是,有

$$I = \int_{0}^{\frac{\pi}{4}} \mathrm{d}y \int_{y}^{\frac{\pi}{2} - y} \cos(x+y)\mathrm{d}x - \int_{\frac{\pi}{4}}^{\frac{\pi}{2}} \mathrm{d}x \int_{\frac{\pi}{2} - x}^{x} \cos(x+y)\mathrm{d}y = \frac{\pi}{2} - 1.$$

2. 利用极坐标计算二重积分

在二重积分的计算中除了考虑被积函数外,还需考虑积分区域,因此比起定积分来,计算要困难许多.而且有许多二重积分仅仅依靠直角坐标系下化二重积分为二次积分的方法,难以达到简化和求解的目的.例如,有些二重积分,积分区域 D 的边界曲线用极坐标方程来表示比较方便,且被积函数用极坐标变量 r, θ 表达比较简单.这时就需要考虑利用极坐标来计算二重积分 $\iint\limits_{D} f(x,y)\mathrm{d}\sigma$.

按二重积分的定义

$$\iint\limits_{D} f(x,y)\mathrm{d}\sigma = \lim_{d \to 0} \sum_{i=1}^{n} f(\xi_i, \eta_i) \Delta\sigma_i,$$

下面来推导这个和的极限在极坐标系下的形式,并由此得出二重积分在极坐标系下的计算公式.

在直角坐标系中,以原点为极点、x 轴的正半轴为极轴,建立极坐标系. 假定从极点出发的直线与区域 D 的边界至多交于两点,用以极点为圆心的同心圆 $r = C$ (常数)和射线 $\theta = C'$ (常数)将区域 D 分为若干个小闭区域,如图 6.17 所示,其面积分别为 $\Delta\sigma_1, \Delta\sigma_2, \cdots, \Delta\sigma_n$. 除了包含边界点的小闭区域外,小闭区域的面积 $\Delta\sigma_i$ 可以计算如下:

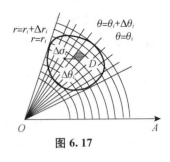

图 6.17

$$
\begin{aligned}
\Delta\sigma_i &= \frac{1}{2}(r_i + \Delta r_i)^2 \cdot \Delta\theta_i - \frac{1}{2}r_i^2 \cdot \Delta\theta_i \\
&= \frac{1}{2}(2r_i + \Delta r_i)\Delta r_i \cdot \Delta\theta_i = \frac{r_i + (r_i + \Delta r_i)}{2} \cdot \Delta r_i \cdot \Delta\theta_i \\
&= \bar{r}_i \cdot \Delta r_i \cdot \Delta\theta_i .
\end{aligned}
$$

式中,$\bar{r}_i$ 表示相邻两圆弧的半径的平均值. 在该小闭区域内取圆周 $r = \bar{r}_i$ 上的点 $(\bar{r}_i, \bar{\theta}_i)$,该点的直角坐标设为 (ξ_i, η_i),由直角坐标与极坐标之间的关系知:$\xi_i = \bar{r}_i\cos\bar{\theta}_i, \eta_i = \bar{r}_i\sin\bar{\theta}_i$. 于是

$$
\lim_{d\to 0}\sum_{i=1}^{n} f(\xi_i, \eta_i)\Delta\sigma_i = \lim_{d\to 0}\sum_{i=1}^{n} f(\bar{r}_i\cos\bar{\theta}_i, \bar{r}_i\sin\bar{\theta}_i)\bar{r}_i \cdot \Delta r_i \cdot \Delta\theta_i,
$$

即

$$
\iint\limits_{D} f(x, y)\mathrm{d}\sigma = \iint\limits_{D} f(x, y)\mathrm{d}x\mathrm{d}y = \iint\limits_{D} f(r\cos\theta, r\sin\theta)r\mathrm{d}r\mathrm{d}\theta. \quad (6.1.12)
$$

式中,$r\mathrm{d}r\mathrm{d}\theta$ 就是极坐标中的面积元素.

注 由公式(6.1.12)可知,把二重积分中的变量从直角坐标变换为极坐标,只要把被积函数中的 x, y 分别换成 $r\cos\theta, r\sin\theta$,并把直角坐标系中的面积元素 $\mathrm{d}x\mathrm{d}y$ 换成极坐标中的面积元素 $r\mathrm{d}r\mathrm{d}\theta$ 即可.

极坐标系中的二重积分,同样也可以化成二次积分来计算.

设积分区域 D 可以用不等式 $\alpha \leqslant \theta \leqslant \beta, r_1(\theta) \leqslant r \leqslant r_2(\theta)$ 来表示,如图 6.18 所示. 则此时二重积分化为

$$
\iint\limits_{D} f(r\cos\theta, r\sin\theta)r\mathrm{d}r\mathrm{d}\theta = \int_{\alpha}^{\beta}\mathrm{d}\theta\int_{r_1(\theta)}^{r_2(\theta)} f(r\cos\theta, r\sin\theta)r\mathrm{d}r. \quad (6.1.13)
$$

设积分区域 D 可以用不等式 $\alpha \leqslant \theta \leqslant \beta, 0 \leqslant r \leqslant r(\theta)$ 来表示,如图 6.19 所示,则

$$
\iint\limits_{D} f(r\cos\theta, r\sin\theta)r\mathrm{d}r\mathrm{d}\theta = \int_{\alpha}^{\beta}\mathrm{d}\theta\int_{0}^{r(\theta)} f(r\cos\theta, r\sin\theta)r\mathrm{d}r. \quad (6.1.14)
$$

设积分区域 D 可以用不等式 $0 \leqslant \theta \leqslant 2\pi, 0 \leqslant r \leqslant r(\theta)$ 来表示,如图 6.20 所

示,则

$$\iint\limits_{D} f(r\cos\theta, r\sin\theta) r\mathrm{d}r\mathrm{d}\theta = \int_0^{2\pi} \mathrm{d}\theta \int_0^{r(\theta)} f(r\cos\theta, r\sin\theta) r\mathrm{d}r. \qquad (6.1.15)$$

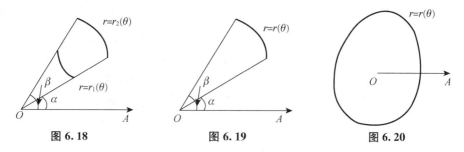

图 6.18   图 6.19   图 6.20

由二重积分的性质 3,闭区域 D 的面积 σ 可以表示为

$$\sigma = \iint\limits_{D} \mathrm{d}\sigma.$$

在极坐标系中,面积元素 $\mathrm{d}\sigma = r\mathrm{d}r\mathrm{d}\theta$,上式成为

$$\sigma = \iint\limits_{D} r\mathrm{d}r\mathrm{d}\sigma.$$

如果闭区域 D 如图 6.18 所示,则由公式(6.1.13)有

$$\sigma = \iint\limits_{D} r\mathrm{d}r\mathrm{d}\theta = \int_{\alpha}^{\beta} \mathrm{d}\theta \int_{r_1(\theta)}^{r_2(\theta)} r\mathrm{d}r = \frac{1}{2}\int_{\alpha}^{\beta}[r_2^2(\theta) - r_1^2(\theta)]\mathrm{d}\theta.$$

特别地,如果闭区域 D 如图 6.19 所示,则 $r_1(\theta) = 0, r_2(\theta) = r(\theta)$. 于是

$$\sigma = \frac{1}{2}\int_{\alpha}^{\beta} r^2(\theta)\mathrm{d}\theta.$$

一般来说,当二重积分的积分区域 D 是圆或圆的一部分,或者积分区域的边界曲线的方程用极坐标表示比较方便,并且被积函数是 $x^2 + y^2$ 的函数 $f(x^2 + y^2)$ 时,利用极坐标计算二重积分是比较方便的.

例 12   求 $\iint\limits_{D}\sqrt{x^2+y^2}\mathrm{d}x\mathrm{d}y$,其中 D 是由圆 $x^2 + y^2 = 2y, x^2 + y^2 = 4y$ 及直线 $x = \sqrt{3}y, y = \sqrt{3}x$ 所围成的平面闭区域.

解   本题用极坐标来计算比较方便.

如图 6.21 所示,圆 $x^2 + y^2 = 2y, x^2 + y^2 = 4y$ 用极坐标表示分别为 $r = 2\sin\theta, r = 4\sin\theta$,

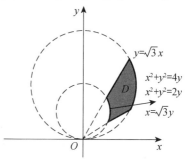

图 6.21

所以积分区域可表示如下：

$$D:\begin{cases} \dfrac{\pi}{6} \leqslant \theta \leqslant \dfrac{\pi}{3}, \\ 2\sin\theta \leqslant r \leqslant 4\sin\theta, \end{cases}$$

所以

$$\begin{aligned}
\iint\limits_{D} \sqrt{x^2 + y^2}\,\mathrm{d}x\mathrm{d}y &= \iint\limits_{D} r \cdot r\mathrm{d}r\mathrm{d}\theta = \int_{\frac{\pi}{6}}^{\frac{\pi}{3}} \mathrm{d}\theta \int_{2\sin\theta}^{4\sin\theta} r^2\,\mathrm{d}r \\
&= \int_{\frac{\pi}{6}}^{\frac{\pi}{3}} \frac{r^3}{3}\bigg|_{2\sin\theta}^{4\sin\theta}\mathrm{d}\theta = \int_{\frac{\pi}{6}}^{\frac{\pi}{3}} \frac{56}{3}\sin^3\theta\mathrm{d}\theta \\
&= -\frac{56}{3}\int_{\frac{\pi}{6}}^{\frac{\pi}{3}} \sin^2\theta\mathrm{d}(\cos\theta) \\
&= \frac{56}{3}\left(\frac{\cos^3\theta}{3} - \cos\theta\right)\bigg|_{\frac{\pi}{6}}^{\frac{\pi}{3}} \\
&= \frac{56}{3}\left[\frac{1}{24} - \frac{1}{2} - \frac{\sqrt{3}}{8} + \frac{\sqrt{3}}{2}\right] \\
&= 7\sqrt{3} - \frac{77}{9}.
\end{aligned}$$

例 13 计算二重积分 $\iint\limits_{D} \mathrm{e}^{-x^2-y^2}\,\mathrm{d}\sigma$，其中 D 为圆 $x^2 + y^2 = a^2$ 的内部.

解 在极坐标系中，闭区域 D 可表示为

$$0 \leqslant r \leqslant a, \quad 0 \leqslant \theta \leqslant 2\pi.$$

由公式(6.1.12)和公式(6.1.15)有

$$\begin{aligned}
\iint\limits_{D} \mathrm{e}^{-x^2-y^2}\,\mathrm{d}x\mathrm{d}y &= \iint\limits_{D} \mathrm{e}^{-r^2} r\mathrm{d}r\mathrm{d}\theta = \int_0^{2\pi} \mathrm{d}\theta \int_0^a \mathrm{e}^{-r^2} r\mathrm{d}r \\
&= \int_0^{2\pi}\left[-\frac{1}{2}\mathrm{e}^{-r^2}\right]_0^a \mathrm{d}\theta = \frac{1}{2}(1 - \mathrm{e}^{-a^2})\int_0^{2\pi} \mathrm{d}\theta \\
&= \pi(1 - \mathrm{e}^{-a^2}).
\end{aligned}$$

本题如果用直角坐标系计算，由于积分 $\int \mathrm{e}^{-x^2}\,\mathrm{d}x$ 不能用初等函数表示，所以算不出来. 现在利用上面的结果来计算工程上常用的反常积分 $\int_0^{+\infty} \mathrm{e}^{-x^2}\,\mathrm{d}x$.

设 $D_1 = \{(x,y) \mid x^2+y^2 \leqslant R^2, x \geqslant 0, y \geqslant 0\}$，$D_2 = \{(x,y) \mid x^2+y^2 \leqslant 2R^2, x \geqslant 0, y \geqslant 0\}$，$S = \{(x,y) \mid 0 \leqslant x \leqslant R, 0 \leqslant y \leqslant R\}$. 显然 $D_1 \subset S \subset D_2$，如图 6.22 所示. 由于 $\mathrm{e}^{-x^2-y^2} > 0$，从而在这些闭区域上的二重积分之间有不等式

$$\iint\limits_{D_1} e^{-x^2-y^2} \mathrm{d}x\mathrm{d}y < \iint\limits_{S} e^{-x^2-y^2} \mathrm{d}x\mathrm{d}y < \iint\limits_{D_2} e^{-x^2-y^2} \mathrm{d}x\mathrm{d}y .$$

因为

$$\iint\limits_{S} e^{-x^2-y^2} \mathrm{d}x\mathrm{d}y = \int_0^R e^{-x^2} \mathrm{d}x \cdot \int_0^R e^{-y^2} \mathrm{d}y = \left(\int_0^R e^{-x^2} \mathrm{d}x\right)^2 ,$$

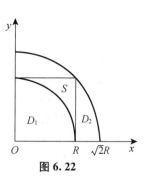

图 6.22

又应用例 13 已得出的结果,有

$$\iint\limits_{D_1} e^{-x^2-y^2} \mathrm{d}x\mathrm{d}y = \frac{\pi}{4}(1-e^{-R^2}) ,$$

$$\iint\limits_{D_2} e^{-x^2-y^2} \mathrm{d}x\mathrm{d}y = \frac{\pi}{4}(1-e^{-2R^2}) ,$$

于是,上面的不等式可写成

$$\frac{\pi}{4}(1-e^{-R^2}) < \left(\int_0^R e^{-x^2} \mathrm{d}x\right)^2 < \frac{\pi}{4}(1-e^{-2R^2})$$

令 $R \to +\infty$,上式两端趋于同一极限 $\frac{\pi}{4}$,从而由夹逼准则知

$$\int_0^{+\infty} e^{-x^2} \mathrm{d}x = \frac{\sqrt{\pi}}{2} .$$

例 14 求球体 $x^2+y^2+z^2 \leqslant 4a^2$ 被圆柱面 $x^2+y^2 = 2ax\,(a>0)$ 所截得的(含在圆柱面内的部分)立体的体积,如图 6.23 所示.

解 由对称性得

$$V = 4\iint\limits_{D} \sqrt{4a^2-x^2-y^2} \mathrm{d}x\mathrm{d}y ,$$

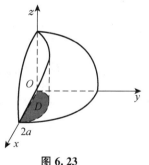

图 6.23

式中,D 为半圆周 $y = \sqrt{2ax-x^2}$ 及 x 轴所围成的闭区域. 在极坐标系中,闭区域 D 可用不等式

$$0 \leqslant r \leqslant 2a\cos\theta, \ 0 \leqslant \theta \leqslant \frac{\pi}{2}$$

来表示. 于是

$$V = 4\iint\limits_{D} \sqrt{4a^2-r^2} \, r\mathrm{d}r\mathrm{d}\theta = 4\int_0^{\frac{\pi}{2}} \mathrm{d}\theta \int_0^{2a\cos\theta} \sqrt{4a^2-r^2} \, r\mathrm{d}r$$

$$= \frac{32}{3}a^3 \int_0^{\frac{\pi}{2}} (1-\sin^3\theta)\mathrm{d}\theta = \frac{32}{3}a^3 \left(\frac{\pi}{2}-\frac{2}{3}\right) .$$

6.1.3 二重积分的应用

在前面的讨论中,曲顶柱体的体积、平面薄片的质量都可以用二重积分来计算.当然二重积分的应用也不止这些,本节将再介绍一些二重积分在几何和物理上的应用,如计算曲面的面积、平面薄片的质心、平面薄片的转动惯量等.

1. 曲面的面积

设曲面 A 的方程为 $z = f(x, y)$,D_{xy} 为曲面 A 在 xOy 面上的投影,函数 $f(x, y)$ 在 D_{xy} 上具有连续的偏导数 $f_x(x, y)$ 和 $f_y(x, y)$.下面给出计算曲面 A 的面积 S 的方法.

在闭区域 D_{xy} 上任取一直径很小的闭区域 $d\sigma$(这个闭区域的面积也记作 $d\sigma$).在 $d\sigma$ 上取一点 $P(x, y)$,对应的曲面 A 上有一点 $M(x, y, f(x, y))$,点 M 在 xOy 上的投影即点 P.点 M 处曲面 A 的切平面设为 T,如图 6.24 所示.以小闭区域 $d\sigma$ 的边界为准线作母线平行于 z 轴的柱面,该柱面在曲面 A 上截下一小片曲面,在切平面 T 上截下一小片平面.由于 $d\sigma$ 的直径很小,切平面 T 上的那一小片平面的面积 dS 可以近似代替相应的那一小片曲面的面积.设点 M 处曲面 A 上的法线(指向朝上)与 z 轴所成的角为 γ.则

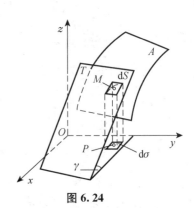

图 6.24

$$dS = \frac{d\sigma}{\cos \gamma}.$$

因为 $\cos \gamma = \dfrac{1}{\sqrt{1 + f_x^2(x, y) + f_y^2(x, y)}}$,所以 $dS = \sqrt{1 + f_x^2(x, y) + f_y^2(x, y)}\, d\sigma$.

这就是**曲面 A 的面积元素**,以它为被积表达式在闭区域 D_{xy} 上积分,得

$$S = \iint\limits_{D_{xy}} \sqrt{1 + f_x^2(x, y) + f_y^2(x, y)}\, d\sigma. \tag{6.1.16}$$

式(6.1.16)也可写成

$$S = \iint\limits_{D_{xy}} \sqrt{1 + \left(\frac{\partial z}{\partial x}\right)^2 + \left(\frac{\partial z}{\partial y}\right)^2}\, dx dy. \tag{6.1.16'}$$

这就是计算曲面面积的公式.

设曲面的方程为 $x = g(y, z)$ 或 $y = h(z, x)$,可分别把曲面投影到 yOz 面上(投影区域记作 D_{yz})或 zOx 面上(投影区域记作 D_{zx}),类似地可得

$$S = \iint\limits_{D_{yz}} \sqrt{1 + \left(\frac{\partial x}{\partial y}\right)^2 + \left(\frac{\partial x}{\partial z}\right)^2} \mathrm{d}y\mathrm{d}z, \qquad (6.1.17)$$

或

$$S = \iint\limits_{D_{zx}} \sqrt{1 + \left(\frac{\partial y}{\partial z}\right)^2 + \left(\frac{\partial y}{\partial x}\right)^2} \mathrm{d}z\mathrm{d}x. \qquad (6.1.18)$$

例 15 求半径为 a 的球的表面积.

解 取上半球面方程为 $z = \sqrt{a^2 - x^2 - y^2}$,则它在 xOy 面上的投影区域 $D_{xy} = \{(x,y) \mid x^2 + y^2 \leqslant a^2\}$.

由 $\dfrac{\partial z}{\partial x} = \dfrac{-x}{\sqrt{a^2 - x^2 - y^2}}, \dfrac{\partial z}{\partial y} = \dfrac{-y}{\sqrt{a^2 - x^2 - y^2}}$,得

$$\sqrt{1 + \left(\frac{\partial z}{\partial x}\right)^2 + \left(\frac{\partial z}{\partial y}\right)^2} = \frac{a}{\sqrt{a^2 - x^2 - y^2}}.$$

因为该函数在闭区域 D_{xy} 上无界,故不能直接应用曲面面积公式 (6.1.16$'$),所以先取区域 $D_1 = \{(x,y) \mid x^2 + y^2 \leqslant b^2\}(0 < b < a)$ 为积分区域,算出相应于 D_1 上的球面面积 S_1 后,令 $b \to a$,取 S_1 的极限就得到半球面的面积.

$$S_1 = \iint\limits_{D_1} \frac{a}{\sqrt{a^2 - x^2 - y^2}} \mathrm{d}x\mathrm{d}y,$$

利用极坐标公式 (6.1.15),得

$$S_1 = \iint\limits_{D_1} \frac{a}{\sqrt{a^2 - r^2}} r\mathrm{d}r\mathrm{d}\theta = a \int_0^{2\pi} \mathrm{d}\theta \int_0^b \frac{r\mathrm{d}r}{\sqrt{a^2 - r^2}}$$

$$= 2\pi a \int_0^b \frac{r\mathrm{d}r}{\sqrt{a^2 - r^2}} = 2\pi a(a - \sqrt{a^2 - b^2}).$$

于是,$\lim\limits_{b \to a} S_1 = \lim\limits_{b \to a} 2\pi a(a - \sqrt{a^2 - b^2}) = 2\pi a^2$. 这就是半个球面的面积,因此整个球面的面积为

$$S = 4\pi a^2.$$

例 16 设有一颗距地面高度为 $h = 36\,000$ km 的地球同步卫星,运行的角速度与地球自转的角速度相同. 试计算该通信卫星的覆盖面积与地球表面积的比值 (地球半径 $R = 6\,400$ km).

解 以地心为坐标原点、地心到卫星中心的连线为 z 轴,建立坐标系,如图 6.25 所示.

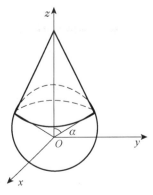

图 6.25

卫星覆盖的曲面 Σ 是上半球面被半顶角为 α 的圆锥面所截得的部分. Σ 的方程为

$$z = \sqrt{R^2 - x^2 - y^2}, \quad x^2 + y^2 \leqslant R^2 \sin^2\alpha,$$

所以由公式(6.1.16′)知,卫星的覆盖面积为

$$S = \iint\limits_{D_{xy}} \sqrt{1 + \left(\frac{\partial z}{\partial x}\right)^2 + \left(\frac{\partial z}{\partial y}\right)^2}\, dxdy$$

$$= \iint\limits_{D_{xy}} \frac{R}{\sqrt{R^2 - x^2 - y^2}}\, dxdy.$$

式中, D_{xy} 是曲面 Σ 在 xOy 面上的投影区域, $D_{xy} = \{(x,y) \mid x^2 + y^2 \leqslant R^2 \sin^2\alpha\}$. 利用极坐标公式(6.1.15),得

$$S = \int_0^{2\pi} d\theta \int_0^{R\sin\alpha} \frac{R}{\sqrt{R^2 - r^2}} r dr = 2\pi R \int_0^{R\sin\alpha} \frac{r}{\sqrt{R^2 - r^2}} dr = 2\pi R^2 (1 - \cos\alpha).$$

由于 $\cos\alpha = \dfrac{R}{R+h}$, 代入上式得

$$S = 2\pi R^2 \left(1 - \frac{R}{R+h}\right) = 2\pi R^2 \cdot \frac{h}{R+h}.$$

由此,得这颗卫星的覆盖面积与地球表面积之比为

$$\frac{S}{4\pi R^2} = \frac{h}{2(R+h)} = \frac{36\,000}{2(36\,000 + 6\,400)} \approx 42.5\%.$$

由此结果知,卫星覆盖了全球 1/3 以上的面积,使用三颗相隔 $\dfrac{2}{3}\pi$ 角度的卫星就可以覆盖几乎地球全部表面.

2. 平面薄片的质心

设在 xOy 平面上有 n 个质点,它们分别位于点 $(x_1, y_1), (x_2, y_2), \cdots, (x_n, y_n)$ 处,质量分别为 $m_1, m_2, \cdots, m_n$. 由力学知识,该质点系的质心的坐标为

$$\overline{x} = \frac{M_y}{M} = \frac{\sum\limits_{i=1}^n m_i x_i}{\sum\limits_{i=1}^n m_i}, \quad \overline{y} = \frac{M_x}{M} = \frac{\sum\limits_{i=1}^n m_i y_i}{\sum\limits_{i=1}^n m_i},$$

式中, $M = \sum\limits_{i=1}^n m_i$ 为该质点系的总质量, $M_y = \sum\limits_{i=1}^n m_i x_i$ 和 $M_x = \sum\limits_{i=1}^n m_i y_i$ 分别为该质点系对 y 轴和对 x 轴的**静矩**.

设有一平面薄片,占有 xOy 面上的闭区域 D,在点 (x,y) 处的面密度为 $\mu(x,y)$,假定 $\mu(x,y)$ 在 D 上连续.现在要找出该薄片的质心的坐标.

在闭区域 D 上任取一直径很小的闭区域 $\mathrm{d}\sigma$(该小闭区域的面积也记作 $\mathrm{d}\sigma$),点 (x,y) 是这小闭区域上的任意一点.由于 $\mathrm{d}\sigma$ 的直径很小,且 $\mu(x,y)$ 在 D 上连续,所以薄片中相应于 $\mathrm{d}\sigma$ 的部分的质量近似等于 $\mu(x,y)\mathrm{d}\sigma$,这部分质量可近似看作集中在点 (x,y) 上,于是可写出静矩元素 $\mathrm{d}M_y$ 及 $\mathrm{d}M_x$:

$$\mathrm{d}M_y = x\mu(x,y)\mathrm{d}\sigma, \quad \mathrm{d}M_x = y\mu(x,y)\mathrm{d}\sigma.$$

以这些元素为被积表达式,在闭区域 D 上积分,即得

$$M_y = \iint\limits_{D} x\mu(x,y)\mathrm{d}\sigma, \quad M_x = \iint\limits_{D} y\mu(x,y)\mathrm{d}\sigma.$$

又由例 2 知,薄片的质量为

$$M = \iint\limits_{D} \mu(x,y)\mathrm{d}\sigma.$$

所以,薄片的质心的坐标为

$$\bar{x} = \frac{M_y}{M} = \frac{\iint\limits_{D} x\mu(x,y)\mathrm{d}\sigma}{\iint\limits_{D} \mu(x,y)\mathrm{d}\sigma}, \quad \bar{y} = \frac{M_x}{M} = \frac{\iint\limits_{D} y\mu(x,y)\mathrm{d}\sigma}{\iint\limits_{D} \mu(x,y)\mathrm{d}\sigma}. \tag{6.1.19}$$

如果薄片是均匀的,即面密度为常数,则可把式(6.1.19)中 μ 提到积分记号外面,并从分子、分母中约去,这样便得均匀薄片的质心的坐标为

$$\bar{x} = \frac{1}{\sigma}\iint\limits_{D} x\mathrm{d}\sigma, \quad \bar{y} = \frac{1}{\sigma}\iint\limits_{D} y\mathrm{d}\sigma, \tag{6.1.20}$$

式中,$\sigma = \iint\limits_{D} \mathrm{d}\sigma$ 为闭区域 D 的面积.这说明薄片的质心完全由闭区域 D 的形状所决定,我们把均匀平面薄片的质心叫做该平面薄片所占的平面图形的**形心**.因此,平面图形 D 的形心的坐标可用公式(6.1.20)计算.

例 17 求位于两圆 $r = 2\sin\theta$ 和 $r = 4\sin\theta$ 之间的均匀薄片的质心,如图 6.26 所示.

解 因为闭区域 D 对称于 y 轴,所以质心 $C(\bar{x},\bar{y})$ 必位于 y 轴上,于是 $\bar{x} = 0$.

再按公式(6.1.20)中的

$$\bar{y} = \frac{1}{\sigma}\iint\limits_{D} y\mathrm{d}\sigma$$

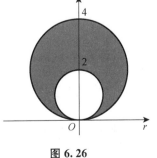

图 6.26

计算 $\bar{y}$. 由于闭区域 D 位于半径为 1 与半径为 2 的两圆之间, 所以它的面积等于这两个圆的面积之差, 即 $\sigma = 3\pi$. 再利用极坐标计算积分:

$$\iint\limits_{D} y \mathrm{d}\sigma = \iint\limits_{D} r^2 \sin\theta \mathrm{d}r \mathrm{d}\theta = \int_0^\pi \sin\theta \mathrm{d}\theta \int_{2\sin\theta}^{4\sin\theta} r^2 \mathrm{d}r$$

$$= \frac{56}{3} \int_0^\pi \sin^4\theta \mathrm{d}\theta = 7\pi.$$

因此, $\bar{y} = \dfrac{7\pi}{3\pi} = \dfrac{7}{3}$, 所以质心是 $C\left(0, \dfrac{7}{3}\right)$.

例 18 设平面薄片所占的闭区域 D 是由抛物线 $y = x^2$ 及直线 $y = x$ 所围成, 它在点 (x, y) 处的面密度 $\rho(x, y) = x^2 y$, 求这个平面薄片的质心.

解 由题意知

$$M_y = \iint\limits_{D} x\rho(x, y) \mathrm{d}\sigma = \int_0^1 \mathrm{d}x \int_{x^2}^{x} x^3 y \mathrm{d}y$$

$$= \int_0^1 \left(\frac{1}{2} x^3 y^2\right) \Big|_{x^2}^{x} \mathrm{d}x = \frac{1}{12} x^6 - \frac{1}{16} x^8 \Big|_0^1 = \frac{1}{48}.$$

$$M_x = \iint\limits_{D} y\rho(x, y) \mathrm{d}\sigma = \int_0^1 \mathrm{d}x \int_{x^2}^{x} x^2 y^2 \mathrm{d}y$$

$$= \int_0^1 \left(\frac{1}{3} x^2 y^3\right) \Big|_{x^2}^{x} \mathrm{d}x = \frac{1}{18} x^6 - \frac{1}{27} x^9 \Big|_0^1 = \frac{1}{54}.$$

$$M = \iint\limits_{D} \rho(x, y) \mathrm{d}\sigma = \int_0^1 \mathrm{d}x \int_{x^2}^{x} x^2 y \mathrm{d}y$$

$$= \int_0^1 \left(\frac{1}{2} x^2 y^2\right) \Big|_{x^2}^{x} \mathrm{d}x = \frac{1}{10} x^5 - \frac{1}{14} x^7 \Big|_0^1 = \frac{1}{35}.$$

所以由公式 (6.1.19) 知

$$\bar{x} = \frac{M_y}{M} = \frac{35}{48}, \quad \bar{y} = \frac{M_x}{M} = \frac{35}{54}.$$

3. 平面薄片的转动惯量

设在 xOy 平面上有 n 个质点, 它们分别位于点 $(x_1, y_1), (x_2, y_2), \cdots, (x_n, y_n)$ 处, 质量分别为 $m_1, m_2, \cdots, m_n$. 由力学知识知道, 该质点系对于 x 轴以及对于 y 轴的**转动惯量**依次为

$$I_x = \sum_{i=1}^{n} y_i^2 m_i, \quad I_y = \sum_{i=1}^{n} x_i^2 m_i.$$

设有一薄片, 占有 xOy 面上的闭区域 D, 在点 (x, y) 处的面密度为 $\mu(x, y)$, 假定 $\mu(x, y)$ 在 D 上连续. 现在要求该薄片对于 x 轴的转动惯量 I_x 以及对于 y 轴的

转动惯量 I_y.

在闭区域 D 上任取一直径很小的闭区域 $\mathrm{d}\sigma$(该小闭区域的面积也记作 $\mathrm{d}\sigma$),(x,y) 是该小闭区域上的任意一个点. 因为 $\mathrm{d}\sigma$ 的直径很小,且 $\mu(x,y)$ 在 D 上连续,所以,薄片中相应于 $\mathrm{d}\sigma$ 部分的质量近似等于 $\mu(x,y)\mathrm{d}\sigma$,这部分质量可近似看作集中在点 (x,y) 上,于是可写出薄片对于 x 轴以及对于 y 轴的转动惯量元素:

$$\mathrm{d}I_x = y^2 \mu(x,y)\mathrm{d}\sigma, \quad \mathrm{d}I_y = x^2 \mu(x,y)\mathrm{d}\sigma.$$

以这些元素为被积表达式,在闭区域 D 上积分,便得

$$I_x = \iint\limits_{D} y^2 \mu(x,y)\mathrm{d}\sigma, \quad I_y = \iint\limits_{D} x^2 \mu(x,y)\mathrm{d}\sigma. \tag{6.1.21}$$

例 19 求半径为 a 的均匀半圆薄片(面密度为常量 μ)对于其直径边的转动惯量.

解 取坐标系如图 6.27 所示,则薄片所占闭区域

$$D = \{(x,y) \mid x^2 + y^2 \leqslant a^2, y \geqslant 0\},$$

由公式(6.1.21)得所求转动惯量即半圆薄片对于 x 轴的转动惯量 I_x.

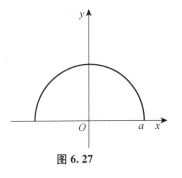

图 6.27

$$I_x = \iint\limits_{D} \mu y^2 \mathrm{d}\sigma = \mu \iint\limits_{D} r^3 \sin^2\theta \mathrm{d}r\mathrm{d}\theta = \mu \int_0^\pi \mathrm{d}\theta \int_0^a r^3 \sin^2\theta \mathrm{d}r$$

$$= \mu \cdot \frac{a^4}{4} \int_0^\pi \sin^2\theta \mathrm{d}\theta = \frac{1}{4}\mu a^4 \cdot \frac{\pi}{2} = \frac{1}{4}Ma^2.$$

式中,$M = \dfrac{1}{2}\pi a^2 \mu$ 为半圆薄片的质量.

习题 6.1

1. 将下列平面区域上的二重积分 $\iint\limits_{D} f(x,y)\mathrm{d}\sigma$ 分别表示成两种次序的二次积分.

(1) D 是由直线 $x+y=1,x-y=1$ 与 $x=0$ 所围成的平面区域;

(2) D 是由曲线 $y=\dfrac{x^2}{4}-1$ 与直线 $y=2-x$ 所围成的平面区域;

(3) $D = \{(x,y) \mid x^2 + y^2 \leqslant 2y\}$.

2. 改变下列二次积分的积分次序.

(1) $\displaystyle\int_0^1 \mathrm{d}y \int_{\frac{1}{2}y^2}^{\sqrt{3-y^2}} f(x,y)\mathrm{d}x$; \qquad (2) $\displaystyle\int_1^2 \mathrm{d}y \int_y^{y^2} f(x,y)\mathrm{d}x$;

(3) $\int_{-1}^{1}dy\int_{y-3}^{\sqrt{2(y+1)}}f(x,y)dx$;　　　　(4) $\int_{1}^{2}dx\int_{\frac{1}{x}}^{\sqrt{x}}f(x,y)dy$.

3. 计算.

(1) $\int_{0}^{1}dx\int_{x}^{\sqrt[3]{x}}e^{\frac{y^2}{2}}dy$;　　　　　　(2) $\int_{0}^{1}dy\int_{y}^{1}x^2e^{x^2}dx$;

(3) $\int_{0}^{\frac{\pi}{6}}dy\int_{y}^{\frac{\pi}{6}}\dfrac{\cos x}{x}dx$;　　　　　(4) $\int_{0}^{1}dx\int_{x^2}^{1}\dfrac{xy}{\sqrt{1+y^3}}dy$.

4. 设 $f(x,y)=\begin{cases}x^2y, & 1\leqslant x\leqslant2, 0\leqslant y\leqslant x,\\ 0, & 其他,\end{cases}$ 求 $\iint\limits_{D}f(x,y)dxdy$,其中 $D=\{(x,y)\mid x^2+y^2\geqslant2x\}$.

5. 设 $f(x,y)$ 在 D 上连续,其中 D 是由直线 $y=x,y=a$ 及 $x=b(b>a)$ 所围成的闭区域. 证明

$$\int_{a}^{b}dx\int_{a}^{x}f(x,y)dy=\int_{a}^{b}dy\int_{y}^{b}f(x,y)dx.$$

6. 求二重积分 $\iint\limits_{D}y[1+xe^{\frac{1}{2}(x^2+y^2)}]dxdy$ 的值,其中 D 是由直线 $y=x,y=-1$ 及 $x=1$ 围成的平面区域.

7. 计算 $\iint\limits_{D}\sqrt{x^2+y^2}dxdy$,其中 D 为如图 6.28 所示的阴影部分.

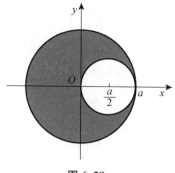

8. 计算二重积分 $\iint\limits_{D}\dfrac{\sqrt{x^2+y^2}}{\sqrt{4a^2-x^2-y^2}}d\sigma$,其中 D 是由曲线 $y=-a+\sqrt{a^2-x^2}(a>0)$ 和直线 $y=-x$ 围成的区域.

9. 用极坐标计算 $\iint\limits_{D}\dfrac{dxdy}{(a^2+x^2+y^2)^{\frac{3}{2}}}$,其中 $D=\{(x,y)\mid 0\leqslant x\leqslant a,0\leqslant y\leqslant a\}$.

图 6.28

10. 计算 $\iint\limits_{D}\sqrt{x^2+y^2}dxdy$,其中 D 是第一象限内由 y 轴与两个圆 $x^2+y^2=a^2$,$x^2-2ax+y^2=0$ 所围成的闭区域.

11. 将下列积分化为极坐标下的二次积分.

(1) $\int_{0}^{2}dx\int_{x}^{\sqrt{3}x}f(\sqrt{x^2+y^2})dy$;　　(2) $\int_{0}^{1}dy\int_{-y}^{\sqrt{2y-y^2}}f(x,y)dx$.

12. 计算 $\iint\limits_{D}\sqrt{x^2+y^2}dxdy$,其中 D 为 $x^2+y^2\leqslant2x$,$x^2+y^2\geqslant3$.

13. 求由抛物线 $y=x^2$ 及直线 $y=1$ 所围成的均匀薄片(面密度为常数 μ)对于直线 $y=-1$ 的转动惯量.

14. 在均匀的半径为 R 的半圆形薄片的直径上,要接上一个一边与直径等长的同样材料的均匀矩形薄片,为了使整个均匀薄片的质心恰好落在圆心上,问接上去的均匀矩形薄片另一边的长度应是多少?

6.2 三重积分

6.2.1 三重积分的概念与性质

1. 三重积分的概念

由定积分和二重积分的概念,可以很自然地引出三重积分的概念.

定义 6.2.1 设 $f(x,y,z)$ 是空间 R^3 中有界闭区域 Ω 上的有界函数. 将 Ω 任意分成 n 个小闭区域

$$\Delta V_1, \Delta V_2, \cdots, \Delta V_n,$$

其中,ΔV_i 表示第 i 个小闭区域,也表示它的体积. 在每个 ΔV_i 上任取一点 (ξ_i, η_i, ζ_i),作乘积 $f(\xi_i, \eta_i, \zeta_i)\Delta V_i (i = 1, 2, \cdots, n)$,并作和 $\sum_{i=1}^{n} f(\xi_i, \eta_i, \zeta_i)\Delta V_i$. 若当各小闭区域直径中的最大值 d 趋于 0 时,该和的极限总存在,则称此极限为函数 $f(x,y,z)$ 在闭区域 Ω 上的**三重积分**. 记作 $\iiint\limits_{\Omega} f(x,y,z)\mathrm{d}V$,即

$$\iiint\limits_{\Omega} f(x,y,z)\mathrm{d}V = \lim_{d \to 0} \sum_{i=1}^{n} f(\xi_i, \eta_i, \zeta_i)\Delta V_i, \tag{6.2.1}$$

式中,$\mathrm{d}V$ 叫做**体积元素**.

值得注意的是,当 $f(x,y,z)$ 在闭区域 Ω 上连续时,式(6.2.1)右端的和的极限总是存在的,也就是说,函数 $f(x,y,z)$ 在闭区域 Ω 上的三重积分必定存在. 以后在讨论三重积分时,总假设 $f(x,y,z)$ 在闭区域 Ω 上是连续的.

设 $\mu(x,y,z)$ 是某物体在点 (x,y,z) 处的密度,Ω 是该物体所占有的空间闭区域,$\mu(x,y,z)$ 在 Ω 上连续,则 $\sum_{i=1}^{n} \mu(\xi_i, \eta_i, \zeta_i)\Delta V_i$ 是该物体的质量 M 的近似值,这个和当 $d \to 0$ 时的极限就是物体的质量 M,所以

$$M = \iiint\limits_{\Omega} \mu(x,y,z)\mathrm{d}V.$$

2. 三重积分的性质

与二重积分的性质类似,三重积分同样具有这些性质,这里不再重复,读者可以参照二重积分的性质,自己写出三重积分相对应的性质.

6.2.2 三重积分的计算

在计算三重积分时,所应用的基本方法类似于计算二重积分的方法,即将三重

积分化为三次积分来计算. 下面按不同坐标系来介绍如何将三重积分化为三次积分的方法.

1. 利用直角坐标计算三重积分

在直角坐标系中,如果用平行于坐标面的平面来划分 Ω,那么,除了包含 Ω 的边界点的一些不规则小闭区域外,得到的小闭区域 ΔV_i 为长方体,设长方体小闭区域 ΔV_i 的边长为 Δx_j,Δy_k,Δz_t,则 $\Delta V_i = \Delta x_j \Delta y_k \Delta z_t$. 因此,在直角坐标系中,有时也把体积元素 $\mathrm{d}V$ 记作 $\mathrm{d}x\mathrm{d}y\mathrm{d}z$,而把三重积分记作

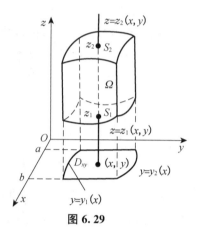

图 6.29

$$\iiint\limits_{\Omega} f(x,y,z)\mathrm{d}x\mathrm{d}y\mathrm{d}z,$$

式中,$\mathrm{d}x\mathrm{d}y\mathrm{d}z$ 叫做直角坐标系中的体积元素.

假设平行于 z 轴穿过闭区域 Ω 内部的直线与闭区域 Ω 的边界曲面 S 相交不多于两点. 把闭区域 Ω 投影到 xOy 面上,得到一平面闭区域 D_{xy},如图 6.29 所示. 以 D_{xy} 的边界为准线作母线平行于 z 轴的柱面. 该柱面与曲面 S 的交线从 S 中分出上、下两部分,它们的方程分别为

$$S_1: z = z_1(x,y),$$

$$S_2: z = z_2(x,y),$$

其中,$z_1(x,y)$ 与 $z_2(x,y)$ 都是 D_{xy} 上的连续函数,且 $z_1(x,y) \leqslant z_2(x,y)$. 过 D_{xy} 内的任一点 (x,y) 作平行于 z 轴的直线,该直线只与曲面 S_1,S_2 有交点,其交点的竖直坐标分别为 $z_1(x,y)$ 与 $z_2(x,y)$.

在此情形下,积分区域 Ω 可表示为

$$\Omega = \{(x,y,z) \mid z_1(x,y) \leqslant z \leqslant z_2(x,y), (x,y) \in D_{xy}\}.$$

先将 x,y 看作定值,将 $f(x,y,z)$ 只看作 z 的函数,在区间 $[z_1(x,y), z_2(x,y)]$ 上对 z 积分. 积分的结果是关于 x,y 的函数,记作 $F(x,y)$,即

$$F(x,y) = \int_{z_1(x,y)}^{z_2(x,y)} f(x,y,z)\mathrm{d}z.$$

然后,再计算 $F(x,y)$ 在闭区域 D_{xy} 上的二重积分

$$\iint\limits_{D_{xy}} F(x,y)\mathrm{d}\sigma = \iint\limits_{D_{xy}} \left[\int_{z_1(x,y)}^{z_2(x,y)} f(x,y,z)\mathrm{d}z\right]\mathrm{d}\sigma.$$

假如闭区域

$$D_{xy} = \{(x,y) \mid y_1(x) \leqslant y \leqslant y_2(x), a \leqslant x \leqslant b\}$$

把这个二重积分化为二次积分,于是得到三重积分的计算公式

$$\iiint\limits_{\Omega} f(x,y,z)\mathrm{d}V = \int_a^b \mathrm{d}x \int_{y_1(x)}^{y_2(x)} \mathrm{d}y \int_{z_1(x,y)}^{z_2(x,y)} f(x,y,z)\mathrm{d}z. \qquad (6.2.2)$$

公式(6.2.2)把三重积分化为先对 z,次对 y,再对 x 的**三次积分**.

上面仅介绍了将积分闭区域 Ω 投影到 xOy 面上的三重积分的计算方法. 当然,在实际应用过程中,也可以将闭区域 Ω 投影到 yOz 面或 zOx 面上,只要平行于 x 轴或 y 轴且穿过闭区域 Ω 的直线与 Ω 的边界曲面 S 相交不多于两点即可,这样也可以把三重积分化为按其他顺序的三次积分. 如果平行于坐标轴且穿过区域 Ω 内部的直线与边界曲面 S 的交点多于两个,也可以把 Ω 分成若干部分,使 Ω 上的三重积分化为各部分闭区域上的三重积分的和.

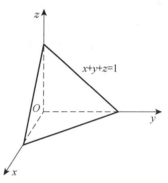

图 6.30

例1 计算三重积分 $\iiint\limits_{\Omega} x\mathrm{d}V$,其中 Ω 是由三个坐标平面和平面 $x+y+z=1$ 所围成的有界立体区域.

解 积分区域如图 6.30 所示,用不等式表示为

$$0 \leqslant x \leqslant 1, 0 \leqslant y \leqslant 1-x,$$
$$0 \leqslant z \leqslant 1-x-y,$$

所以积分可以化为

$$\iiint\limits_{\Omega} x\mathrm{d}V = \int_0^1 \mathrm{d}x \int_0^{1-x} \mathrm{d}y \int_0^{1-x-y} x\mathrm{d}z = \int_0^1 \mathrm{d}x \int_0^{1-x} x(1-x-y)\mathrm{d}y$$
$$= \int_0^1 \frac{1}{2} x(1-x)^2 \mathrm{d}x = \frac{1}{8}x^4 - \frac{1}{3}x^3 + \frac{1}{4}x^2 \bigg|_0^1$$
$$= \frac{1}{24}.$$

前面介绍的化三重积分为三次积分的过程,是先将积分区域 Ω 投影到某一坐标平面上,把函数 $f(x,y,z)$ 中与此坐标平面有关的两个变量看作定值,先求另一个变量的定积分,将求定积分后的结果看作这两个变量的函数,再求此函数在投影区域内的二重积分,这种方法称为"先一后二"法. 而有时,在计算三重积分时,也可以将三重积分化为先计算一个二重积分,再计算一个定积分,这种方法称为"先二后一",即

设空间有界闭区域

$$\Omega = \{(x,y,z) \mid (x,y) \in D_z, c_1 \leqslant z \leqslant c_2\},$$

其中，D_z 是竖坐标为 z 的平面截有界闭区域 Ω 所得到的一个平面闭区域，如图 6.31 所示，则有

$$\iiint\limits_{\Omega} f(x,y,z)\mathrm{d}V = \int_{c_1}^{c_2}\mathrm{d}z\iint\limits_{D_z} f(x,y,z)\mathrm{d}x\mathrm{d}y.$$

$$(6.2.3)$$

注意，在一般情况下，用"先二后一"法求三重积分并不会比"先一后二"法简化计算，但若函数 $f(x,y,z)$ 是只关于其中一个变量的函数，其他两个变量的变化不会影响 $f(x,y,z)$ 函数值，这种情况下用"先二后一"法来计算三重积分就会比"先一后二"法的计算简化一些。式 (6.2.3) 给出的是

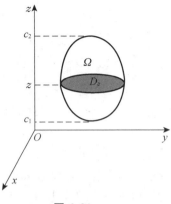

图 6.31

截面为 D_z 型的公式，读者类似地可以给出截面为 D_x 和 D_y 型的公式，这里就不再罗列了．

例 2　计算 $\iiint\limits_{\Omega} z\mathrm{d}V$，其中 Ω 是半球体：$x^2 + y^2 + z^2 \leqslant R^2$，$z \geqslant 0$．

解　用"先二后一"法，用平行于 xOy 面的平面截半球，得截面 D_z：$x^2 + y^2 \leqslant R^2 - z^2$（$0 \leqslant z \leqslant R$），于是

$$\iiint\limits_{\Omega} z\mathrm{d}V = \int_0^R \mathrm{d}z\iint\limits_{D_z} z\mathrm{d}x\mathrm{d}y = \int_0^R z\mathrm{d}z \cdot \pi(R^2 - z^2)$$

$$= \pi\left(\frac{R^2}{2}z^2 - \frac{1}{4}z^4\right)\Big|_0^R = \frac{1}{4}\pi R^4.$$

2. 利用柱面坐标计算三重积分

回顾上一节内容，在介绍二重积分时，根据积分区域和被积函数的特点，二重积分可以化为极坐标形式来计算．同样，对于三重积分，可以用柱面坐标和球面坐标来计算．下面先来讨论用柱面坐标计算三重积分．

如图 6.32 所示，设 $M(x,y,z)$ 为空间内一点，并设点 M 在 xOy 面上的投影 P 的极坐标为 r,θ，则这样的三个数 r,θ,z 就叫做点 M 的**柱面坐标**，且 r,θ,z 的取值范围为

$$0 \leqslant r < +\infty,$$

$$0 \leqslant \theta \leqslant 2\pi,$$

$$-\infty < z < +\infty.$$

其中，

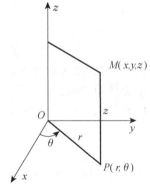

图 6.32

当 $r=$ 常数时,表示以 z 轴为中心轴的一个圆柱面;

当 $\theta=$ 常数时,表示通过 z 轴,与平面 xOz 的夹角为 θ 的半平面;

当 $z=$ 常数时,表示平行于平面 xOy,与平面 xOy 的距离为 z 的平面.

显然,点 M 的直角坐标与柱面坐标的关系为

$$
\begin{cases}
x = r\cos\theta, \\
y = r\sin\theta, \\
z = z.
\end{cases}
\tag{6.2.4}
$$

现在要把三重积分 $\iiint\limits_{\Omega} f(x,y,z)\mathrm{d}V$ 中的变量变换为

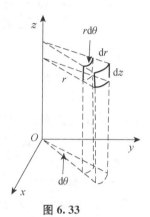

图 6.33

柱面坐标. 为此,用三组坐标面 $r=$ 常数,$\theta=$ 常数,$z=$ 常数把 Ω 分成许多小闭区域,除了含 Ω 的边界点的一些不规则小闭区域外,这种小闭区域都是柱体. 现考虑由 r,θ,z 各取得微小增量 $\mathrm{d}r,\mathrm{d}\theta,\mathrm{d}z$ 所成的柱体的体积,如图 6.33 所示. 这个体积等于高与底面积的乘积. 此时高为 $\mathrm{d}z$、底面积在不计高阶无穷小时为 $r\mathrm{d}r\mathrm{d}\theta$(即极坐标系中的面积元素),于是得

$$
\mathrm{d}V = r\mathrm{d}r\mathrm{d}\theta\mathrm{d}z,
$$

这就是**柱面坐标系中的体积元素**. 再利用关系式(6.2.4),就有

$$
\iiint\limits_{\Omega} f(x,y,z)\mathrm{d}x\mathrm{d}y\mathrm{d}z = \iiint\limits_{\Omega} F(r,\theta,z)r\mathrm{d}r\mathrm{d}\theta\mathrm{d}z,
\tag{6.2.5}
$$

上式中,$F(r,\theta,z) = f(r\cos\theta,r\sin\theta,z)$. 式(6.2.5)就是把三重积分的变量从直角坐标变换为柱面坐标的公式. 至于变量变换为柱面坐标后的三重积分的计算,则可化为三次积分来进行. 化为三次积分时,积分限是根据 r,θ,z 在积分区域 Ω 中的变化范围来确定的,下面举例说明.

例 3 用柱面坐标计算例 2.

解 这时,积分区域 Ω 可用柱面坐标系表示为

$$
0\leqslant\theta\leqslant 2\pi, \quad 0\leqslant r\leqslant R, \quad 0\leqslant z\leqslant\sqrt{R^2-r^2},
$$

所以

$$
\begin{aligned}
\iiint\limits_{\Omega} z\,\mathrm{d}V &= \int_0^{2\pi}\mathrm{d}\theta\int_0^R\mathrm{d}r\int_0^{\sqrt{R^2-r^2}} z\cdot r\,\mathrm{d}z \\
&= 2\pi\int_0^R r\cdot\frac{1}{2}(R^2-r^2)\mathrm{d}r \\
&= \pi\int_0^R (R^2 r-r^3)\mathrm{d}r = \frac{1}{4}\pi R^4.
\end{aligned}
$$

例 4 计算三重积分 $\iiint\limits_{\Omega}(x^2+y^2)\mathrm{d}V$,其中 Ω 是由旋转抛物面 $z=4(x^2+y^2)$ 和平面 $z=4$ 所围成的区域.

解 如图 6.34 所示,积分区域 Ω 在坐标面 xOy 上的投影是一个圆心在原点的单位圆,所以 $\Omega=\{0\leqslant r\leqslant 1,0\leqslant\theta\leqslant 2\pi,4r^2\leqslant z\leqslant 4\}$. 于是

$$\iiint\limits_{\Omega}(x^2+y^2)\mathrm{d}V=\iiint\limits_{\Omega}r^2\,r\mathrm{d}r\mathrm{d}\theta\mathrm{d}z=\int_0^{2\pi}\mathrm{d}\theta\int_0^1 r^2\,r\mathrm{d}r\int_{4r^2}^4\mathrm{d}z$$

$$=\int_0^{2\pi}\mathrm{d}\theta\int_0^1 4(r^3-r^5)\mathrm{d}r=\frac{2}{3}\pi.$$

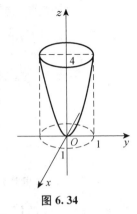

图 6.34

3. 利用球面坐标计算三重积分

前面用 r,θ,z 三个数来描述空间一个点,下面用另外的三个数来描述空间的一个点.

如图 6.35 所示,设 $M(x,y,z)$ 为空间内一点,则点 M 也可用这样的三个有次序的数 r,φ,θ 来确定,其中 r 为原点 O 到点 M 间的距离,即 $r=|OM|$,φ 为有向线段 $\overrightarrow{OM}$ 与 z 轴正向所夹的角,θ 为从 x 轴正向来看,自 x 轴按逆时针方向转到有向线段 $\overrightarrow{OP}$ 的角,这里 P 为点 M 在 xOy 面上的投影. 这样的三个数 r,φ,θ 叫做点 M 的**球面坐标**,这里 r,φ,θ 的变化范围为

$$0\leqslant r\leqslant+\infty,$$
$$0\leqslant\varphi\leqslant\pi,$$
$$0\leqslant\theta\leqslant 2\pi.$$

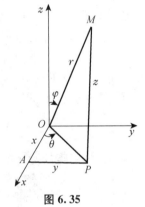

图 6.35

其中,

当 r＝常数时,表示以原点为球心的球面;

当 φ＝常数时,表示以原点为顶点、z 轴为轴的圆锥面;

当 θ＝常数时,表示通过 z 轴的半平面.

设点 M 在 xOy 面上的投影为 P,点 P 在 x 轴上的投影为 A,则 $OA=x$,$AP=y$,$PM=z$,又

$$OP=r\sin\varphi,\ z=r\cos\varphi.$$

因此,点 M 的直角坐标与球面坐标的关系为

$$\begin{cases}x=OP\cos\theta=r\sin\varphi\cos\theta,\\y=OP\sin\theta=r\sin\varphi\sin\theta,\\z=r\cos\varphi.\end{cases}\qquad(6.2.6)$$

为了把三重积分中的变量从直角坐标变换为球面坐标,用三组坐标面 $r=$ 常数,$\varphi=$ 常数,$\theta=$ 常数把积分区域 Ω 分成许多小闭区域. 考虑由 r,φ,θ 各取得微小增量 $\mathrm{d}r,\mathrm{d}\varphi,\mathrm{d}\theta$ 所成的六面体的体积,如图 6.36 所示. 不计高阶无穷小,可把这个六面体看作长方体,其经线方向的长为 $r\mathrm{d}\varphi$,纬线方向的宽为 $r\sin\varphi\mathrm{d}\theta$,向径方向的高为 $\mathrm{d}r$,于是得

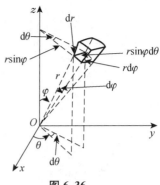

图 6.36

$$\mathrm{d}V = r^2\sin\varphi\mathrm{d}r\mathrm{d}\varphi\mathrm{d}\theta,$$

这就是**球面坐标系中的体积元素**. 再利用关系式 (6.2.6),就有

$$\iiint\limits_{\Omega} f(x,y,z)\mathrm{d}x\mathrm{d}y\mathrm{d}z = \iiint\limits_{\Omega} F(r,\varphi,\theta)r^2\sin\varphi\mathrm{d}r\mathrm{d}\varphi\mathrm{d}\theta, \qquad (6.2.7)$$

式中,$F(r,\varphi,\theta) = f(r\sin\varphi\cos\theta,r\sin\varphi\sin\theta,r\cos\varphi)$. 式(6.2.7)就是把三重积分的变量从直角坐标变换为球面坐标的公式.

要计算球面坐标变换后的三重积分,可把它化为对 r、对 φ 及对 θ 的三次积分.

若积分区域 Ω 的边界曲面是一个包含原点在内的闭曲面,其曲面坐标方程为 $r=r(\varphi,\theta)$,则

$$I = \iiint\limits_{\Omega} F(r,\varphi,\theta)r^2\sin\varphi\mathrm{d}r\mathrm{d}\varphi\mathrm{d}\theta$$
$$= \int_0^{2\pi}\mathrm{d}\theta\int_0^{\pi}\mathrm{d}\varphi\int_0^{r(\varphi,\theta)} F(r,\varphi,\theta)r^2\sin\varphi\mathrm{d}r.$$

当积分区域 Ω 为球面 $r=a$ 所围成时,则

$$I = \int_0^{2\pi}\mathrm{d}\theta\int_0^{\pi}\mathrm{d}\varphi\int_0^{a} F(r,\varphi,\theta)r^2\sin\varphi\mathrm{d}r.$$

特别地,当 $F(r,\varphi,\theta) = 1$ 时,由上式即得球的体积

$$V = \int_0^{2\pi}\mathrm{d}\theta\int_0^{\pi}\sin\varphi\mathrm{d}\varphi\int_0^{a} r^2\mathrm{d}r = 2\pi\cdot 2\cdot\frac{a^3}{3} = \frac{4}{3}\pi a^3,$$

这就是球的体积公式.

例 5 用球面坐标计算例 2.

解 这时,积分区域 Ω 可用球面坐标表示为

$$0\leqslant r\leqslant R, 0\leqslant\varphi\leqslant\frac{\pi}{2}, 0\leqslant\theta\leqslant 2\pi,$$

所以

$$\iiint\limits_{\Omega} z\,dV = \int_0^{2\pi} d\theta \int_0^{\frac{\pi}{2}} d\varphi \int_0^R r\cos\varphi \cdot r^2 \sin\varphi\,dr$$

$$= 2\pi \int_0^{\frac{\pi}{2}} \sin\varphi d\sin\varphi \cdot \int_0^R r^3\,dr = \frac{1}{4}\pi R^4.$$

例 6　计算三重积分 $\iiint\limits_{\Omega}(x^2+y^2)dV$，其中 Ω 是右半球面 $x^2+y^2+z^2 \leqslant a^2$，$y \geqslant 0$ 所围成的区域.

解　在球面坐标下，积分区域 Ω 可以表示为

$$0 \leqslant r \leqslant a, 0 \leqslant \varphi \leqslant \pi, 0 \leqslant \theta \leqslant \pi,$$

所以

$$\iiint\limits_{\Omega}(x^2+y^2)dV = \iiint\limits_{\Omega} r^2\sin^2\varphi r^2\sin\varphi dr d\theta d\varphi = \int_0^{\pi} d\theta \int_0^{\pi} d\varphi \int_0^a r^4\sin^3\varphi dr$$

$$= \int_0^{\pi} d\theta \int_0^{\pi} \sin^3\varphi \left[\frac{1}{5}r^5 \right]_0^a d\varphi$$

$$= -\frac{1}{5}a^5\pi \left[\cos\varphi - \frac{1}{3}\cos^3\varphi \right]_0^{\pi}$$

$$= \frac{4}{15}\pi a^5.$$

在上节中，已经介绍了二重积分在物理和几何中的应用. 利用二重积分，可以较容易地求出平面薄片的质心和转动惯量. 事实上，三重积分有和二重积分类似的作用，即利用三重积分可以求出空间物体的质心和转动惯量.

下面，不加推导地给出利用三重积分求空间物体的质心和转动惯量的公式，其推导过程和二重积分推导出平面薄片的质心和转动惯量的公式的过程类似.

设有一空间物体，在点 (x,y,z) 的密度函数为 $\mu(x,y,z)$（假定 $\mu(x,y,z)$ 在 Ω 上连续），则此物体的质心的坐标公式为

$$\bar{x} = \frac{1}{M}\iiint\limits_{\Omega} x\mu(x,y,z)dV,$$

$$\bar{y} = \frac{1}{M}\iiint\limits_{\Omega} y\mu(x,y,z)dV, \qquad (6.2.8)$$

$$\bar{z} = \frac{1}{M}\iiint\limits_{\Omega} z\mu(x,y,z)dV.$$

式中，$M = \iiint\limits_{\Omega}\mu(x,y,z)dV$. 此物体的转动惯量为

$$I_x = \iiint_{\Omega} (y^2 + z^2)\mu(x,y,z)\mathrm{d}V,$$

$$I_y = \iiint_{\Omega} (z^2 + x^2)\mu(x,y,z)\mathrm{d}V, \qquad (6.2.9)$$

$$I_z = \iiint_{\Omega} (x^2 + y^2)\mu(x,y,z)\mathrm{d}V.$$

例 7 求均匀半球体的质心.

解 取半球体的对称轴为 z 轴,原点取在球心上,又设球半径为 a,则半球体所占的空间区域为

$$\Omega = \{(x,y,z) \mid x^2 + y^2 + z^2 \leqslant a^2, z \geqslant 0\},$$

显然,质心在 z 轴上,故 $\bar{x} = \bar{y} = 0$.

$$\bar{z} = \frac{1}{M}\iiint_{\Omega} z\mu\mathrm{d}V = \frac{1}{V}\iiint_{\Omega} z\mathrm{d}V,$$

式中,$V = \dfrac{2}{3}\pi a^3$ 为半球体的体积.

$$\iiint_{\Omega} z\mathrm{d}V = \iiint_{\Omega} r\cos\varphi \cdot r^2 \sin\varphi \mathrm{d}r\mathrm{d}\varphi\mathrm{d}\theta = \int_0^{2\pi}\mathrm{d}\theta\int_0^{\frac{\pi}{2}}\cos\varphi\sin\varphi\mathrm{d}\varphi\int_0^a r^3\mathrm{d}r$$

$$= 2\pi \cdot \left[\frac{\sin^2\varphi}{2}\right]_0^{\frac{\pi}{2}} \cdot \frac{a^4}{4} = \frac{\pi a^4}{4}.$$

因此,$\bar{z} = \dfrac{3}{8}a$,质心为 $\left(0, 0, \dfrac{3}{8}a\right)$.

例 8 求由闭区面 $(x^2 + y^2 + z^2)^2 = 4(x^2 + y^2)$ 所围成的密度为 ρ 的均匀物体对 z 轴的转动惯量.

解 首先求出所给曲面在球面坐标下的方程,作变量替换,则有

$$r^4 = 4r^2(\sin^2\varphi\cos^2\theta + \sin^2\varphi\sin^2\theta) = 4r^2\sin^2\varphi,$$

即 $r^2 = 4\sin^2\varphi, r = 2\sin\varphi,$ 于是由公式(6.2.9)知

$$I_z = \int_0^{2\pi}\mathrm{d}\theta\int_0^{\pi}\mathrm{d}\varphi\int_0^{2\sin\varphi}\rho r^2\sin^2\varphi \cdot r^2\sin\varphi\mathrm{d}r$$

$$= 2\pi\rho\int_0^{\pi}\sin^3\varphi\mathrm{d}\varphi\int_0^{2\sin\varphi}r^4\mathrm{d}r = \frac{1}{5} \cdot 2\pi\rho \cdot 2^5\int_0^{\pi}\sin^8\varphi\mathrm{d}\varphi$$

$$= \frac{64}{5}\pi\rho\int_0^{\pi}\sin^8\varphi\mathrm{d}\varphi = \frac{128}{5}\pi\rho\int_0^{\frac{\pi}{2}}\sin^8\varphi\mathrm{d}\varphi$$

$$= \frac{128}{5}\pi\rho\frac{1\times3\times5\times7}{2\times4\times6\times8}\times\frac{\pi}{2} = \frac{7}{2}\rho\pi^2.$$

例9 求密度为 1 的均匀圆柱体 $\Omega:x^2+y^2\leqslant a^2$，$|z|\leqslant h$ 对直线 $L:x=y=z$ 的转动惯量.

解 质量为 m 的质点对直线 L 的转动惯量为 md^2，d 是质点到 L 的距离. 圆柱体上任一点 (x,y,z) 到直线 L 的距离 d 的平方

$$d^2=\frac{1}{3}\big[(z-y)^2+(x-z)^2+(x-y)^2\big],$$

因此，圆柱体对 L 的转动惯量为

$$\begin{aligned}
I&=\iiint\limits_{\Omega}\frac{1}{3}\big[(z-y)^2+(x-z)^2+(x-y)^2\big]\mathrm{d}V\\
&=\frac{2}{3}\iiint\limits_{\Omega}\big[x^2+y^2+z^2\big]\mathrm{d}V-\frac{2}{3}\iiint\limits_{\Omega}(yz+zx+xy)\mathrm{d}V\\
&=\frac{2}{3}\iiint\limits_{\Omega}(x^2+y^2)\mathrm{d}V+\frac{2}{3}\iiint\limits_{\Omega}z^2\mathrm{d}V\\
&=\frac{4h}{3}\iint\limits_{x^2+y^2\leqslant a^2}(x^2+y^2)\mathrm{d}x\mathrm{d}y+\frac{2}{3}\int_{-h}^{h}\pi a^2z^2\,\mathrm{d}z\\
&=\frac{2}{3}\pi ha^4+\frac{4}{9}\pi a^2h^3.
\end{aligned}$$

注 求立体 Ω 对直线 L 的转动惯量，不是求对坐标轴的转动惯量，不要硬套公式.

习题 6.2

1. 设一物体占有空间 $V_1:0\leqslant x\leqslant1,0\leqslant y\leqslant1,0\leqslant z\leqslant1$，在点 (x,y,z) 的密度是 $\mu(x,y,z)=x+y+z$，求该物体质量.

2. 计算 $\iiint\limits_{\Omega}xy^2z^3\mathrm{d}x\mathrm{d}y\mathrm{d}z$，其中 Ω 是曲面 $z=xy$ 与平面 $y=x,x=1$ 和 $z=0$ 所围成的闭区域.

3. 计算 $\iiint\limits_{\Omega}\dfrac{\mathrm{d}x\mathrm{d}y\mathrm{d}z}{(1+x+y+z)^3}$，其中 Ω 是平面 $x=0,y=0,z=0,x+y+z=1$ 所围成的四面体.

4. 计算 $\iiint\limits_{\Omega}xyz\mathrm{d}x\mathrm{d}y\mathrm{d}z$，其中 Ω 是球面 $x^2+y^2+z^2=1$ 及坐标面所围成的第一卦限内的闭区域.

5. 计算 $\iiint\limits_{\Omega}xz\mathrm{d}x\mathrm{d}y\mathrm{d}z$，其中 Ω 是平面 $z=0,z=y,y=1$ 以及抛物柱面 $y=x^2$ 所围成的闭区域.

6. 计算 $\iiint\limits_{\Omega}z\mathrm{d}x\mathrm{d}y\mathrm{d}z$，其中 Ω 是曲面 $z=\sqrt{2-x^2-y^2}$ 及 $z=x^2+y^2$ 所围成的闭区域.

7. 计算 $\iiint\limits_{\Omega}(x^2+y^2)\mathrm{d}V$,其中 Ω 是 $x^2+y^2=2z$ 及平面 $z=2$ 所围成的闭区域.

8. 计算 $\iiint\limits_{\Omega}(x^2+y^2+z^2)\mathrm{d}V$,其中 Ω 是球面 $x^2+y^2+z^2=1$ 所围成的闭区域.

9. 计算 $\iiint\limits_{\Omega}z\mathrm{d}V$,其中 Ω 是由不等式 $x^2+y^2+(z-a)^2\leqslant a^2$,$x^2+y^2\leqslant z^2$ 所围成的闭区域.

10. 求 $\iiint\limits_{\Omega}z\sqrt{x^2+y^2}\mathrm{d}x\mathrm{d}y\mathrm{d}z$,其中 Ω 是由圆柱面 $x^2+y^2-2x=0$ 与平面 $z=0,z=a(a>$
$0)$ 在第一卦限内所围成的区域.

11. 求 $\iiint\limits_{\Omega}\dfrac{z\ln(x^2+y^2+z^2+1)}{x^2+y^2+z^2+1}\mathrm{d}x\mathrm{d}y\mathrm{d}z$,其中 Ω 为 $x^2+y^2+z^2=1$ 所围成的区域.

12. 求 $\iiint\limits_{\Omega}\sqrt{x^2+y^2+z^2}\mathrm{d}x\mathrm{d}y\mathrm{d}z$,其中 Ω 是以平面 $z=1$ 和锥面 $z=\sqrt{x^2+y^2}$ 为边界的区域.

13. 利用三重积分计算下列由曲面所围成的立体的体积.

(1) $z=6-x^2-y^2$ 及 $z=\sqrt{x^2+y^2}$;

(2) $x^2+y^2+z^2=2az(a>0)$ 及 $x^2+y^2=z^2$(含有 z 轴的部分);

(3) $z=\sqrt{x^2+y^2}$ 及 $z=x^2+y^2$;

(4) $z=\sqrt{5-x^2-y^2}$ 及 $x^2+y^2=4z$.

14. 球心在原点、半径为 R 的球体,在其上任意一点的密度的大小与这点到球心的距离成正比,求该球体的质量.

15. 一均匀物体(密度 ρ 为常量)占有的闭区域 Ω 由曲面 $z=x^2+y^2$ 和平面 $z=0$,$|x|=a$,$|y|=a$ 所围成,求:(1) 物体的体积;(2) 物体的质心;(3) 物体关于 z 轴的转动惯量.

16. 求半径为 a、高为 h 的均匀圆柱体对于过中心而平行于母线的轴的转动惯量(设密度 $\rho=1$).

*6.3　含参变量的积分

设 $f(x,y)$ 是矩形(闭区域) $R=[a,b]\times[c,d]$ 上的连续函数. 在 $[a,b]$ 上任意取定 x 的一个值,于是 $f(x,y)$ 是变量 y 在 $[c,d]$ 上的一个一元连续函数,从而积分

$$\int_c^d f(x,y)\mathrm{d}y$$

存在,这个积分的值依赖于取定的 x 值. 一般来说,当 x 的值改变时,这个积分的值也跟着改变,这个积分确定一个定义在 $[a,b]$ 上的关于 x 的函数. 记作 $\varphi(x)$,即

$$\varphi(x)=\int_c^d f(x,y)\mathrm{d}y(a\leqslant x\leqslant b). \tag{6.3.1}$$

通常称变量 x 为**参变量**,因此,式(6.3.1)右端是一个含参变量 x 的积分,该积分确定 x 的一个函数 $\varphi(x)$,下面讨论关于 $\varphi(x)$ 的一些性质.

定理 6.3.1 如果函数 $f(x,y)$ 在矩形 $R=[a,b]\times[c,d]$ 上连续,那么由积分 (6.3.1)确定的函数 $\varphi(x)$ 在$[a,b]$上也连续.

证明 任取$[a,b]$内的一点 x_0,设其有增量 Δx,则

$$\varphi(x_0+\Delta x)-\varphi(x_0)=\int_c^d[f(x_0+\Delta x,y)-f(x_0,y)]\mathrm{d}y. \qquad (6.3.2)$$

因为 $f(x,y)$ 在闭区域 R 上连续,所以一致连续. 因此,对于任意取定的 $\varepsilon>0$,$\exists\delta>0$,使得对于 R 内的任意两点$(x_1,y_1),(x_2,y_2)$,只要它们之间的距离小于 δ,即

$$\sqrt{(x_2-x_1)^2+(y_2-y_1)^2}<\delta,$$

有 $|f(x_2,y_2)-f(x_1,y_1)|<\varepsilon$. 所以当 $|\Delta x|<\delta$ 时,就有

$$|f(x_0+\Delta x,y)-f(x_0,y)|<\varepsilon,$$

所以由式(6.3.2)知

$$|\varphi_{(x_0+\Delta x)}-\varphi_{(x_0)}|\leqslant\int_c^d|f(x_0+\Delta x,y)-f(x_0,y)|\mathrm{d}y<\varepsilon(d-c).$$

由 x_0 的任意性知,$\varphi(x)$ 在$[a,b]$上连续.

既然函数 $\varphi(x)$ 在$[a,b]$上连续,那么它在$[a,b]$上的积分存在,即

$$\int_a^b\varphi(x)\mathrm{d}x=\int_a^b\left[\int_c^d f(x,y)\mathrm{d}y\right]\mathrm{d}x=\int_a^b\mathrm{d}x\int_c^d f(x,y)\mathrm{d}y.$$

等式右端的积分是函数 $f(x,y)$ 先对 y、后对 x 的二次积分. 当 $f(x,y)$ 在矩形 R 上连续时,$f(x,y)$ 在 R 上的二重积分 $\iint\limits_R f(x,y)\mathrm{d}x\mathrm{d}y$ 存在,这个二重积分也可以先对 x、后对 y 积分,即可化为二次积分 $\int_c^d\left[\int_a^b f(x,y)\mathrm{d}x\right]\mathrm{d}y$. 故有下面的定理 6.3.2.

定理 6.3.2 如果函数 $f(x,y)$ 在矩形 $R=[a,b]\times[c,d]$ 上连续,则

$$\int_a^b\left[\int_c^d f(x,y)\mathrm{d}y\right]\mathrm{d}x=\int_c^d\left[\int_a^b f(x,y)\mathrm{d}x\right]\mathrm{d}y. \qquad (6.3.3)$$

公式(6.3.3)也可以写成

$$\int_a^b\mathrm{d}x\int_c^d f(x,y)\mathrm{d}y=\int_c^d\mathrm{d}y\int_a^b f(x,y)\mathrm{d}x. \qquad (6.3.3')$$

下面考虑由积分式(6.3.1)确定的函数 $\varphi(x)$ 的微分问题.

定理 6.3.3 如果函数 $f(x,y)$ 及其偏导数 $\dfrac{\partial f(x,y)}{\partial x}$ 都在矩形区域 $R=[a,b]\times[c,d]$ 上连续,那么,由积分式(6.3.1)确定的函数 $\varphi(x)$ 在$[a,b]$上可微分,

并且

$$\varphi'(x) = \frac{\mathrm{d}}{\mathrm{d}x}\int_c^d f(x,y)\mathrm{d}y = \int_c^d \frac{\partial f(x,y)}{\partial x}\mathrm{d}y. \tag{6.3.4}$$

证明　因为 $\varphi'(x) = \lim\limits_{\Delta x \to 0}\dfrac{\varphi(x+\Delta x)-\varphi(x)}{\Delta x}$，为求 $\varphi'(x)$，先利用式(6.3.2)作增

量之比

$$\frac{\varphi(x+\Delta x)-\varphi(x)}{\Delta x} = \int_c^d \frac{f(x+\Delta x,y)-f(x,y)}{\Delta x}\mathrm{d}y. \tag{6.3.5}$$

由拉格朗日中值定理及 $\dfrac{\partial f}{\partial x}$ 的一致连续性知

$$\frac{f(x+\Delta x,y)-f(x,y)}{\Delta x} = \frac{\partial f(x+\theta\Delta x,y)}{\partial x} = \frac{\partial f(x,y)}{\partial x} + \eta(x,y,\Delta x),$$

$$\tag{6.3.6}$$

式中，$0 \leqslant \theta \leqslant 1$，$|\eta|$ 可以小于任意给定的正数 ε，只要 Δx 小于某个正数 δ。因此

$$\left|\int_c^d \eta(x,y,\Delta x)\mathrm{d}y\right| < \int_c^d \varepsilon\mathrm{d}y = \varepsilon(d-c)\ (|\Delta x| < \delta),$$

即 $\lim\limits_{\Delta x \to 0}\int_c^d \eta(x,y,\Delta x)\mathrm{d}y = 0$。由式(6.3.5)和式(6.3.6)知

$$\frac{\varphi(x+\Delta x)-\varphi(x)}{\Delta x} = \int_c^d \frac{\partial f(x,y)}{\partial x}\mathrm{d}y + \int_c^d \eta(x,y,\Delta x)\mathrm{d}y,$$

令 $\Delta x \to 0$ 取上式的极限，即得公式(6.3.4)。

在积分式(6.3.1)中，积分限 c 与 d 都是常数。但在实际应用中，还会遇到对于参变量 x 的不同的值，积分也会有不同的情形，这时，积分限也是参变量 x 的函数。这样，积分

$$\varphi(x) = \int_{\alpha(x)}^{\beta(x)} f(x,y)\mathrm{d}y \tag{6.3.7}$$

也是参变量 x 的函数。下面考虑这种更为广泛地依赖于参变量的积分的某些性质。

定理 6.3.4　如果函数 $f(x,y)$ 在矩形区域 $R = [a,b] \times [c,d]$ 上连续，函数 $\alpha(x)$ 与 $\beta(x)$ 在区间 $[a,b]$ 上连续，且

$$c \leqslant \alpha(x) \leqslant d, c \leqslant \beta(x) \leqslant d,\ a \leqslant x \leqslant b,$$

则由积分(6.3.7)确定的函数 $\varphi(x)$ 在 $[a,b]$ 上也连续。

证明　设 $x, x+\Delta x$ 是 $[a,b]$ 上的两点，则

$$\varphi(x+\Delta x)-\varphi(x) = \int_{\alpha(x+\Delta x)}^{\beta(x+\Delta x)} f(x+\Delta x,y)\mathrm{d}y - \int_{\alpha(x)}^{\beta(x)} f(x,y)\mathrm{d}y.$$

因为 $\int_{\alpha(x+\Delta x)}^{\beta(x+\Delta x)} f(x+\Delta x,y)\mathrm{d}y = \int_{\alpha(x+\Delta x)}^{\alpha(x)} f(x+\Delta x,y)\mathrm{d}y + \int_{\alpha(x)}^{\beta(x)} f(x+\Delta x,y)\mathrm{d}y +$

$$\int_{\beta(x)}^{\beta(x+\Delta x)} f(x+\Delta x,y)\mathrm{d}y,$$

所以 $\varphi(x+\Delta x) - \varphi(x) = \int_{\alpha(x+\Delta x)}^{\alpha(x)} f(x+\Delta x,y)\mathrm{d}y + \int_{\beta(x)}^{\beta(x+\Delta x)} f(x+\Delta x,y)\mathrm{d}y +$

$$\int_{\alpha(x)}^{\beta(x)} [f(x+\Delta x,y) - f(x,y)]\mathrm{d}y. \tag{6.3.8}$$

当 $\Delta x \to 0$ 时,式(6.3.8)右端最后一个积分的积分限不变,根据证明定理 6.3.1 时同样的理由,这个积分趋于零. 又

$$\left| \int_{\alpha(x+\Delta x)}^{\alpha(x)} f(x+\Delta x,y)\mathrm{d}y \right| \leqslant M \mid \alpha(x+\Delta x) - \alpha(x) \mid,$$

$$\left| \int_{\beta(x)}^{\beta(x+\Delta x)} f(x+\Delta x,y)\mathrm{d}y \right| \leqslant M \mid \beta(x+\Delta x) - \beta(x) \mid,$$

式中,M 是 $\mid f(x,y) \mid$ 在矩形 R 上的最大值. 根据 $\alpha(x)$ 与 $\beta(x)$ 在 $[a,b]$ 上连续的假定,由以上两式可知,当 $\Delta x \to 0$ 时,式(6.3.8)右端的前两个积分都趋于零. 于是,当 $\Delta x \to 0$ 时,

$$\varphi(x+\Delta x) - \varphi(x) \to 0, \quad a \leqslant x \leqslant b,$$

所以 $\varphi(x)$ 在 $[a,b]$ 上连续.

关于函数 $\varphi(x)$ 的微分,有下列定理.

定理 6.3.5 如果函数 $f(x,y)$ 及其偏导数 $\dfrac{\partial f(x,y)}{\partial x}$ 都在矩形 $R = [a,b] \times [c,d]$ 上连续,函数 $\alpha(x)$ 与 $\beta(x)$ 都在区间 $[a,b]$ 上可微,且

$$c \leqslant \alpha(x) \leqslant d, c \leqslant \beta(x) \leqslant d, a \leqslant x \leqslant b,$$

则由积分式(6.3.7)确定的函数 $\varphi(x)$ 在 $[a,b]$ 上可微,且

$$\varphi'(x) = \frac{\mathrm{d}}{\mathrm{d}x} \int_{\alpha(x)}^{\beta(x)} f(x,y)\mathrm{d}y$$

$$= \int_{\alpha(x)}^{\beta(x)} \frac{\partial f(x,y)}{\partial x}\mathrm{d}y + f[x,\beta(x)]\beta'(x) - f[x,\alpha(x)]\alpha'(x), \tag{6.3.9}$$

此公式称为**莱布尼茨公式**.

证明 由式(6.3.8)知

$$\frac{\varphi(x+\Delta x) - \varphi(x)}{\Delta x} = \int_{\alpha(x)}^{\beta(x)} \frac{f(x+\Delta x,y) - f(x,y)}{\Delta x}\mathrm{d}y$$

$$+ \frac{1}{\Delta x} \int_{\beta(x)}^{\beta(x+\Delta x)} f(x+\Delta x,y)\mathrm{d}y$$

$$- \frac{1}{\Delta x} \int_{\alpha(x)}^{\alpha(x+\Delta x)} f(x+\Delta x,y)\mathrm{d}y. \tag{6.3.10}$$

当 $\Delta x \to 0$ 时,上式右端的第一个积分的积分限不变,根据证明定理6.3.3时同样的理由,有

$$\int_{\alpha(x)}^{\beta(x)} \frac{f(x+\Delta x, y) - f(x,y)}{\Delta x} \mathrm{d}y \to \int_{\alpha(x)}^{\beta(x)} \frac{\partial f(x,y)}{\partial x} \mathrm{d}y.$$

对于式(6.3.10)右端的第二项,应用积分中值定理得

$$\frac{1}{\Delta x} \int_{\beta(x)}^{\beta(x+\Delta x)} f(x+\Delta x, y) \mathrm{d}y = \frac{1}{\Delta x} [\beta(x+\Delta x) - \beta(x)] f(x+\Delta x, \eta),$$

式中,η 在 $\beta(x)$ 与 $\beta(x+\Delta x)$ 之间. 当 $\Delta x \to 0$ 时,

$$\frac{1}{\Delta x} [\beta(x+\Delta x) - \beta(x)] \to \beta'(x), f(x+\Delta x, \eta) \to f[x, \beta(x)].$$

于是,
$$\frac{1}{\Delta x} \int_{\beta(x)}^{\beta(x+\Delta x)} f(x+\Delta x, y) \mathrm{d}y \to f[x, \beta(x)] \beta'(x).$$

类似可证,当 $\Delta x \to 0$ 时,

$$\frac{1}{\Delta x} \int_{\alpha(x)}^{\alpha(x+\Delta x)} f(x+\Delta x, y) \mathrm{d}y \to f[x, \alpha(x)] \alpha'(x).$$

因此,令 $\Delta x \to 0$,取式(6.3.10)的极限就得到公式(6.3.9).

例 1 设 $\varphi(x) = \int_x^{x^2} \frac{\sin(xy)}{y} \mathrm{d}y$,求 $\varphi'(x)$.

解 应用莱布尼茨公式,得

$$\begin{aligned}
\varphi'(x) &= \int_x^{x^2} \cos(xy) \mathrm{d}y + \frac{\sin x^3}{x^2} \cdot 2x - \frac{\sin x^2}{x} \cdot 1 \\
&= \left[\frac{\sin(xy)}{x}\right]_x^{x^2} + \frac{2\sin x^3}{x} - \frac{\sin x^2}{x} \\
&= \frac{3\sin x^3 - 2\sin x^2}{x}.
\end{aligned}$$

例 2 求 $\int_0^1 \frac{x^b - x^a}{\ln x} \mathrm{d}x (0 < a < b)$.

解 因为

$$\int_a^b x^y \mathrm{d}y = \left[\frac{x^y}{\ln x}\right]_a^b = \frac{x^b - x^a}{\ln x},$$

所以 $I = \int_0^1 \mathrm{d}x \int_a^b x^y \mathrm{d}y$. 这里函数 $f(x,y) = x^y$ 在矩形 $R = [0,1] \times [a,b]$ 上连续,根据定理6.3.2,可交换积分次序,由此有

$$I = \int_a^b \mathrm{d}y \int_0^1 x^y \mathrm{d}x = \int_a^b \left[\frac{x^{y+1}}{y+1} \right]_0^1 \mathrm{d}y = \int_a^b \frac{1}{y+1} \mathrm{d}y = \ln \frac{b+1}{a+1}.$$

例 3 计算定积分 $I = \int_0^1 \frac{\ln(1+x)}{1+x^2} \mathrm{d}x$.

解 考虑含参变量 α 的积分所确定的函数

$$\varphi(\alpha) = \int_0^1 \frac{\ln(1+\alpha x)}{1+x^2} \mathrm{d}x,$$

显然, $\varphi(0) = 0, \varphi(1) = I$. 根据公式(6.3.4)得

$$\varphi'(\alpha) = \int_0^1 \frac{x}{(1+\alpha x)(1+x^2)} \mathrm{d}x.$$

把被积函数分解为部分分式,得到

$$\frac{x}{(1+\alpha x)(1+x^2)} = \frac{1}{1+\alpha^2} \left(\frac{-\alpha}{1+\alpha x} + \frac{x}{1+x^2} + \frac{\alpha}{1+x^2} \right).$$

于是

$$\varphi'(\alpha) = \frac{1}{1+\alpha^2} \left(\int_0^1 \frac{-\alpha \mathrm{d}x}{1+\alpha x} + \int_0^1 \frac{x\mathrm{d}x}{1+x^2} + \int_0^1 \frac{\alpha \mathrm{d}x}{1+x^2} \right)$$

$$= \frac{1}{1+\alpha^2} \left(-\ln(1+\alpha) + \frac{1}{2}\ln 2 + \alpha \cdot \frac{\pi}{4} \right),$$

上式在 $[0,1]$ 上对 α 积分,得到

$$\varphi(1) - \varphi(0) = -\int_0^1 \frac{\ln(1+\alpha)}{1+\alpha^2} \mathrm{d}\alpha + \frac{1}{2}\ln 2 \int_0^1 \frac{\mathrm{d}\alpha}{1+\alpha^2} + \frac{\pi}{4} \int_0^1 \frac{\alpha}{1+\alpha^2} \mathrm{d}\alpha,$$

即 $I = -I + \frac{\ln 2}{2} \times \frac{\pi}{4} + \frac{\pi}{4} \times \frac{\ln 2}{2} = -I + \frac{\pi}{4}\ln 2$. 从而 $I = \frac{\pi}{8}\ln 2$.

习题 6.3

1. 求下列极限.

(1) $\lim\limits_{y\to 0} \int_0^1 \sin(x+y) \mathrm{d}x$;

(2) $\lim\limits_{y\to 0} \int_y^{1+y} \frac{\mathrm{d}x}{1+x^2+y^2}$;

(3) $\lim\limits_{x\to 0} \int_{-1}^1 \sqrt{x^2+y^2} \mathrm{d}y$;

(4) $\lim\limits_{x\to 0} \int_0^2 y^2 \cos(xy) \mathrm{d}y$.

2. 求下列函数的导数.

(1) $\varphi(x) = \int_{\sin x}^{\cos x} (y^2 \sin x - y^3) \mathrm{d}y$;

(2) $\varphi(x) = \int_0^x \frac{\ln(1+xy)}{y} \mathrm{d}y$;

(3) $\varphi(x) = \int_{x^2}^{x^3} \arctan \frac{y}{x} \mathrm{d}y$;

(4) $\varphi(x) = \int_x^{x^2} \mathrm{e}^{-xy^2} \mathrm{d}y$.

3. 设 $F(x) = \int_0^x (x+y) f(y) \mathrm{d}y$，其中 $f(y)$ 为可微分的函数，求 $F''(x)$.

4. 计算下列积分.

(1) $\int_0^1 \dfrac{\arctan x}{x} \dfrac{\mathrm{d}x}{\sqrt{1-x^2}}$；

(2) $\int_0^1 \sin\left(\ln\dfrac{1}{x}\right) \dfrac{x^b - x^a}{\ln x} \mathrm{d}x \,(0 < a < b)$.

6.4 曲 线 积 分

回顾本章的前两节内容，我们已经把积分概念从积分范围为数轴上一个区间的情形推广到积分范围为平面或空间内的一个闭区域的情形. 6.4 节和 6.5 节将会把积分概念推广到积分范围为一段曲线弧或一片曲面的情形（这样推广后的积分称为曲线积分和曲面积分），并介绍与这两种积分相关的一些基本内容.

6.4.1 第一类曲线积分

1. 概念与性质

曲线状物体的质量. 设一条曲线状物体在平面上的曲线方程为 $y = y(x), x \in [a, b]$，其上每一点的线密度为 $\mu(x, y)$，现在求此物体的质量，如图 6.37 所示.

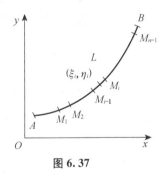

图 6.37

先将物体分成 n 段，每一段的长度分别是 Δs_1，$\Delta s_2, \cdots, \Delta s_n$，每个分点为 $A = M_0, M_1, \cdots, M_{n-1}, B = M_n$. 取其中的一小段弧 $M_{i-1} M_i$ 来分析，只要这一小段足够小，就可以用这一小段上的任意一点 (x_i, y_i) 的密度 $\mu(x_i, y_i)$ 来近似整个小段的密度. 这样，就可以得到这一小段的质量近似于 $\mu(x_i, y_i)\Delta s_i$. 将所有小段的质量加起来，就得到了此物体的质量 M 的近似值，即

$$M \approx \sum_{i=1}^n \mu(x_i, y_i)\Delta s_i,$$

假如当每一小段的长度趋于零时，这个和式的极限存在，则这个极限就是该物体的质量.

下面就此抽象地归纳出曲线积分的定义.

定义 6.4.1 设 L 为 xOy 面内的一条光滑曲线弧，函数 $f(x, y)$ 在 L 上有界. 在 L 上任意插入一点列 $M_1, M_2, \cdots, M_{n-1}$ 把 L 分成 n 个小段. 设第 i 个小段的长度为 Δs_i，又 (ξ_i, η_i) 为第 i 个小段上任意取定的一点，作乘积 $f(\xi_i, \eta_i)\Delta s_i \,(i = 1, 2, \cdots, n)$，并作和 $\sum_{i=1}^n f(\xi_i, \eta_i)\Delta s_i$，如果当各小段长度的最大值 $\lambda \to 0$ 时，该和的极限总存

在,则称此极限为函数 $f(x,y)$ 在曲线弧 L 上**对弧长的曲线积分**或**第一类曲线积分**,记作 $\int_L f(x,y)\mathrm{d}s$,即

$$\int_L f(x,y)\mathrm{d}s = \lim_{\lambda \to 0} \sum_{i=1}^{n} f(\xi_i,\eta_i)\Delta s_i,$$

式中,$f(x,y)$ 叫做被积函数,L 叫做积分弧段.

由下面的定理 6.4.1 知,当 $f(x,y)$ 在光滑曲线弧 L 上连续时,对弧长的曲线积分 $\int_L f(x,y)\mathrm{d}s$ 是存在的. 以后总假设这个条件是成立的.

根据这个定义,若设 $\mu(x,y)$ 为曲线 L 的线密度函数,且此函数在 L 上连续,则此曲线的质量 M 就等于 $\mu(x,y)$ 对弧长的曲线积分,即

$$M = \int_L \mu(x,y)\mathrm{d}s.$$

上述定义可以类似地推广到积分弧段为空间曲线弧 Γ 的情形,即函数 $f(x,y,z)$ 在曲线弧 Γ 上对弧长的曲线积分

$$\int_\Gamma f(x,y,z)\mathrm{d}s = \lim_{\lambda \to 0} \sum_{i=1}^{n} f(\xi_i,\eta_i,\zeta_i)\Delta s_i.$$

如果 L(或 Γ)是分段光滑的,那么规定函数在 L(或 Γ)上的曲线积分等于函数在光滑的各段上的曲线积分的和. 例如,设 L 可分为两段光滑曲线弧 L_1 和 L_2(记作 $L = L_1 + L_2$),就规定

$$\int_{L_1+L_2} f(x,y)\mathrm{d}s = \int_{L_1} f(x,y)\mathrm{d}s + \int_{L_2} f(x,y)\mathrm{d}s.$$

如果曲线 L 是闭的,那么,函数 $f(x,y)$ 在此闭曲线 L 上对弧长的曲线积分记为 $\oint_L f(x,y)\mathrm{d}s$.

由对弧长的曲线积分的定义可知,它具有以下性质.

性质 1 设 α,β 为常数,则

$$\int_L [\alpha f(x,y) + \beta g(x,y)]\mathrm{d}s = \alpha\int_L f(x,y)\mathrm{d}s + \beta\int_L g(x,y)\mathrm{d}s.$$

性质 2 若积分弧段 L 可分成两段光滑曲线弧 L_1 和 L_2,则

$$\int_L f(x,y)\mathrm{d}s = \int_{L_1} f(x,y)\mathrm{d}s + \int_{L_2} f(x,y)\mathrm{d}s.$$

性质 3 设在 L 上 $f(x,y) \leqslant g(x,y)$,则

$$\int_L f(x,y)\mathrm{d}s \leqslant \int_L g(x,y)\mathrm{d}s.$$

特别地,有

$$\left| \int_L f(x,y)\mathrm{d}s \right| \leqslant \int_L |f(x,y)|\,\mathrm{d}s.$$

2. 计算方法

定理 6.4.1 设 $f(x,y)$ 在曲线弧 L 上有定义且连续,L 的参数方程为

$$\begin{cases} x = \varphi(t), \\ y = \psi(t) \end{cases} \quad (\alpha \leqslant t \leqslant \beta),$$

式中,$\varphi(t),\psi(t)$ 在 $[\alpha,\beta]$ 上具有一阶连续导数,且 $\varphi'^2(t)+\psi'^2(t) \neq 0$ (这样的曲线称为光滑曲线),则曲线积分 $\int_L f(x,y)\mathrm{d}s$ 存在,且

$$\int_L f(x,y)\mathrm{d}s = \int_\alpha^\beta f[\varphi(t),\psi(t)]\sqrt{\varphi'^2(t)+\psi'^2(t)}\,\mathrm{d}t \quad (\alpha < \beta). \quad (6.4.1)$$

证明 假定当参数 t 由 α 变至 β 时,L 上的点 $M(x,y)$ 依点 A 至点 B 的方向描出曲线 L. 在 L 上取一列点

$$A = M_0, M_1, M_2, \cdots, M_{n-1}, M_n = B,$$

它们对应于一列单调增加的参数值

$$\alpha = t_0 < t_1 < t_2 < \cdots < t_{n-1} < t_n = \beta.$$

根据对弧长的曲线积分的定义,有

$$\int_L f(x,y)\mathrm{d}s = \lim_{\lambda \to 0} \sum_{i=1}^n f(\xi_i,\eta_i)\Delta s_i.$$

设点 (ξ_i,η_i) 对应于参数 τ_i,即 $\xi_i = \varphi(\tau_i),\eta_i = \psi(\tau_i)$,这里 $t_{i-1} \leqslant \tau_i \leqslant t_i$,由于

$$\Delta s_i = \int_{t_{i-1}}^{t_i} \sqrt{\varphi'^2(t)+\psi'^2(t)}\,\mathrm{d}t,$$

应用积分中值定理,有

$$\Delta s_i = \sqrt{\varphi'^2(\tau_i')+\psi'^2(\tau_i')}\,\Delta t_i,$$

式中,$\Delta t_i = t_i - t_{i-1}$,$t_{i-1} \leqslant \tau_i' \leqslant t_i$. 于是

$$\int_L f(x,y)\mathrm{d}s = \lim_{\lambda \to 0} \sum_{i=1}^n f[\varphi(\tau_i),\psi(\tau_i)]\sqrt{\varphi'^2(\tau_i')+\psi'^2(\tau_i')}\,\Delta t_i.$$

由于函数 $\sqrt{\varphi'^2(t)+\psi'^2(t)}$ 在闭区间 $[\alpha,\beta]$ 上连续,从而一致连续. 因此可以把上式中的 τ_i' 换成 τ_i,从而

$$\int_L f(x,y)\mathrm{d}s = \lim_{\lambda \to 0} \sum_{i=1}^{n} f[\varphi(\tau_i),\psi(\tau_i)]\sqrt{\varphi'^2(\tau_i)+\psi'^2(\tau_i)}\Delta t_i .$$

上式右端的和的极限,就是函数 $f[\varphi(t),\psi(t)]\sqrt{\varphi'^2(t)+\psi'^2(t)}$ 在区间 $[\alpha,\beta]$ 上的定积分,由于这个函数在 $[\alpha,\beta]$ 上连续,所以这个定积分是存在的,因此上式左端的曲线积分 $\int_L f(x,y)\mathrm{d}s$ 也存在,并且有

$$\int_L f(x,y)\mathrm{d}s = \int_\alpha^\beta f[\varphi(t),\psi(t)]\sqrt{\varphi'^2(t)+\psi'^2(t)}\mathrm{d}t, \quad \alpha < \beta. \quad (6.4.1)$$

公式(6.4.1)表明,计算对弧长的曲线积分 $\int_L f(x,y)\mathrm{d}s$ 时,只要把 $x,y,\mathrm{d}s$ 依次换为 $\varphi(t),\psi(t),\sqrt{\varphi'^2(t)+\psi'^2(t)}\mathrm{d}t$,然后从 α 到 β 作定积分就行了. 这里必须注意,定积分的下限 α 一定要小于上限 β. 这是因为,从上述推导中可以看出,由于小弧段的长度 Δs_i 总是正的,从而 $\Delta t_i > 0$,所以定积分的下限 α 一定小于上限 β.

如果曲线 L 由方程

$$y = \psi(x), \quad x_0 \leqslant x \leqslant X$$

给出,那么,可以把这种情形看作特殊的参数方程

$$x = t, \quad y = \psi(t), \quad x_0 \leqslant t \leqslant X$$

的情形,从而由公式(6.4.1)得出

$$\int_L f(x,y)\mathrm{d}s = \int_{x_0}^{X} f[x,\psi(x)]\sqrt{1+\varphi'^2(x)}\mathrm{d}x, \quad x_0 < X. \quad (6.4.2)$$

类似地,如果曲线 L 由方程

$$x = \varphi(y), \quad y_0 \leqslant y \leqslant Y$$

给出,则有

$$\int_L f(x,y)\mathrm{d}s = \int_{y_0}^{Y} f[\varphi(y),y]\sqrt{1+\varphi'^2(y)}\mathrm{d}y, \quad y_0 < Y. \quad (6.4.3)$$

公式(6.4.1)可推广到空间弧 Γ 由参数方程

$$x = \varphi(t), \quad y = \psi(t), \quad z = \omega(t), \quad \alpha \leqslant t \leqslant \beta$$

给出的情形,这样就有

$$\int_L f(x, y, z)ds = \int_\alpha^\beta f[\varphi(t), \psi(t), \omega(t)]\sqrt{\varphi'^2(t) + \psi'^2(t) + \omega'^2(t)}dt, \quad \alpha < \beta.$$

$$(6.4.4)$$

例1 计算 $\int_L \sqrt{y}ds$,其中 L 是抛物线 $y = x^2$ 上点 $O(0,0)$ 与点 $B(1,1)$ 之间的一段弧(图 6.38).

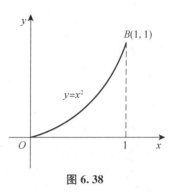

图 6.38

解 由于 L 由方程

$$y = x^2(0 \leqslant x \leqslant 1)$$

给出,因此

$$\int_L \sqrt{y}ds = \int_0^1 \sqrt{x^2}\sqrt{1+(x^2)'^2}dx = \int_0^1 x\sqrt{1+4x^2}dx$$

$$= \left[\frac{1}{12}(1+4x^2)^{3/2}\right]_0^1 = \frac{1}{12}(5\sqrt{5}-1).$$

例2 计算积分 $\oint_L (x^2 + y^2)^n ds$,其中 L 为圆周:$x = a\sin t, y = a\cos t, 0 \leqslant t \leqslant 2\pi$.

解 由于 L 为圆周:$x = a\sin t, y = a\cos t, 0 \leqslant t \leqslant 2\pi$,所以

$$\oint_L (x^2 + y^2)^n ds = \int_0^{2\pi}[(a\sin t)^2 + (a\cos t)^2]^n a\,dt = \int_0^{2\pi} a^{2n+1}dt = 2\pi a^{2n+1}.$$

例3 计算曲线积分 $\int_\Gamma (x^2 + y^2 + z^2)ds$,其中 Γ 为螺旋线 $x = a\cos t, y = a\sin t, z = kt$ 上相应于 t 从 0 到 2π 的一段弧.

解 $\int_\Gamma (x^2 + y^2 + z^2)ds$

$$= \int_0^{2\pi}[(a\cos t)^2 + (a\sin t)^2 + (kt)^2] \cdot \sqrt{(-a\sin t)^2 + (a\cos t)^2 + k^2}dt$$

$$= \int_0^{2\pi}(a^2 + k^2t^2)\sqrt{a^2+k^2}dt = \sqrt{a^2+k^2}\left[a^2t + \frac{k^2}{3}t^3\right]_0^{2\pi}$$

$$= \frac{2}{3}\pi\sqrt{a^2+k^2}(3a^2 + 4\pi^2 k^2).$$

6.4.2 第二类曲线积分

1. 概念与性质

变力沿曲线所做的功. 设一质点在 xOy 面内从点 A 沿光滑曲线弧 L 移动到点 B,在移动过程中,该质点受到力

$$F(x, y) = P(x, y)\boldsymbol{i} + Q(x, y)\boldsymbol{j}$$

的作用,其中函数 $P(x, y)$,$Q(x, y)$ 在 L 上连续. 要计算上述移动过程中变力 $F(x, y)$ 所做的功,如图 6.39 所示.

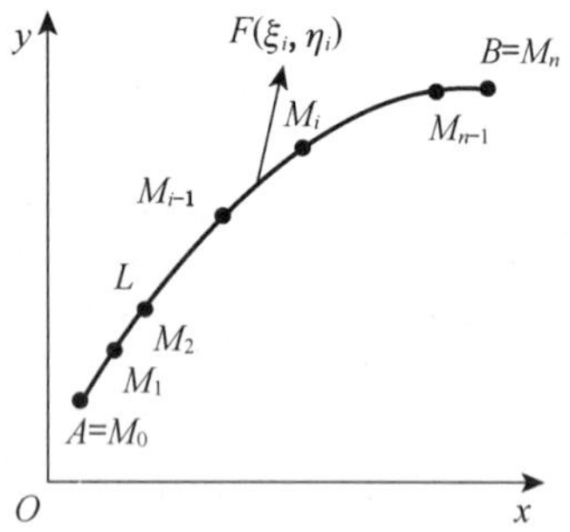

如果力 F 是常力,且质点从 A 沿直线到 B,那么常力 F 所做的功 W 等于向量 F 与向量 $\overrightarrow{AB}$ 的数量积,即

$$W = F \cdot \overrightarrow{AB}.$$

图 6.39

现在 $F(x, y)$ 是变力,且质点沿曲线 L 移动,功 W 不能直接用上面公式计算. 然而上面用来求曲线物体的质量的方法,也适用于这个问题.

先用曲线弧 L 上的点 $M_1(x_1, y_1)$,$M_2(x_2, y_2)$,$\cdots$,$M_{n-1}(x_{n-1}, y_{n-1})$ 把 L 分成 n 个小弧段,取其中一个有向小弧段 $M_{i-1}M_i$ 来分析. 由于 $M_{i-1}M_i$ 光滑而且很短,可以用有向线段

$$\overrightarrow{M_{i-1}M_i} = (\Delta x_i)\boldsymbol{i} + (\Delta y_i)\boldsymbol{j}$$

来近似代替它,其中,$\Delta x_i = x_i - x_{i-1}$,$\Delta y_i = y_i - y_{i-1}$. 又由于函数 $P(x, y)$,$Q(x, y)$ 在 L 上连续,可以用 $M_{i-1}M_i$ 上任意取定的一点 (ξ_i, η_i) 处的力

$$F(\xi_i, \eta_i) = P(\xi_i, \eta_i)\boldsymbol{i} + Q(\xi_i, \eta_i)\boldsymbol{j}$$

来近似代替该小弧段上各点处的力. 这样,变力 $F(x, y)$ 沿有向小弧段 $M_{i-1}M_i$ 所做的功 ΔW_i 可以认为近似地等于常力 $F(\xi_i, \eta_i)$ 沿 $\overrightarrow{M_{i-1}M_i}$ 所做的功

$$\Delta W_i \approx F(\xi_i, \eta_i) \cdot \overrightarrow{M_{i-1}M_i},$$

即 $\Delta W_i \approx P(\xi_i, \eta_i)\Delta x_i + Q(\xi_i, \eta_i)\Delta y_i$. 于是

$$W = \sum_{i=1}^{n} \Delta W_i \approx \sum_{i=1}^{n} \left[P(\xi_i, \eta_i)\Delta x_i + Q(\xi_i, \eta_i)\Delta y_i \right].$$

用 λ 表示 n 个小弧段的最大长度,令 $\lambda \to 0$ 取上述和的极限,所得到的极限自然地定义为变力 F 沿有向曲线弧所做的功,即

$$W = \lim_{\lambda \to 0} \sum_{i=1}^{n} \left[P(\xi_i, \eta_i)\Delta x_i + Q(\xi_i, \eta_i)\Delta y_i \right].$$

下面就此引入第二类曲线积分的定义.

定义 6.4.2 设 L 为 xOy 面内从点 A 到点 B 的一条有向光滑曲线弧,函数 $P(x, y)$,$Q(x, y)$ 在 L 上有界. 在 L 上沿 L 的方向任意插入一点列 $M_1(x_1, y_1)$,$M_2(x_2, y_2)$,$\cdots$,$M_{n-1}(x_{n-1}, y_{n-1})$ 把 L 分成 n 个有向小弧段

$$M_{i-1}M_i(i=1,2,\cdots,n;M_0=A,M_n=B).$$

设 $\Delta x=x_i-x_{i-1},\Delta y=y_i-y_{i-1}$,点$(\xi_i,\eta_i)$为 $M_{i-1}M_i$ 上任意取定的点. 如果当各小弧段长度的最大值 $\lambda\to0$ 时,$\sum\limits_{i=1}^{n}P(\xi_i,\eta_i)\Delta x_i$ 的极限总存在,则称此极限为函数 $P(x,y)$ 在有向曲线弧 L 上**对坐标 x 的曲线积分**,记作 $\int_L P(x,y)\mathrm{d}x$. 类似地,如果 $\lim\limits_{\lambda\to0}\sum\limits_{i=1}^{n}Q(\xi_i,\eta_i)\Delta y_i$ 总存在,则称此极限为函数 $Q(x,y)$ 在有向曲线弧 L 上**对坐标 y 的曲线积分**,记作 $\int_L Q(x,y)\mathrm{d}y$. 即

$$\int_L P(x,y)\mathrm{d}x=\lim_{\lambda\to0}\sum_{i=1}^{n}P(\xi_i,\eta_i)\Delta x_i,$$

$$\int_L Q(x,y)\mathrm{d}y=\lim_{\lambda\to0}\sum_{i=1}^{n}Q(\xi_i,\eta_i)\Delta y_i,$$

式中,$P(x,y),Q(x,y)$ 叫做**被积函数**,L 叫做**积分弧段**.

以上两个积分也称为**第二类曲线积分**.

由下面的定理 6.4.2 可知,当 $P(x,y),Q(x,y)$ 在有向光滑曲线弧 L 上连续时,对坐标的曲线积分 $\int_L P(x,y)\mathrm{d}x$ 及 $\int_L Q(x,y)\mathrm{d}y$ 都存在. 以后总是假定这个条件是成立的.

上述定义可以类似地推广到积分弧段为空间有向曲线弧 Γ 的情形. 具体有

$$\int_\Gamma P(x,y,z)\mathrm{d}x=\lim_{\lambda\to0}\sum_{i=1}^{n}P(\xi_i,\eta_i,\zeta_i)\Delta x_i,$$

$$\int_\Gamma Q(x,y,z)\mathrm{d}y=\lim_{\lambda\to0}\sum_{i=1}^{n}Q(\xi_i,\eta_i,\zeta_i)\Delta y_i,$$

$$\int_\Gamma R(x,y,z)\mathrm{d}z=\lim_{\lambda\to0}\sum_{i=1}^{n}R(\xi_i,\eta_i,\zeta_i)\Delta z_i.$$

应用上经常出现的是

$$\int_L P(x,y)\mathrm{d}x+\int_L Q(x,y)\mathrm{d}y,$$

为简单起见,这种合并起来的形式,常写成

$$\int_L P(x,y)\mathrm{d}x+Q(x,y)\mathrm{d}y,$$

也可以写成向量形式

$$\int_L \boldsymbol{F}(x,y) \cdot \mathrm{d}\boldsymbol{r},$$

式中,$\boldsymbol{F}(x,y) = P(x,y)\boldsymbol{i} + Q(x,y)\boldsymbol{j}$ 为向量值函数,$\mathrm{d}\boldsymbol{r} = \mathrm{d}x\boldsymbol{i} + \mathrm{d}y\boldsymbol{j}$.

例如,前面讨论的变力沿曲线所做的功可以表达成

$$W = \int_L P(x,y)\mathrm{d}x + Q(x,y)\mathrm{d}y,$$

或

$$W = \int_L \boldsymbol{F}(x,y) \cdot \mathrm{d}\boldsymbol{r}.$$

类似地,把

$$\int_\Gamma P(x,y,z)\mathrm{d}x + \int_\Gamma Q(x,y,z)\mathrm{d}y + \int_\Gamma R(x,y,z)\mathrm{d}z$$

简写成

$$\int_\Gamma P(x,y,z)\mathrm{d}x + Q(x,y,z)\mathrm{d}y + R(x,y,z)\mathrm{d}z$$

或

$$\int_\Gamma \boldsymbol{A}(x,y,z) \cdot \mathrm{d}\boldsymbol{r},$$

式中,$\boldsymbol{A}(x,y,z) = P(x,y,z)\boldsymbol{i} + Q(x,y,z)\boldsymbol{j} + R(x,y,z)\boldsymbol{k}$,$\mathrm{d}\boldsymbol{r} = \mathrm{d}x\boldsymbol{i} + \mathrm{d}y\boldsymbol{j} + \mathrm{d}z\boldsymbol{k}$.

如果 L(或 Γ)是分段光滑的,则规定函数在有向曲线弧 L(或 Γ)上对坐标的曲线积分,等于在光滑的各段上对坐标的曲线积分之和.

根据上述曲线积分的定义,可以导出对坐标的曲线积分的一些性质,下面用向量形式表达,并假定其中的向量值函数在曲线 L 上连续.

性质 1 设 α,β 为常数,则

$$\int_L \left[\alpha\boldsymbol{F}_1(x,y) + \beta\boldsymbol{F}_2(x,y)\right] \cdot \mathrm{d}\boldsymbol{r} = \alpha\int_L \boldsymbol{F}_1(x,y) \cdot \mathrm{d}\boldsymbol{r} + \beta\int_L \boldsymbol{F}_2(x,y) \cdot \mathrm{d}\boldsymbol{r}.$$

性质 2 若有向曲线弧 L 可分成两段光滑的有向曲线弧 L_1 和 L_2,则

$$\int_L \boldsymbol{F}(x,y) \cdot \mathrm{d}\boldsymbol{r} = \int_{L_1} \boldsymbol{F}(x,y) \cdot \mathrm{d}\boldsymbol{r} + \int_{L_2} \boldsymbol{F}(x,y) \cdot \mathrm{d}\boldsymbol{r}.$$

性质 3 设 L 是有向光滑曲线弧,L^- 是 L 的反向曲线弧,则

$$\int_{L^-} \boldsymbol{F}(x,y) \cdot \mathrm{d}\boldsymbol{r} = -\int_L \boldsymbol{F}(x,y) \cdot \mathrm{d}\boldsymbol{r}.$$

证明 把 L 分成 n 小段,相应地 L^- 也分成 n 小段. 对于每一个小弧段来说,当曲线弧的方向改变时,有向弧段在坐标轴上的投影,其绝对值不变但要改变符号,因此性质 3 成立.

性质 3 表示,当积分弧段的方向改变时,对坐标曲线积分要改变符号. 因此,关于对坐标的曲线积分,我们必须注意积分弧段的方向.

这一性质是对坐标的曲线积分所特有的,对弧长的曲线积分不具有这一性质. 而对弧长的曲线积分所具有的性质 3,对坐标曲线积分也不具有类似的性质.

2. 计算方法

定理 6.4.2 设 $P(x,y),Q(x,y)$ 在有向曲线弧 L 上有定义且连续,L 的参数方程为

$$\begin{cases} x = \varphi(t), \\ y = \psi(t), \end{cases}$$

当参数 t 单调地由 α 变到 β 时,点 $M(x,y)$ 从 L 的起点 A 沿 L 运动到终点 B,$\varphi(t)$ 与 $\psi(t)$ 在以 α 和 β 为端点的闭区间上具有一阶连续导数,且 $\varphi'^2(t) + \psi'^2(t) \neq 0$,则曲线积分 $\int_L P(x,y)\mathrm{d}x + Q(x,y)\mathrm{d}y$ 存在,且

$$\int_L P(x,y)\mathrm{d}x + Q(x,y)\mathrm{d}y = \int_\alpha^\beta \{P[\varphi(t),\psi(t)]\varphi'(t) + Q[\varphi(t),\psi(t)]\psi'(t)\}\mathrm{d}t.$$

$$(6.4.5)$$

证明 在 L 上取一点列

$$A = M_0, M_1, M_2, \cdots, M_{n-1}, M_n = B,$$

它们对应于一列单调变化的参数值

$$\alpha = t_0, t_1, t_2, \cdots, t_{n-1}, t_n = \beta.$$

根据对坐标的曲线积分的定义,有

$$\int_L P(x,y)\mathrm{d}x = \lim_{\lambda \to 0} \sum_{i=1}^n P(\xi_i, \eta_i)\Delta x_i.$$

设点 (ξ_i, η_i) 对应于参数值 τ_i,即 $\xi_i = \varphi(\tau_i), \eta_i = \psi(\tau_i)$,这里 τ_i 在 t_{i-1} 与 t_i 之间. 由于

$$\Delta x_i = x_i - x_{i-1} = \varphi(t_i) - \varphi(t_{i-1}),$$

应有微分中值定理,有

$$\Delta x_i = \varphi'(\tau_i') \Delta t_i,$$

式中，$\Delta t_i = t_i - t_{i-1}$，$\tau_i'$ 在 t_{i-1} 和 t_i 之间，于是

$$\int_L P(x,y)\mathrm{d}x = \lim_{\lambda \to 0} \sum_{i=1}^{n} P[\varphi(\tau_i),\psi(\tau_i)]\varphi'(\tau_i')\Delta t_i.$$

因为函数 $\varphi'(t)$ 在闭区间 $[\alpha,\beta]$（或 $[\beta,\alpha]$）上连续，我们可以把上式中的 τ_i' 换成 τ_i，从而

$$\int_L P(x,y)\mathrm{d}x = \lim_{\lambda \to 0} \sum_{i=1}^{n} P[\varphi(\tau_i),\psi(\tau_i)]\varphi'(\tau_i)\Delta t_i.$$

上式右端的和的极限就是定积分 $\int_\alpha^\beta P[\varphi(t),\psi(t)]\varphi'(t)\mathrm{d}t$，由于函数 $P[\varphi(t),\psi(t)]\varphi'(t)$ 连续，这个积分是存在的，因此上式左端的曲线积分 $\int_L P(x,y)\mathrm{d}x$ 也存在，并且有

$$\int_L P(x,y)\mathrm{d}x = \int_\alpha^\beta P[\varphi(t),\psi(t)]\varphi'(t)\mathrm{d}t.$$

同理可证

$$\int_L Q(x,y)\mathrm{d}y = \int_\alpha^\beta Q[\varphi(t),\psi(t)]\psi'(t)\mathrm{d}t.$$

把以上两式相加，得

$$\int_L P(x,y)\mathrm{d}x + Q(x,y)\mathrm{d}y = \int_\alpha^\beta \{P[\varphi(t),\psi(t)]\varphi'(t) + Q[\varphi(t),\psi(t)]\psi'(t)\}\mathrm{d}t.$$

这里下限 α 对应于 L 的起点，上限 β 对应于 L 的终点.

公式(6.4.5)表明，计算对坐标的曲线积分

$$\int_L P(x,y)\mathrm{d}x + Q(x,y)\mathrm{d}y$$

时，只要把 $x,y,\mathrm{d}x,\mathrm{d}y$ 依次换为 $\varphi(t),\psi(t),\varphi'(t)\mathrm{d}t,\psi'(t)\mathrm{d}t$，然后从 L 的起点所对应的参数值 α 到 L 的终点所对应的参数值 β 作定积分就行了. 这里必须注意，下限 α 对应于 L 的起点，上限 β 对应于 L 的终点，α 不一定小于 β.

如果 L 由方程 $y = \psi(x)$ 或 $x = \varphi(y)$ 给出，可以将它们看作参数方程的特殊情形，例如，当 L 由 $y = \psi(x)$ 给出时，公式(6.4.5)变为

$$\int_L P(x,y)\mathrm{d}x + Q(x,y)\mathrm{d}y = \int_a^b \{P[x,\psi(x)] + Q[x,\psi(x)]\psi'(x)\}\mathrm{d}x,$$

这里的下限 a 对应 L 的起点，上限 b 对应 L 的终点.

112

公式(6.4.5)可推广到空间曲线 Γ 由参数方程

$$x = \varphi(t), y = \psi(t), z = \omega(t)$$

给出的情形,这样便得到

$$\int_{\Gamma} P(x,y,z)\mathrm{d}x + Q(x,y,z)\mathrm{d}y + R(x,y,z)\mathrm{d}z$$

$$= \int_{\alpha}^{\beta} \{ P[\varphi(t),\psi(t),\omega(t)]\varphi'(t) + Q[\varphi(t),\psi(t),\omega(t)]\psi'(t) +$$

$$R[\varphi(t),\psi(t),\omega(t)]\omega'(t) \}\mathrm{d}t,$$

这里下限 α 对应 Γ 的起点,上限 β 对应 Γ 的终点.

例 4 计算 $\int_{L} xy\mathrm{d}x$,其中 L 为抛物线 $y^2 = x$ 上从点 $A(1,-1)$ 到点 $B(1,1)$ 的一段弧,如图 6.40 所示.

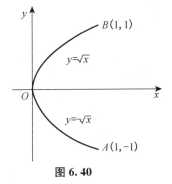

图 6.40

解法 1 将所给积分化为对 x 的定积分来计算. 因为 $y = \pm\sqrt{x}$ 不是单值函数,所以要把 L 分为 AO 与 OB 两部分,在 AO 上,$y = -\sqrt{x}$,x 从 1 变到 0;在 OB 上,$y = \sqrt{x}$,x 从 0 变到 1. 因此

$$\int_{L} xy\mathrm{d}x = \int_{AO} xy\mathrm{d}x + \int_{OB} xy\mathrm{d}x$$

$$= \int_{1}^{0} x(-\sqrt{x})\mathrm{d}x + \int_{0}^{1} x\sqrt{x}\mathrm{d}x$$

$$= 2\int_{0}^{1} x^{\frac{3}{2}}\mathrm{d}x = \frac{4}{5}.$$

解法 2 将所给积分化为对 y 的定积分来计算,现在 $x = y^2$,y 从 -1 变到 1. 因此

$$\int_{L} xy\mathrm{d}x = \int_{-1}^{1} y^2 y (y^2)' \mathrm{d}y = 2\int_{-1}^{1} y^4 \mathrm{d}y = 2\left[\frac{y^5}{5}\right]_{-1}^{1} = \frac{4}{5}$$

例 5 计算积分 $\int_{L} y^2\mathrm{d}x$,其中 L 如图 6.41 所示.

(1) 半径为 a,圆心为原点,按逆时针方向绕行的上半圆周;

(2) 从点 $A(a,0)$ 沿 x 轴到点 $B(-a,0)$ 的直线段.

解 (1) L 是参数方程

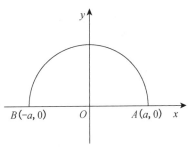

图 6.41

$$x = a\cos\theta, y = a\sin\theta$$

当参数 θ 从 0 变到 π 的曲线弧. 因此

$$\int_L y^2 \mathrm{d}x = \int_0^\pi a^2 \sin^2\theta(-a\sin\theta)\mathrm{d}\theta$$

$$= a^3 \int_0^\pi (1 - \cos^2\theta)\mathrm{d}(\cos\theta)$$

$$= a^3 \left[\cos\theta - \frac{\cos^3\theta}{3}\right]_0^\pi = -\frac{4}{3}a^3.$$

（2）现在，L 的方程为 $y = 0$，x 从 a 变到 $-a$，所以

$$\int_L y^2 \mathrm{d}x = \int_a^{-a} 0\mathrm{d}x = 0.$$

从这个例子可以看出，虽然两个曲线积分的被积函数相同，起点和终点也相同，但沿不同路径得出的值并不相同.

例 6　计算 $\int_L 2xy\mathrm{d}x + x^2\mathrm{d}y$，其中 L 如图 6.42 所示.

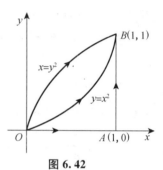

图 6.42

（1）抛物线 $y = x^2$ 上从 $O(0,0)$ 到 $B(1,1)$ 的一段弧；

（2）抛物线 $x = y^2$ 上从 $O(0,0)$ 到 $B(1,1)$ 的一段弧；

（3）有向折线 OAB，这里 O, A, B 依次是点 $(0,0), (1,0), (1,1)$.

解　（1）化为对 x 的定积分. $L: y = x^2$，x 从 0 变到 1，所以

$$\int_L 2xy\mathrm{d}x + x^2\mathrm{d}y = \int_0^1 (2x \cdot x^2 + x^2 \cdot 2x)\mathrm{d}x = 4\int_0^1 x^3\mathrm{d}x = 1.$$

（2）化为对 y 的定积分. $L: x = y^2$，y 从 0 变到 1，所以

$$\int_L 2xy\mathrm{d}x + x^2\mathrm{d}y = \int_0^1 (2y^2 \cdot y \cdot 2y + y^4)\mathrm{d}y = 5\int_0^1 y^4\mathrm{d}y = 1.$$

（3）$\int_L 2xy\mathrm{d}x + x^2\mathrm{d}y = \int_{OA} 2xy\mathrm{d}x + x^2\mathrm{d}y + \int_{AB} 2xy\mathrm{d}x + x^2\mathrm{d}y.$

在 OA 上，$y = 0$，x 从 0 变到 1，所以

$$\int_{OA} 2xy\mathrm{d}x + x^2\mathrm{d}y = \int_0^1 (2x \cdot 0 + x^2 \cdot 0)\mathrm{d}x = 0.$$

在 AB 上，$x = 1$，y 从 0 变到 1，所以

$$\int_{AB} 2xy\mathrm{d}x + x^2\mathrm{d}y = \int_0^1 (2y \cdot 0 + 1)\mathrm{d}y = 1.$$

从而

$$\int_L 2xy\mathrm{d}x + x^2\mathrm{d}y = 0 + 1 = 1.$$

从这个例子看出，虽然是沿不同路径，曲线积分的值可以相等.

例 7　计算 $\int_\Gamma x^3\mathrm{d}x + 3zy^2\mathrm{d}y - x^2y\mathrm{d}z$，其中 Γ 是从点 $A(3,2,1)$ 到点 $B(0,0,0)$ 的直线段 AB.

解　直线段的方程是

$$\frac{x}{3} = \frac{y}{2} = \frac{z}{1},$$

化为参数方程得

$$x = 3t,\ y = 2t,\ z = t,\ t\ \text{从 1 变到 0}.$$

所以

$$\int_\Gamma x^3\mathrm{d}x + 3zy^2\mathrm{d}y - x^2y\mathrm{d}z = \int_1^0 \left[(3t)^3 \cdot 3 + 3t(2t)^2 \cdot 2 - (3t)^2 \cdot 2t\right]\mathrm{d}t$$

$$= 87\int_1^0 t^3\mathrm{d}t = -\frac{87}{4}.$$

*3. 两类曲线积分之间的联系

设有向曲线弧 L 的参数方程为 $x = \varphi(t)$，$y = \psi(t)$，起点和终点所对应的参数分别是 α 和 β，函数 $x = \varphi(t)$，$y = \psi(t)$ 在 α 和 β 组成的区间上有连续导数，且 $\varphi'^2(t) + \psi'^2(t) \neq 0$，函数 $P(x,y)$，$Q(x,y)$ 在曲线段 L 上连续，则对坐标的曲线积分

$$\int_L P(x,y)\mathrm{d}x + Q(x,y)\mathrm{d}y = \int_\alpha^\beta \{P[\varphi(t),\psi(t)]\varphi'(t) + Q[\varphi(t),\psi(t)]\psi'(t)\}\mathrm{d}t.$$

又有向曲线的切向量为 $\boldsymbol{T} = \{\varphi'(t),\psi'(t)\}$，它的方向余弦为

$$\cos\theta = \frac{\varphi'(t)}{\sqrt{\varphi'^2(t) + \psi'^2(t)}},\quad \cos\delta = \frac{\psi'(t)}{\sqrt{\varphi'^2(t) + \psi'^2(t)}},$$

注意到 $\mathrm{d}s = \sqrt{\varphi'^2(t) + \psi'^2(t)}\,\mathrm{d}t$，所以由对弧长的曲线积分公式，得到

$$\int_L [P(x,y)\cos\theta + Q(x,y)\cos\delta]\mathrm{d}s$$

$$= \int_\alpha^\beta \{P[\varphi(t),\psi(t)]\varphi'(t) + Q[\varphi(t),\psi(t)]\psi'(t)\}\mathrm{d}t,$$

由此得到两类曲线积分之间的联系如下

$$\int_L P(x,y)\mathrm{d}x + Q(x,y)\mathrm{d}y = \int_L [P(x,y)\cos\theta + Q(x,y)\cos\delta]\mathrm{d}s .$$

类似地,可以得到两类空间曲线积分之间的联系如下

$$\int_\Gamma P(x,y,z)\mathrm{d}x + Q(x,y,z)\mathrm{d}y + R(x,y,z)\mathrm{d}z$$

$$= \int_\Gamma [P(x,y,z)\cos\theta + Q(x,y,z)\cos\delta + R(x,y,z)\cos\gamma]\mathrm{d}s .$$

这种联系还可以用向量表示为

$$\int_\Gamma \boldsymbol{A}\cdot\mathrm{d}\boldsymbol{r} = \int_\Gamma \boldsymbol{A}\cdot\boldsymbol{T}\mathrm{d}s ,$$

式中,$\boldsymbol{A}(x,y,z)=P(x,y,z)\boldsymbol{i}+Q(x,y,z)\boldsymbol{j}+R(x,y,z)\boldsymbol{k}$,$\boldsymbol{T}=\{\cos\theta,\cos\delta,\cos\gamma\}$ 为在曲线上点 (x,y,z) 处的单位切向量,$\mathrm{d}\boldsymbol{r}=\mathrm{d}x\boldsymbol{i}+\mathrm{d}y\boldsymbol{j}+\mathrm{d}z\boldsymbol{k}$.

6.4.3 格林公式及应用

1. 格林公式

先介绍平面区域连通性的概念.

设 D 为一平面区域,如果 D 内任一闭曲线所围成的部分都包含于 D 内,则称 D 为**平面单连通区域**,否则称为**复连通区域**. 直观地说,平面单连通区域就是不含有"洞"(包括点"洞")的区域,复连通区域就是含有"洞"(包括点"洞")的区域. 例如,平面上的单位圆 $\{(x,y)\mid x^2+y^2<1\}$ 和角型区域 $\{(x,y)\mid x>0,y>0\}$ 都是单连通区域;圆环型区域 $\{(x,y)\mid 1<x^2+y^2<4\}$ 和 $\{(x,y)\mid 0<x^2+y^2<1\}$ 都是复连通区域.

设平面区域 D 由曲线 L 围成,规定 L 的正向如下:当观察者沿 L 这个方向行走时,区域 D 内在他附近的部分总在他的左侧. 与曲线 L 的正向相反的方向称为 L 的负向.

例如,D 是由边界曲线 L 和 l 围成的复连通区域,作为 D 的正向边界,L 应选逆时针方向,而 l 应选顺时针方向,如图 6.43 所示.

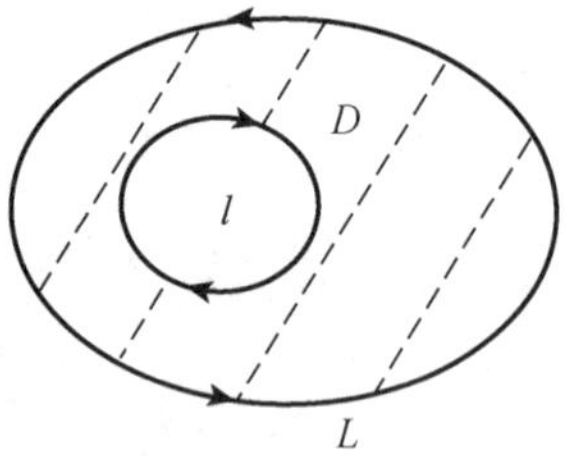

图 6.43

定理 6.4.3 设闭区域 D 由分段光滑曲线 L 围成,函数 $P(x,y)$ 和 $Q(x,y)$ 在 D 上具有一阶连续偏导数,则有

$$\iint_D \left(\frac{\partial Q}{\partial x} - \frac{\partial P}{\partial y}\right)\mathrm{d}x\mathrm{d}y = \oint_L P\mathrm{d}x + Q\mathrm{d}y , \tag{6.4.6}$$

式中，L 是 D 的取正向的边界曲线.

公式(6.4.6)称为格林公式.

证明　根据区域 D 的不同形状，分三种情形来证明.

(1) 区域 D 既是 X-型又是 Y-型的，如图 6.44 所示.

设 $D = \{(x,y) \mid \varphi_1(x) \leqslant y \leqslant \varphi_2(x), a \leqslant x \leqslant b\}$. 由二重积分和第二类曲线积分的计算方法有

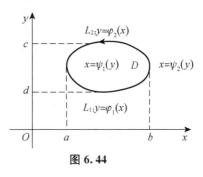

图 6.44

$$
\begin{aligned}
-\iint \frac{\partial P}{\partial y}\mathrm{d}x\mathrm{d}y &= -\int_a^b \left[\int_{\varphi_1(x)}^{\varphi_2(x)} \frac{\partial P(x,y)}{\partial y}\mathrm{d}y\right]\mathrm{d}x \\
&= -\int_a^b \{P[x,\varphi_2(x)] - P[x,\varphi_1(x)]\}\mathrm{d}x \\
&= \int_a^b P[x,\varphi_1(x)]\mathrm{d}x + \int_b^a P[x,\varphi_2(x)]\mathrm{d}x \\
&= \int_{L_1} P\mathrm{d}x + \int_{L_2} P\mathrm{d}x \\
&= \oint_L P\mathrm{d}x.
\end{aligned}
$$

同理，设 $D = \{(x,y) \mid \psi_1(y) \leqslant x \leqslant \psi_2(y), c \leqslant y \leqslant d\}$. 经计算有

$$
\iint \frac{\partial Q}{\partial x}\mathrm{d}x\mathrm{d}y = \oint_L Q\mathrm{d}y.
$$

上述两等式相加，即得公式(6.4.6).

(2) 区域 D 是由一条分段光滑曲线围成的复杂区域，如图 6.45 所示.

此时，可用若干条辅助线将区域 D 分成有限个既是 X-型又是 Y-型的闭区域. 然后逐个应用情形(1)中的分析得到格林公式. 再将它们相加，注意辅助线上取向相反的积分值恰好相互抵消，于是得到格林公式.

在图 6.45 中，辅助线 ABC 将 D 分成三个既是 X-型又是 Y-型的区域 D_1, D_2, D_3. 于是

$$
\begin{aligned}
\iint_D \left(\frac{\partial Q}{\partial x} - \frac{\partial P}{\partial y}\right)\mathrm{d}x\mathrm{d}y &= \left(\iint_{D_1} + \iint_{D_2} + \iint_{D_3}\right)\left(\frac{\partial Q}{\partial x} - \frac{\partial P}{\partial y}\right)\mathrm{d}x\mathrm{d}y \\
&= \left(\int_{AMCBA} + \int_{ABPA} + \int_{BCNB}\right)(P\mathrm{d}x + Q\mathrm{d}y) \\
&= \oint_{L_1+L_2+L_3}(P\mathrm{d}x + Q\mathrm{d}y) = \oint_L P\mathrm{d}x + Q\mathrm{d}y.
\end{aligned}
$$

117

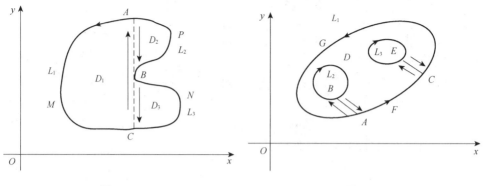

图 6.45　　　　　　　　　　　　　图 6.46

（3）区域 D 由若干条曲线围成，如图 6.46 所示.

此时，可添加辅助线，将区域 D 转化为情形（2）的情况. 如图 6.46 所示，区域 D 的边界曲线由三条闭曲线 L_1,L_2,L_3 构成. 添加曲线 AB,CE，则 D 的边界曲线由 $\overset{\frown}{AB},L_2,\overset{\frown}{BA},\overset{\frown}{AFC},\overset{\frown}{CE},L_3,\overset{\frown}{EC},\overset{\frown}{CGA}$ 构成. 于是由情形（2）中的分析，有

$$\iint\limits_{D}\left(\frac{\partial Q}{\partial x}-\frac{\partial P}{\partial y}\right)\mathrm{d}x\mathrm{d}y = \left(\int\limits_{\overset{\frown}{AB}}+\int\limits_{L_2}+\int\limits_{\overset{\frown}{BA}}+\int\limits_{\overset{\frown}{AFC}}+\int\limits_{\overset{\frown}{CE}}+\int\limits_{L_3}+\int\limits_{\overset{\frown}{EC}}+\int\limits_{\overset{\frown}{CGA}}\right)(P\mathrm{d}x+Q\mathrm{d}y)$$

$$= \left(\oint\limits_{L_2}+\oint\limits_{L_3}+\oint\limits_{L_1}\right)(P\mathrm{d}x+Q\mathrm{d}y)=\oint\limits_{L}(P\mathrm{d}x+Q\mathrm{d}y).$$

综上，格林公式得证.

格林公式还有一个便于记忆的形式：

$$\iint\begin{vmatrix}\dfrac{\partial}{\partial x}&\dfrac{\partial}{\partial y}\\[2mm]P&Q\end{vmatrix}\mathrm{d}x\mathrm{d}y=\oint\limits_{L}P\mathrm{d}x+Q\mathrm{d}y.$$

在格林公式中取 $P=-y,Q=x$，就得到区域 D 的面积公式：

$$S_D=\frac{1}{2}\oint\limits_{L}-y\mathrm{d}x+x\mathrm{d}y.$$

例 8　求椭圆 $x=a\cos\theta,y=b\sin\theta$ 所围成图形的面积.

解　由面积公式有

$$S=\frac{1}{2}\oint\limits_{L}x\mathrm{d}y-y\mathrm{d}x=\frac{1}{2}\int_0^{2\pi}(ab\cos^2\theta+ab\sin^2\theta)\mathrm{d}\theta$$

$$=\frac{1}{2}ab\int_0^{2\pi}\mathrm{d}\theta=\pi ab.$$

例9 求 $I = \int\limits_{\overparen{ABO}} (e^x \sin y - my)dx + (e^x \cos y$

$-m)dy$，其中 m 为常数，$\overparen{ABO}$ 为由点 $(a,0)$ 经过
上半圆 $x^2 + y^2 = ax$ 到点 $O(0,0)$ 的弧，如图
6.47 所示.

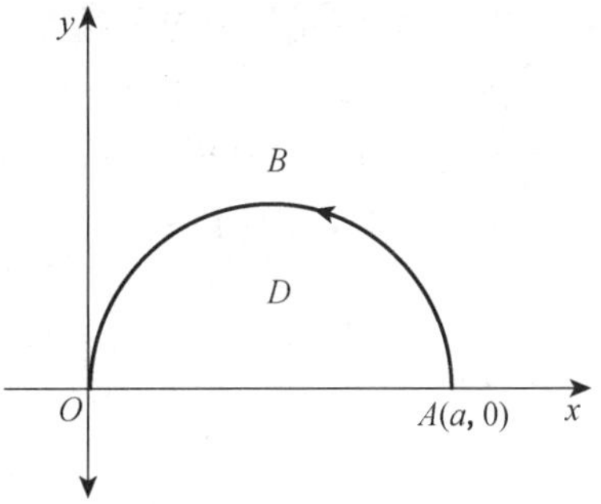

解 连接点 $O(0,0)$ 与点 $A(a,0)$，则线 OA
与弧 $\overparen{ABO}$ 构成封闭曲线. 在线段 OA 上，$y = 0$，
$dy = 0$，于是

$$\int\limits_{OA} (e^x \sin y - my)dx + (e^x \cos y - m)dy = 0.$$

由格林公式

$$I = \int\limits_{\overparen{ABO}} + \int\limits_{OA} = \iint\limits_{D} m\, dxdy = \frac{\pi ma^2}{8}.$$

例10 计算 $I = \oint_L \dfrac{xdy - ydx}{x^2 + y^2}$，其中 L 为一条无自交点、分段光滑且不经过原

点的连续曲线，L 的方向为逆时针方向.

解 记 L 所围成的闭区域为 D，令 $P = \dfrac{-y}{x^2 + y^2}$，$Q = \dfrac{x}{x^2 + y^2}$，则当 $x^2 + y^2 \neq$

0 时，有

$$\frac{\partial Q}{\partial x} = \frac{y^2 - x^2}{(x^2 + y^2)^2} = \frac{\partial P}{\partial y}.$$

（1）当 $(0,0) \notin D$ 时，由格林公式有

$$I = \iint\limits_{D} \left(\frac{\partial Q}{\partial x} - \frac{\partial P}{\partial y} \right) dxdy = 0.$$

（2）当 $(0,0) \in D$ 时，选取充分小的 $r >$
0，使圆周 $l : x^2 + y^2 = r^2$ 位于 D 内. L 与 l 所
围成的闭区域记为 D_1，如图 6.48 所示. 则由
格林公式有

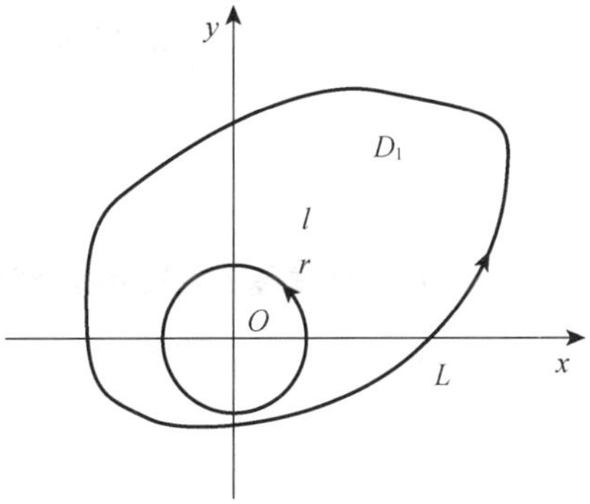

$$\oint_L \frac{xdy - ydx}{x^2 + y^2} - \oint_l \frac{xdy - ydx}{x^2 + y^2} = 0.$$

这里 l 的方向取逆时针方向，于是

$$I = \oint_l \frac{xdy - ydx}{x^2 + y^2} = \int_0^{2\pi} \frac{r^2\cos^2\theta + r^2\sin^2\theta}{r^2} d\theta = 2\pi.$$

图 6.47

图 6.48

2. 平面曲线积分与路径无关的条件

首先给出平面曲线积分与路径无关的概念.

设函数 $P(x,y)$ 与 $Q(x,y)$ 在平面区域 D 内具有一阶连续偏导数,如果对 D 内任意两点 A,B 以及 D 内从点 A 到点 B 的任意两条曲线 L_1,L_2,总有

$$\int_{L_1} P\mathrm{d}x + Q\mathrm{d}y = \int_{L_2} P\mathrm{d}x + Q\mathrm{d}y,$$

则称曲线积分 $\int_L P\mathrm{d}x + Q\mathrm{d}y$ 在 D 内与路径无关;否则,称与路径有关.

定理 6.4.4 设函数 $P(x,y)$ 和 $Q(x,y)$ 及其一阶偏导数在平面单连通区域 D 内连续,则下列命题等价:

(1) 曲线积分 $\int_L P\mathrm{d}x + Q\mathrm{d}y$ 在 D 内与路径无关;

(2) $P\mathrm{d}x + Q\mathrm{d}y$ 是某一个二元函数 $U(x,y)$ 的全微分,即 $\mathrm{d}U = P\mathrm{d}x + Q\mathrm{d}y$;

(3) $\dfrac{\partial Q}{\partial x} = \dfrac{\partial P}{\partial y}$,对任意 $(x,y) \in D$ 成立;

(4) 对 D 内任意一条光滑或逐段光滑闭曲线 L,都有 $\oint_L P\mathrm{d}x + Q\mathrm{d}y = 0$.

证明 (1)$\Rightarrow$(2). 任意固定 D 内一点 (x_0,y_0). 对 D 内任意点 (x,y),由于曲线积分 $\int_L P\mathrm{d}x + Q\mathrm{d}y$ 在 D 内与路径无关,因此,可将此积分记为

$$U(x,y) = \int_{(x_0,y_0)}^{(x,y)} P\mathrm{d}x + Q\mathrm{d}y,$$

它是点 (x,y) 的函数. 下面来证 $\mathrm{d}U = P\mathrm{d}x + Q\mathrm{d}y$.

由于曲线积分与路径无关,不妨取从点 (x_0,y_0) 到点 (x,y) 的曲线 L_1 和从点 (x,y) 到

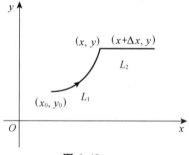

图 6.49

$(x+\Delta x,y)$ 的直线段 L_2 作为积分路径,如图 6.49 所示. 则有

$$U(x+\Delta x,y) - U(x,y) = \int_{(x_0,y_0)}^{(x+\Delta x,y)} P\mathrm{d}x + Q\mathrm{d}y - \int_{(x_0,y_0)}^{(x,y)} P\mathrm{d}x + Q\mathrm{d}y$$

$$= \int_{L_2} P\mathrm{d}x + Q\mathrm{d}y = \int_x^{x+\Delta x} P(x,y)\mathrm{d}x$$

$$= P(\xi,y)\Delta x,$$

式中,ξ 在 x 与 $x+\Delta x$ 之间. 再根据 $P(x,y)$ 是连续的,有

$$\frac{\partial U}{\partial x} = \lim_{\Delta x \to 0} \frac{U(x + \Delta x, y) - U(x, y)}{\Delta x} = \lim_{\Delta x \to 0} P(\xi, y) = P(x, y).$$

同理,可证 $\frac{\partial U}{\partial y} = Q(x, y)$. 因此

$$dU = \frac{\partial U}{\partial x} dx + \frac{\partial U}{\partial y} dy = P dx + Q dy.$$

(2)$\Rightarrow$(3). 由(2)知道,存在二元函数 $U(x, y)$ 使得 $\frac{\partial U}{\partial x} = P, \frac{\partial U}{\partial y} = Q$,再由 P, Q 具有一阶连续偏导数知,$U(x, y)$ 具有连续二阶偏导数,从而

$$\frac{\partial P}{\partial y} = \frac{\partial^2 U}{\partial x \partial y} = \frac{\partial^2 U}{\partial y \partial x} = \frac{\partial Q}{\partial x}.$$

(3)$\Rightarrow$(4). 由格林公式即得.

(4)$\Rightarrow$(1). 设 L_1 与 L_2 是 D 内具有相同起点和终点的任意两条光滑或逐段光滑的曲线,则 $L_1 + L_2^-$ 是 D 内一条光滑或逐段光滑的闭曲线,于是

$$\int_{L_1} P dx + Q dy - \int_{L_2} P dx + Q dy = \oint_{L_1 + L_2^-} P dx + Q dy = 0.$$

综上,定理得证.

在定理 6.4.4 中,二元函数

$$U(x, y) = \int_{(x_0, y_0)}^{(x, y)} P(x, y) dx + Q(x, y) dy$$

满足

$$dU = P(x, y) dx + Q(x, y) dy,$$

称 $U(x, y)$ 为 $P(x, y) dx + Q(x, y) dy$ 的原函数.

当 $\frac{\partial P}{\partial y} = \frac{\partial Q}{\partial x}$ 在单连通区域 D 内成立时,在 D 内的曲线积分 $\int_L P dx + Q dy$ 与路径无关. 因此,可以通过沿特殊路径积分来求函数 $U(x, y)$.

在图 6.50 中,选择折线段 $M_0 M_1 M$ 作为积分路径,可得 $P dx + Q dy$ 的全体原函数

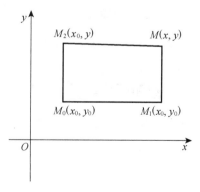

图 6.50

$$U(x, y) = \int_{x_0}^{x} P(x, y_0) dx + \int_{y_0}^{y} Q(x, y) dy + C.$$

若选择折线段 $M_0 M_2 M$ 作为积分路径,则有

$$U(x,y) = \int_{y_0}^{y} Q(x_0,y)\mathrm{d}y + \int_{x_0}^{x} P(x,y)\mathrm{d}x + C.$$

另外,设(x_1,y_1)与(x_2,y_2)是 D 内任意两点,$U(x,y)$是 $P\mathrm{d}x+Q\mathrm{d}y$ 的任意原函数,则有

$$\int_{(x_1,y_1)}^{(x_2,y_2)} P\mathrm{d}x + Q\mathrm{d}y = U(x_2,y_2) - U(x_1,y_1).$$

这是曲线积分的牛顿-莱布尼茨公式.

例 11 验证 $\dfrac{x\mathrm{d}y - y\mathrm{d}x}{x^2+y^2}$ 在右半平面($x>0$)

内是某个函数的全微分,并求其原函数.

解 令 $P = \dfrac{-y}{x^2+y^2}$,$Q = \dfrac{x}{x^2+y^2}$,则有

$$\frac{\partial P}{\partial y} = \frac{y^2-x^2}{(x^2+y^2)^2} = \frac{\partial Q}{\partial x}\,(x>0),$$

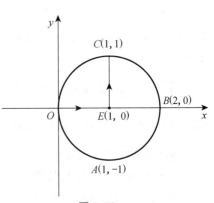

图 6.51

所以$\dfrac{x\mathrm{d}y - y\mathrm{d}x}{x^2+y^2}$是某个函数的全微分.

取图 6.51 中的积分路径,则

$$U(x,y) = \int_{(1,0)}^{(x,y)} \frac{x\mathrm{d}y - y\mathrm{d}x}{x^2+y^2} = \int_{AB} \frac{x\mathrm{d}y - y\mathrm{d}x}{x^2+y^2} + \int_{BC} \frac{x\mathrm{d}y - y\mathrm{d}x}{x^2+y^2}$$

$$= 0 + \int_{0}^{y} \frac{x\mathrm{d}y}{x^2+y^2} = \arctan\frac{y}{x}\bigg|_{0}^{y}$$

$$= \arctan\frac{y}{x}.$$

例 12 计算 $I = \displaystyle\int_{L}(\mathrm{e}^y + x)\mathrm{d}x + (x\mathrm{e}^y -$

$2y)\mathrm{d}y$,其中 L 为如图 6.52 所示的弧段

$\overset{\frown}{OABC}$.

解 因 $\dfrac{\partial P}{\partial y} = \mathrm{e}^y = \dfrac{\partial Q}{\partial x}$,知曲线积分 I

与路径无关. 从而可取折线 OEC 作为积分

路径. 于是

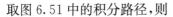

图 6.52

$$I = \int_{0}^{1}(1+x)\mathrm{d}x + \int_{0}^{1}(\mathrm{e}^y - 2y)\mathrm{d}y$$

$$= \left(x + \frac{1}{2}x^2\right)\bigg|_{0}^{1} + (\mathrm{e}^y - y^2)\bigg|_{0}^{1}$$

$$= \mathrm{e} - \frac{1}{2}.$$

例 13 设曲线积分 $\int_L xy^2 \mathrm{d}x + yf(x)\mathrm{d}y$ 与路径无关,其中 $f(x)$ 有连续导数,且 $f(1) = 2$. 计算 $\int_{(0,0)}^{(1,1)} xy^2 \mathrm{d}x + yf(x)\mathrm{d}y$.

解 由 $P(x,y) = xy^2$, $Q(x,y) = yf(x)$ 及曲线积分与路径无关,有

$$\frac{\partial P}{\partial y} = 2xy = \frac{\partial Q}{\partial x} = yf'(x).$$

即 $f'(x) = 2x$,或 $f(x) = x^2 + C$. 再由 $f(1) = 2$,知 $C = 1$. 于是 $f(x) = x^2 + 1$,取点 $O(0,0)$ 到点 $A(1,0)$ 再到 $B(1,1)$ 的折线段为积分路径,则有

$$\int_{(0,0)}^{(1,1)} xy^2 \mathrm{d}x + yf(x)\mathrm{d}y = \int_0^1 0\mathrm{d}x + 2\int_0^1 y\mathrm{d}y = 1.$$

习题 6.4

1. 计算下列对弧长的曲线积分.

(1) $\int_L (x+y)\mathrm{d}s$,其中 L 为连接点 $(1,0)$ 及点 $(0,1)$ 的直线段;

(2) $\oint_L x\mathrm{d}s$,其中 L 为由直线 $y = x$ 及抛物线 $y = x^2$ 所围成的区域的整个边界;

(3) $\oint_L \mathrm{e}^{\sqrt{x^2+y^2}}\mathrm{d}s$,其中 L 为圆周 $x^2 + y^2 = a^2$,直线 $y = x$ 及 x 轴在第一象限所围成的扇形的整个边界;

(4) $\int_L \frac{1}{x^2 + y^2 + z^2}\mathrm{d}s$,其中 L 为曲线 $x = \mathrm{e}^t\cos t$,$y = \mathrm{e}^t\sin t$,$z = \mathrm{e}^t$ 上相应于 t 从 0 变到 2 的这段弧;

(5) $\int_L x^2 yz\mathrm{d}s$,其中 L 为折线 $ABCD$,这里 A,B,C,D 依次为点 $(0,0,0)$,$(0,0,2)$,$(1,0,2)$,$(1,3,2)$;

(6) $\int_L y^2 \mathrm{d}s$,其中 L 为曲线 $x = a(t - \sin t)$,$y = a(1 - \cos t)$,$0 \leqslant t \leqslant 2\pi$;

(7) $\int_L (x^2 + y^2)\mathrm{d}s$,其中 L 为曲线 $x = a(\cos t + t\sin t)$,$y = a(\sin t - t\cos t)$,$0 \leqslant t \leqslant 2\pi$;

(8) $\int_L \sqrt{z^2 + 2y^2}\mathrm{d}s$,其中 L 为 $x^2 + y^2 + z^2 = a^2$ 与 $x = y$ 相交的圆周.

2. 计算下列对坐标的曲线积分.

(1) $\int_L (x^2 - y^2)\mathrm{d}x$,其中 L 是抛物线 $y = x^2$ 上从点 $(0,0)$ 到点 $(2,4)$ 的一段弧;

(2) $\oint_L xy\mathrm{d}x$,其中 L 是圆周 $(x-a)^2 + y^2 = a^2 (a > 0)$ 及 x 轴所围成的在第一象限内的区域的整个边界(按逆时针方向绕行);

(3) $\int_L y\mathrm{d}x + x\mathrm{d}y$,其中 L 是圆周 $x = R\cos t$,$y = R\sin t$ 上对应 t 从 0 到 $\pi/2$ 的一段弧;

(4) $\oint_L \dfrac{(x+y)\mathrm{d}x-(x-y)\mathrm{d}y}{x^2+y^2}$，其中 L 是圆周 $x^2+y^2=a^2(a>0)$（按逆时针方向绕行）；

(5) $\int_L x^2\mathrm{d}x+z\mathrm{d}y-y\mathrm{d}z$，其中 L 是曲线 $x=kt,y=a\cos t,z=a\sin t$ 上对应 t 从 0 到 π 的一段弧；

(6) $\int_L x\mathrm{d}x+y\mathrm{d}y+(x+y-1)\mathrm{d}z$，其中 L 是从点 $(1,1,1)$ 到点 $(2,3,4)$ 的一段直线；

(7) $\int_L \mathrm{d}x-\mathrm{d}y+y\mathrm{d}z$，其中 L 是有向折线 $ABCA$，这里 A,B,C 依次为点 $(1,0,0),(0,1,0),(0,0,1)$；

(8) $\int_L (x^2-2xy)\mathrm{d}x+(y^2-2xy)\mathrm{d}y$，其中 L 是抛物线 $y=x^2$ 上从点 $(-1,1)$ 到点 $(1,1)$ 的一段弧.

3. 利用格林公式计算.

(1) $\oint_L (2xy-x^2)\mathrm{d}x+(x+y^2)\mathrm{d}y$，其中 L 是由曲线 $y=x^2$ 与 $y^2=x$ 所围成的区域的正向边界曲线；

(2) $\oint_L (x^2-xy^3)\mathrm{d}x+(y^2-2xy)\mathrm{d}y$，其中 L 是顶点为 $(0,0),(2,0),(2,2),(0,2)$ 的正方形区域的正向边界曲线.

4. 利用曲线积分，求星形线 $x=a\cos^3 t,y=a\sin^3 t$ 所围成图形的面积.

5. 计算 $\oint_L \dfrac{y\mathrm{d}x-x\mathrm{d}y}{2(x^2+y^2)}$，其中 L 是圆周 $(x-1)^2+y^2=2$ 的正向曲线.

6. 计算 $\int_L (2xy^3-y^2\cos x)\mathrm{d}x+(1-2y\sin x+3x^2y^2)\mathrm{d}y$，其中 L 为曲线 $2x=\pi y^2$ 上从点 $(0,0)$ 到点 $\left(\dfrac{\pi}{2},1\right)$ 的一段弧.

7. 证明曲线积分 $\int_{(1,0)}^{(2,1)}(2xy-y^4+3)\mathrm{d}x+(x^2-4xy^3)\mathrm{d}y$ 在整个 xOy 平面内与路径无关，并计算积分值.

8. 设有一变力在坐标轴上的投影为 $X=x+y^2,Y=2xy-8$. 证明质点在该场内移动时，场力所做的功与路径无关.

6.5 曲 面 积 分

6.5.1 第一类曲面积分

1. 第一类曲面积分的概念与性质

本节讨论的曲面都是光滑或分片光滑的曲面. 所谓光滑曲面，是指曲面上每一点都有切平面，并且切平面的法向量随曲面上点的连续变动而连续变化. 而所谓分片光滑的曲面，是指曲面由有限个光滑曲面拼接起来. 例如，球面和椭球面是光滑曲面;而正方体和四面体的边界面是分片光滑的曲面.

第一类曲面积分是第一类曲线积分的推广,它也是从求具有连续密度函数的空间曲面状物质质量的实际问题中抽象出来的.

定义 6.5.1 设 $f(x,y,z)$ 是光滑曲面 Σ 上的有界函数. 把 Σ 任意分成 n 小块 ΔS_i(ΔS_i 同时也表示第 i 小块曲面的面积),在 ΔS_i 上任取一点 (ξ_i,η_i,ζ_i),并作和式 $\sum\limits_{i=1}^{n} f(\xi_i,\eta_i,\zeta_i)\Delta S_i$. 如果当各小块曲面直径的最大值 $\lambda \to 0$ 时,该和式的极限存在,则称此极限值为 $f(x,y,z)$ 在 Σ 上的**第一类曲面积分**或**面积的曲面积分**,记为

$$\iint\limits_{\Sigma} f(x,y,z)\mathrm{d}S = \lim_{\lambda \to 0} \sum_{i=1}^{n} f(\xi_i,\eta_i,\zeta_i)\Delta S_i,$$

式中,$f(x,y,z)$ 称为**被积函数**,Σ 称为**积分曲面**.

当被积函数 $f(x,y,z)$ 在光滑曲面 Σ 上连续时,第一类曲面积分存在. 因此下面的讨论中,均假设 $f(x,y,z)$ 在 Σ 上连续.

如果 Σ 是分片光滑曲面,则规定 $f(x,y,z)$ 在 Σ 上的第一类曲面积分等于 $f(x,y,z)$ 在各片光滑曲面上第一类曲面积分的和.

第一类曲面积分也具有与第一类曲线积分类似的性质,这里不再详述.

2. 第一类曲面积分的计算方法

设光滑曲面 Σ 的方程为 $z = z(x,y),(x,y) \in D_{xy}$. 函数 $f(x,y,z)$ 在 Σ 上第一类曲面积分为

$$\iint\limits_{\Sigma} f(x,y,z)\mathrm{d}S = \lim_{\lambda \to 0} \sum_{i=1}^{n} f(\xi_i,\eta_i,\zeta_i)\Delta S_i,$$

由二重积分中值定理可得第 i 小块曲面面积

$$\Delta S_i = \iint\limits_{\Delta\sigma_i} \sqrt{1+z_x^2+z_y^2}\mathrm{d}x\mathrm{d}y = \sqrt{1+z_x^2+z_y^2}\bigg|_{(\xi_i^*,\eta_i^*)} \Delta\sigma_i,$$

式中,$\Delta\sigma_i$ 是 ΔS_i 在 xOy 平面上的投影,$(\xi_i^*,\eta_i^*) \in \Delta\sigma_i$. 当第一类曲面积分存在时,可选取 $\xi_i = \xi_i^*,\eta_i = \eta_i^*,\zeta_i = z(\xi_i^*,\eta_i^*)$,于是有

$$\iint\limits_{\Sigma} f(x,y,z)\mathrm{d}S = \lim_{\lambda \to 0} \sum_{i=1}^{n} f[\xi_i^*,\eta_i^*,z(\xi_i^*,\eta_i^*)]\sqrt{1+z_x^2+z_y^2}\bigg|_{(\xi_i^*,\eta_i^*)} \Delta\sigma_i$$

$$= \iint\limits_{D_{xy}} f[x,y,z(x,y)]\sqrt{1+z_x^2+z_y^2}\mathrm{d}x\mathrm{d}y.$$

类似地,如果曲面 Σ 的方程为 $x = x(y,z),(y,z) \in D_{yz}$ 或 $y = y(x,z)$,$(x,z) \in D_{xz}$,则有

$$\iint_{\Sigma} f(x,y,z)\mathrm{d}S = \iint_{D_{yz}} f[x(y,z),y,z]\sqrt{1+x_y^2+x_z^2}\,\mathrm{d}y\mathrm{d}z.$$

或

$$\iint_{\Sigma} f(x,y,z)\mathrm{d}S = \iint_{D_{zz}} f[x,y(x,z),z]\sqrt{1+y_x^2+y_z^2}\,\mathrm{d}x\mathrm{d}z.$$

例 1 计算 $I = \iint_{\Sigma}(x+y+z)\mathrm{d}S$,其中 Σ 是上半球面 $x^2+y^2+z^2=a^2$,$z\geqslant 0$.

解 曲面 Σ 的方程为 $z=\sqrt{a^2-x^2-y^2}$,且

$$z_x = \frac{-x}{\sqrt{a^2-x^2-y^2}}, \quad z_y = \frac{-y}{\sqrt{a^2-x^2-y^2}}.$$

于是

$$I = \iint_{D_{xy}}(x+y+\sqrt{a^2-x^2-y^2})\sqrt{1+z_x^2+z_y^2}\,\mathrm{d}x\mathrm{d}y$$

$$= \iint_{D_{xy}}\left[\frac{a(x+y)}{\sqrt{a^2-x^2-y^2}}+a\right]\mathrm{d}x\mathrm{d}y = 0 + \iint_{D_{xy}} a\,\mathrm{d}x\mathrm{d}y = \pi a^3.$$

例 2 计算 $I = \iint_{\Sigma} xyz\,\mathrm{d}S$,其中 Σ 是由平面 $x=0,y=0,z=0$ 及 $x+y+z=1$ 所围成的四面体的边界曲面.

解 如图 6.53 所示,记四面体的四个面分别为 $\Sigma_1,\Sigma_2,\Sigma_3,\Sigma_4$. 因为在 $\Sigma_1,\Sigma_2,\Sigma_3$ 上都有 $xyz=0$. 所以

$$I = \sum_{i=1}^{4}\iint_{\Sigma_i} xyz\,\mathrm{d}S = \iint_{\Sigma_4} xyz\,\mathrm{d}S.$$

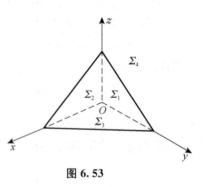

图 6.53

由曲面 Σ_4 的方程为 $z=1-x-y$,有

$$z_x = z_y = -1,$$

于是

$$I = \iint_{D_{xy}} xy(1-x-y)\sqrt{1+z_x^2+z_y^2}\,\mathrm{d}x\mathrm{d}y = \sqrt{3}\iint_{D_{xy}} xy(1-x-y)\mathrm{d}x\mathrm{d}y$$

$$= \sqrt{3}\int_0^1 x\int_0^{1-x} y(1-x-y)\mathrm{d}y\mathrm{d}x = \sqrt{3}\int_0^1 x(1-x)\frac{y^2}{2}-\frac{xy^3}{3}\bigg|_0^{1-x}\mathrm{d}x$$

$$= \frac{\sqrt{3}}{6}\int_0^1(x-3x^2+3x^3-x^4)\mathrm{d}x = \frac{\sqrt{3}}{120}.$$

6.5.2 第二类曲面积分

1. 第二类曲面积分概念与性质

第二类曲面积分是第二类曲线积分的推广. 如果说第二类曲线积分与曲线的方向有关,那么第二类曲面积分与曲面的方向有关. 为此,先来说明曲面的方向问题.

在光滑曲面 Σ 上任取一点 P,过点 P 的法向量的指向有两个方向,选定一个为正. 当点 P 在 Σ 上连续变动时,法线也连续变动. 如果点 P 在 Σ 上沿任意闭曲线变动,但不超过 Σ 的边界,回到原来位置时,点 P 的法线方向与原来方向相同,则称 Σ 为双侧曲面,否则称为单侧曲面. 例如,将一个长方形纸带的一端扭转 $180°$后,与另一端粘合起来,所得的曲面就是一个单侧曲面(称为莫比乌斯带).

本书只考虑双侧曲面. 对于一个双侧曲面,在其上取定一个法向量,相应地就指定了曲面的一侧. 例如,由方程 $z = z(x,y)$ 表示的曲面有上侧与下侧之分;对于闭曲面有内侧和外侧之分. 这种取定了侧的曲面称为有向曲面.

设 Σ 是有向曲面,在 Σ 上取一小曲面 ΔS,把 ΔS 投影到 xOy 平面,得到一个投影区域,记该投影区域的面积为 $\Delta\sigma_{xy}$. 而 ΔS 在 xOy 平面上的有向投影为$(\Delta S)_{xy}$,它有正负之分,其正负号规定如下:

(1) $(\Delta S)_{xy} = \Delta\sigma_{xy}$, $\cos\gamma > 0$;

(2) $(\Delta S)_{xy} = 0$, $\cos\gamma = 0$;

(3) $(\Delta S)_{xy} = -\Delta\sigma_{xy}$, $\cos\gamma < 0$.

其中,γ 是 ΔS 上的法向量与 z 轴的夹角. 这里假定 ΔS 上各点法向量与 z 轴夹角的余弦值同号.

同样,可以规定 ΔS 在 yOz 与 zOx 平面的投影$(\Delta S)_{yz}$ 与$(\Delta S)_{zx}$.

定义 6.5.2   设 $R(x,y,z)$ 是定义在光滑的有向曲面 Σ 上的有界函数. 把 Σ 任意分成 n 小块曲面 ΔS_i(ΔS_i 也表示第 i 块小曲面的面积),ΔS_i 在 xOy 平面上的有向投影为$(\Delta S)_{xy}$,(ξ_i,η_i,ζ_i) 是 ΔS_i 上任意取定的点,如果当 n 个小块曲面直径的最大值 $\lambda \to 0$ 时,有

$$\lim_{\lambda \to 0} \sum_{i=1}^{n} R(\xi_i,\eta_i,\zeta_i)(\Delta S_i)_{xy}$$

存在,则称此极限为 $R(x,y,z)$ 在有向曲面 Σ 上的**第二类曲面积分**或**对坐标 x, y 的曲面积分**,记作

$$\iint\limits_{\Sigma} R(x,y,z)\mathrm{d}x\mathrm{d}y = \lim_{\lambda \to 0} \sum_{i=1}^{n} R(\xi_i,\eta_i,\zeta_i)(\Delta S_i)_{xy}.$$

式中,$R(x,y,z)$ 称为**被积函数**,Σ 称为**积分曲面**.

类似地,可以定义另外两个第二类曲面积分如下

$$\iint\limits_{\Sigma} P(x,y,z)\mathrm{d}y\mathrm{d}z = \lim_{\lambda\to 0}\sum_{i=1}^{n}P(\xi_i,\eta_i,\zeta_i)(\Delta S_i)_{yz},$$

与

$$\iint\limits_{\Sigma} Q(x,y,z)\mathrm{d}z\mathrm{d}x = \lim_{\lambda\to 0}\sum_{i=1}^{n}Q(\xi_i,\eta_i,\zeta_i)(\Delta S_i)_{zx}.$$

在具体问题中经常出现的第二类曲面积分的形式是

$$\iint\limits_{\Sigma} P(x,y,z)\mathrm{d}y\mathrm{d}z + \iint\limits_{\Sigma} Q(x,y,z)\mathrm{d}z\mathrm{d}x + \iint\limits_{\Sigma} R(x,y,z)\mathrm{d}x\mathrm{d}y.$$

这种形式可简记为

$$\iint\limits_{\Sigma} P\mathrm{d}y\mathrm{d}z + Q\mathrm{d}z\mathrm{d}x + R\mathrm{d}x\mathrm{d}y.$$

容易看出

$$(\Delta S_i)_{xy} = \cos\gamma\Delta S_i,\ (\Delta S_i)_{yz} = \cos\alpha\Delta S_i,\ (\Delta S_i)_{zx} = \cos\beta\Delta S_i,$$

式中,α,β,γ 分别是 ΔS_i 上点的法向量与 x,y,z 轴的夹角,它们都是曲面上点的函数. 于是,得到第一类曲面积分与第二类曲面积分的关系如下

$$\iint\limits_{\Sigma} P\mathrm{d}y\mathrm{d}z + Q\mathrm{d}z\mathrm{d}x + R\mathrm{d}x\mathrm{d}y$$

$$= \lim_{\lambda\to 0}\sum_{i=1}^{n}[P(\xi_i,\eta_i,\zeta_i)\cos\alpha + Q(\xi_i,\eta_i,\zeta_i)\cos\beta + R(\xi_i,\eta_i,\zeta_i)\cos\gamma]\Delta S_i$$

$$= \iint\limits_{\Sigma}(P\cos\alpha + Q\cos\beta + R\cos\gamma)\mathrm{d}S.$$

可以证明,当 P,Q,R 在有向光滑曲面 Σ 上连续时,第二类曲面积分存在,所以下面总假定 P,Q,R 在 Σ 上连续.

由定义可知,当有向曲面的侧(或法向量的方向)改变时,第二类曲面积分要改变符号. 例如,

$$\iint\limits_{\Sigma} R\mathrm{d}x\mathrm{d}y = -\iint\limits_{-\Sigma} R\mathrm{d}x\mathrm{d}y.$$

式中,$-\Sigma$ 表示改变了有向曲面 Σ 的方向(取 Σ 的另一侧)后的曲面.

若曲面 Σ 由若干个光滑曲面构成,则 Σ 上的第二类曲面积分等于每片光滑曲面上积分的和.

2. 第二类曲面积分计算方法

第二类曲面积分可转化为第一类曲面积分进行计算. 下面给出第二类曲面积分化为二重积分的计算方法.

设光滑曲面 Σ 的方程为 $z = z(x, y)$, 它与平行 z 轴的直线至多交于一点(复杂的情形可分片考虑), 它在 xOy 平面上的投影区域为 D_{xy}, 则

$$\iint\limits_{\Sigma} R(x, y, z)\mathrm{d}x\mathrm{d}y = \iint\limits_{\Sigma} R(x, y, z)\cos \gamma \mathrm{d}S$$

$$= \pm \iint\limits_{D_{xy}} R[x, y, z(x, y)]\mathrm{d}x\mathrm{d}y,$$

式中, "$\pm$"由 γ 确定, 当 γ 为锐角时取"$+$", 当 γ 为钝角时取"$-$".

类似地, 如果曲面 γ 的方程分别为 $x = x(y, z)$ 和 $y = y(z, x)$, 则

$$\iint\limits_{\Sigma} P(x, y, z)\mathrm{d}y\mathrm{d}z = \pm \iint\limits_{D_{yz}} P(x(y, z), y, z)\mathrm{d}y\mathrm{d}z,$$

$$\iint\limits_{\Sigma} Q(x, y, z)\mathrm{d}z\mathrm{d}x = \pm \iint\limits_{D_{zx}} Q(x, y(x, z), z)\mathrm{d}z\mathrm{d}x.$$

上面两式中, "$\pm$"分别由角 α 与 β 是锐角还是钝角而定: 锐角时, 取"$+$"; 钝角时, 取"$-$".

例 3 计算 $I = \iint\limits_{\Sigma} x^2\mathrm{d}y\mathrm{d}z + y^2\mathrm{d}z\mathrm{d}x + z^2\mathrm{d}x\mathrm{d}y$, 其中 Σ 是长方体 $\Omega = \{(x, y, z) \mid 0 \leqslant x \leqslant a, 0 \leqslant y \leqslant b, 0 \leqslant z \leqslant c\}$ 的表面且取外侧.

解 将有向曲面 Σ 分为六个部分.

$\Sigma_1 : z = c(0 \leqslant x \leqslant a, 0 \leqslant y \leqslant b)$ 的上侧; $\Sigma_2 : z = 0(0 \leqslant x \leqslant a, 0 \leqslant y \leqslant b)$ 的下侧; $\Sigma_3 : x = a(0 \leqslant y \leqslant b, 0 \leqslant z \leqslant c)$ 的前侧; $\Sigma_4 : x = 0(0 \leqslant y \leqslant b, 0 \leqslant z \leqslant c)$ 的后侧; $\Sigma_5 : y = b(0 \leqslant x \leqslant a, 0 \leqslant z \leqslant c)$ 的右侧; $\Sigma_6 : y = 0(0 \leqslant x \leqslant a, 0 \leqslant z \leqslant c)$ 的左侧.

除 Σ_1, Σ_2 外, 其余四片曲面在 xOy 平面上的投影的面积为零. 所以

$$\iint\limits_{\Sigma} z^2\mathrm{d}x\mathrm{d}y = \iint\limits_{\Sigma_1} z^2\mathrm{d}x\mathrm{d}y + \iint\limits_{\Sigma_2} z^2\mathrm{d}x\mathrm{d}y = \iint\limits_{D_{xy}} c^2\mathrm{d}x\mathrm{d}y = abc^2.$$

同理

$$\iint\limits_{\Sigma} y^2\mathrm{d}z\mathrm{d}x = ab^2c; \iint\limits_{\Sigma} x^2\mathrm{d}y\mathrm{d}z = a^2bc.$$

于是, $I = (a + b + c)abc$.

例 4 计算 $I = \iint\limits_{\Sigma} xyz\,\mathrm{d}x\mathrm{d}y$，其中 Σ 是球面 $x^2 + y^2 + z^2 = 1$ 外侧在 $x \geqslant 0, y \geqslant 0$ 的部分.

解 如图 6.54 所示，将有向曲面 Σ 分成 Σ_1 与 Σ_2 两部分，则 Σ_1 与 Σ_2 的方程分别为

$$z_1 = \sqrt{1 - x^2 - y^2}, \quad z_2 = -\sqrt{1 - x^2 - y^2}.$$

由于 Σ_1 取上侧、Σ_2 取下侧，因此

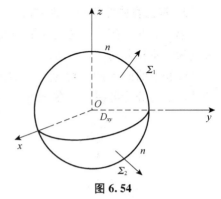

图 6.54

$$\iint\limits_{\Sigma_1} xyz\,\mathrm{d}x\mathrm{d}y + \iint\limits_{\Sigma_2} xyz\,\mathrm{d}x\mathrm{d}y = \iint\limits_{D_{xy}} xy\sqrt{1 - x^2 - y^2}\,\mathrm{d}x\mathrm{d}y + \iint\limits_{D_{xy}} xy\sqrt{1 - x^2 - y^2}\,\mathrm{d}x\mathrm{d}y$$

$$= 2\iint\limits_{D_{xy}} xy\sqrt{1 - x^2 - y^2}\,\mathrm{d}x\mathrm{d}y$$

$$= 2\iint\limits_{D_{xy}} r^2 \sin\theta \cos\theta \sqrt{1 - r^2}\,r\mathrm{d}r\mathrm{d}\theta$$

$$= \int_0^{\frac{\pi}{2}} \sin 2\theta\mathrm{d}\theta \int_0^1 r^3 \sqrt{1 - r^2}\,\mathrm{d}r = \frac{2}{15}.$$

例 5 计算 $I = \iint\limits_{\Sigma}(z^2 + x)\mathrm{d}y\mathrm{d}z - z\mathrm{d}x\mathrm{d}y$，其中 Σ 是旋转抛物面 $z = \frac{1}{2}(x^2 + y^2)$ 介于平面 $z = 0$ 和 $z = 2$ 之间部分的下侧.

解 在曲面 Σ 上有

$$\cos\alpha = \frac{x}{\sqrt{1 + x^2 + y^2}}, \quad \cos\gamma = \frac{-1}{\sqrt{1 + x^2 + y^2}}.$$

于是

$$I = \iint\limits_{\Sigma} [(z^2 + x)\cos\alpha - z\cos\gamma]\mathrm{d}S$$

$$= \iint\limits_{\Sigma} [(z^2 + x)(-x) - z]\mathrm{d}x\mathrm{d}y$$

$$= -\iint\limits_{\sigma_{xy}} \left\{ \left[\frac{1}{4}(x^2 + y^2)^2 + x \right](-x) - \frac{1}{2}(x^2 + y^2) \right\}\mathrm{d}x\mathrm{d}y$$

$$= \iint\limits_{\sigma_{xy}} \left[x^2 + \frac{1}{2}(x^2 + y^2) \right]\mathrm{d}x\mathrm{d}y$$

$$= \int_0^{2\pi}\mathrm{d}\theta \int_0^2 \left(r^2\cos^2\theta + \frac{1}{2}r^2 \right)r\mathrm{d}r = 8\pi.$$

6.5.3 高斯公式 通量与散度

1. 高斯公式

高斯公式是格林公式在三维空间中的推广. 它建立了空间闭曲面上的曲面积分与闭曲面所围成区域上三重积分之间的联系.

定理 6.5.1 设空间闭区域 Ω 是由分片光滑的闭曲面 Σ 围成, 函数 $P(x,y,z), R(x,y,z), Q(x,y,z)$ 在 Ω 上具有一阶连续偏导数, 则有

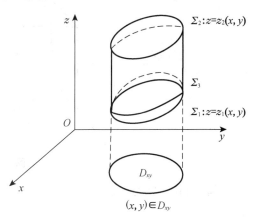

图 6.55

$$\iiint\limits_{\Omega}\left(\frac{\partial P}{\partial x}+\frac{\partial Q}{\partial y}+\frac{\partial R}{\partial z}\right)\mathrm{d}x\mathrm{d}y\mathrm{d}z$$

$$=\iint\limits_{\Sigma}P\mathrm{d}y\mathrm{d}z+Q\mathrm{d}z\mathrm{d}x+R\mathrm{d}x\mathrm{d}y,$$

式中, Σ 是 Ω 整个边界曲面的外侧.

这个公式称为**高斯公式**.

证明 (1) 平行 z 轴的直线与 Ω 的边界交点不多于两个点(Ω 的边界是柱面除外), 如图 6.55 所示.

利用三重积分和第二类曲面积分的计算方法可证明

$$\iiint\limits_{\Omega}\frac{\partial R}{\partial z}\mathrm{d}x\mathrm{d}y\mathrm{d}z=\iint\limits_{\Sigma}R\mathrm{d}x\mathrm{d}y.$$

同理可证

$$\iiint\limits_{\Omega}\frac{\partial P}{\partial x}\mathrm{d}x\mathrm{d}y\mathrm{d}z=\iint\limits_{\Sigma}P\mathrm{d}y\mathrm{d}z,\quad \iiint\limits_{\Omega}\frac{\partial Q}{\partial y}\mathrm{d}x\mathrm{d}y\mathrm{d}z=\iint\limits_{\Sigma}Q\mathrm{d}z\mathrm{d}x.$$

以上三式相加即得高斯公式.

(2) 当 Ω 是复杂区域时, 可用有限个光滑曲面将 Ω 分割成若干个情形(1)中所述的区域. 在每个部分上利用情形(1)的分析结果得到高斯公式. 类似于格林公式的推导, 将同一曲面上沿不同侧的第二类曲面积分结果相抵消, 最后得到高斯公式.

在高斯公式中, 令 $P=x, Q=y, R=z$ 可得

$$3\iiint\limits_{\Omega}\mathrm{d}x\mathrm{d}y\mathrm{d}z=\iint\limits_{\Sigma}x\mathrm{d}y\mathrm{d}z+y\mathrm{d}z\mathrm{d}x+z\mathrm{d}x\mathrm{d}y.$$

于是, 空间区域 Ω 的体积 V 可用曲面积分表示为

$$V=\frac{1}{3}\iint\limits_{\Sigma}x\mathrm{d}y\mathrm{d}z+y\mathrm{d}z\mathrm{d}x+z\mathrm{d}x\mathrm{d}y.$$

例 6 利用高斯公式计算 $I = \iint\limits_{\Sigma} y(x-z)\mathrm{d}y\mathrm{d}z + x^2\mathrm{d}z\mathrm{d}x + (y^2+xz)\mathrm{d}x\mathrm{d}y$,其中 Σ 是如图 6.56 所示的边长为 a 的立方体表面,并取外侧.

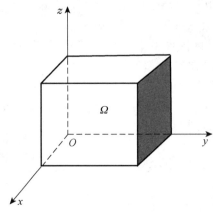

图 6.56

解 利用高斯公式

$$I = \iiint\limits_{\Omega}\left[\frac{\partial}{\partial x}(y(x-z)) + \frac{\partial}{\partial y}x^2 + \frac{\partial}{\partial z}(y^2+xz)\right]\mathrm{d}x\mathrm{d}y\mathrm{d}z.$$

$$= \iiint\limits_{\Omega}(y+x)\mathrm{d}x\mathrm{d}y\mathrm{d}z = \int_0^a\int_0^a\int_0^a(y+x)\mathrm{d}x\mathrm{d}y\mathrm{d}z$$

$$= a\int_0^a\left(ay + \frac{1}{2}a^2\right)\mathrm{d}y = a^4.$$

例 7 利用高斯公式计算 $I = \iint\limits_{\Sigma} x^3\mathrm{d}y\mathrm{d}z + y^3\mathrm{d}z\mathrm{d}x + z^3\mathrm{d}x\mathrm{d}y$,其中 Σ 是单位球面 $x^2+y^2+z^2 = 1$ 的外侧.

解 由高斯公式有

$$I = 3\iiint\limits_{\Omega}(x^2+y^2+z^2)\mathrm{d}x\mathrm{d}y\mathrm{d}z = 3\int_0^{\pi}\int_0^{2\pi}\int_0^1 r^4\sin\varphi\mathrm{d}r\mathrm{d}\theta\mathrm{d}\varphi$$

$$= \frac{12}{5}\pi.$$

例 8 利用高斯公式计算 $\iint\limits_{\Sigma}(x^2\cos\alpha + y^2\cos\beta + z^2\cos\gamma)\mathrm{d}S$,其中 Σ 是锥面 $x^2+y^2 = z^2$ 在 $z=0$ 与 $z=h(h>0)$ 之间的部分. $\cos\alpha,\cos\beta,\cos\gamma$ 为 Σ 外法线向量的方向余弦.

解 曲面 Σ 不是封闭的,不能直接利用高斯公式.作辅助曲面 $\Sigma_1: z=h$(其中

$x^2 + y^2 \leqslant h^2$),并取上侧. 则 $\Sigma + \Sigma_1$ 是封闭曲面. 如图 6.57 所示.

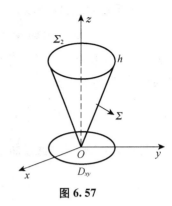

图 6.57

由高斯公式有

$$\iint\limits_{\Sigma+\Sigma_1} (x^2 \cos \alpha + y^2 \cos \beta + z^2 \cos \gamma) \mathrm{d}S .$$

$$= \iint\limits_{\Sigma+\Sigma_1} x^2 \mathrm{d}y\mathrm{d}z + y^2 \mathrm{d}z\mathrm{d}x + z^2 \mathrm{d}x\mathrm{d}y$$

$$= 2 \iiint\limits_{\Omega} (x + y + z) \mathrm{d}x\mathrm{d}y\mathrm{d}z$$

$$= 2 \iint\limits_{D_{xy}} \left[\int_{\sqrt{x^2+y^2}}^{h} (x + y + z) \mathrm{d}z \right] \mathrm{d}x\mathrm{d}y$$

$$= 2 \iint\limits_{D_{xy}} \left[\int_{\sqrt{x^2+y^2}}^{h} z \mathrm{d}z \right] \mathrm{d}x\mathrm{d}y$$

$$= \iint\limits_{D_{xy}} (h^2 - x^2 - y^2) \mathrm{d}x\mathrm{d}y = \frac{1}{2} \pi h^4 .$$

又

$$\iint\limits_{\Sigma_1} (x^2 \cos \alpha + y^2 \cos \beta + z^2 \cos \gamma) \mathrm{d}S = \iint\limits_{\Sigma_1} x^2 \mathrm{d}y\mathrm{d}z + y^2 \mathrm{d}z\mathrm{d}x + z^2 \mathrm{d}x\mathrm{d}y$$

$$= \iint\limits_{\Sigma_1} z^2 \mathrm{d}x\mathrm{d}y = \iint\limits_{D_{xy}} h^2 \mathrm{d}x\mathrm{d}y = \pi h^4 ,$$

所以
$$I = \frac{1}{2} \pi h^4 - \pi h^4 = -\frac{1}{2} \pi h^4 .$$

2. 通量与散度

设有一不可压缩的稳定(流速与时间无关)流体(设密度为 1)的速度场为

$$\boldsymbol{v}(x,y,z) = P(x,y,z)\boldsymbol{i} + Q(x,y,z)\boldsymbol{j} + R(x,y,z)\boldsymbol{k} .$$

式中,P,Q,R 具有一阶连续偏导数 . Σ 是速度场中一个有向曲面,在 Σ 上点(x,y,z)处的单位向量为 $\boldsymbol{n} = \cos \alpha \boldsymbol{i} + \cos \beta \boldsymbol{j} + \cos \gamma \boldsymbol{k}$,这里 α, β, γ 是 $\boldsymbol{n}$ 的方向角. 根据第二类曲面积分的定义可知,单位时间内通过有向曲面 Σ 指定一侧的流量为

$$\Phi = \iint\limits_{\Sigma} \boldsymbol{v} \cdot \boldsymbol{n} \mathrm{d}S = \iint\limits_{\Sigma} (P \cos \alpha + Q \cos \beta + R \cos \gamma) \mathrm{d}S$$

$$= \iint\limits_{\Sigma} P \mathrm{d}y\mathrm{d}z + Q \mathrm{d}z\mathrm{d}x + R \mathrm{d}x\mathrm{d}y .$$

式中,$\boldsymbol{v} \cdot \boldsymbol{n}$ 是该流体速度 $\boldsymbol{v}$ 在有向曲面 Σ 的法向量上的投影.

一般地，设有向量场

$$\boldsymbol{A}(x,y,z) = P(x,y,z)\boldsymbol{i} + Q(x,y,z)\boldsymbol{j} + R(x,y,z)\boldsymbol{k},$$

式中，P,Q,R 具有一阶连续偏导数，Σ 是场内一个有向曲面，$\boldsymbol{n}$ 是曲面 Σ 的单位法向量，则称积分

$$\Phi = \iint\limits_{\Sigma} \boldsymbol{A} \cdot \boldsymbol{n}\mathrm{d}S = \iint\limits_{\Sigma} P\mathrm{d}y\mathrm{d}z + Q\mathrm{d}z\mathrm{d}x + R\mathrm{d}x\mathrm{d}y$$

为向量场 $\boldsymbol{A}(x,y,z)$ 通过曲面 Σ 流向指定侧的**通量**，而

$$\frac{\partial P}{\partial x} + \frac{\partial Q}{\partial y} + \frac{\partial R}{\partial z}$$

称为向量场 $\boldsymbol{A}(x,y,z)$ 的**散度**，记为 $\mathrm{div}\boldsymbol{A}$，即 $\mathrm{div}\boldsymbol{A} = \dfrac{\partial P}{\partial x} + \dfrac{\partial Q}{\partial y} + \dfrac{\partial R}{\partial z}$.

于是，高斯公式可改写为

$$\iiint\limits_{\Omega} \mathrm{div}\boldsymbol{A}\mathrm{d}x\mathrm{d}y\mathrm{d}z = \iint\limits_{\Sigma} \boldsymbol{A} \cdot \boldsymbol{n}\mathrm{d}S.$$

对于闭曲面 Ω 中的点 M，若 $\mathrm{div}\boldsymbol{A}(M) > 0$，则表示点 M 是"源"，其值表示源的强度，此时在该点处流体处于向外发散状态；若 $\mathrm{div}\boldsymbol{V}(M) < 0$，则表示点 M 是"洞"，其值表示洞的强度，此时在该点处流体处于向该点汇集状态；若 $\mathrm{div}\boldsymbol{A}(M) = 0$，则点 M 既不是源也不是洞.

6.5.4 斯托克斯公式 环量与旋度

1. 斯托克斯公式

斯托克斯公式是格林公式在空间曲面上的推广，它建立了空间曲面 Σ 上曲面积分与曲面 Σ 边界曲线上的曲线积分之间的联系.

首先对有向曲面 Σ 的侧与 Σ 边界曲线 Γ 的方向作如下规定：当右手拇指的方向与曲面 Σ 指定侧的方向一致时，其余四指的方向就是 Σ 的边界闭曲线 Γ 的正向. 这个规定称为右手法则.

定理 6.5.2 设 Γ 是分段光滑的空间有向闭曲线，Σ 是以 Γ 为边界的分片光滑的有向曲面，Γ 的正向与 Σ 的侧满足右手法则，函数 $P(x,y,z)$，$Q(x,y,z)$，$R(x,y,z)$ 在包含曲面 Σ 在内的某空间区域内具有一阶连续偏导数，则有

$$\iint\limits_{\Sigma} \left(\frac{\partial R}{\partial y} - \frac{\partial Q}{\partial z}\right)\mathrm{d}y\mathrm{d}z + \left(\frac{\partial P}{\partial z} - \frac{\partial R}{\partial x}\right)\mathrm{d}z\mathrm{d}x + \left(\frac{\partial Q}{\partial x} - \frac{\partial P}{\partial y}\right)\mathrm{d}x\mathrm{d}y$$

$$= \oint\limits_{\Gamma} P\mathrm{d}x + Q\mathrm{d}y + R\mathrm{d}z.$$

这个公式称为**斯托克斯公式**. 当曲面 Σ 是 xOy 平面上的闭区域时，斯托克斯公式就变成格林公式.

斯托克斯公式可利用第二类曲面积分的计算方法直接计算而得到,这里从略.

利用行列式以及两类曲面积分之间的关系,可以将斯托克斯公式改写成另外两种便于记忆的形式.

$$\iint\limits_{\Sigma} \begin{vmatrix} \mathrm{d}y\mathrm{d}z & \mathrm{d}z\mathrm{d}x & \mathrm{d}x\mathrm{d}y \\ \dfrac{\partial}{\partial x} & \dfrac{\partial}{\partial y} & \dfrac{\partial}{\partial z} \\ P & Q & R \end{vmatrix} = \oint\limits_{\Gamma} P\,\mathrm{d}x + Q\,\mathrm{d}y + R\,\mathrm{d}z.$$

$$\iint\limits_{\Sigma} \begin{vmatrix} \cos\alpha & \cos\beta & \cos\gamma \\ \dfrac{\partial}{\partial x} & \dfrac{\partial}{\partial y} & \dfrac{\partial}{\partial z} \\ P & Q & R \end{vmatrix} \mathrm{d}S = \oint\limits_{\Gamma} P\,\mathrm{d}x + Q\,\mathrm{d}y + R\,\mathrm{d}z.$$

式中,α,β,γ 为有向曲面 Σ 单位法向量的方向角.

例 9 计算曲线积分 $I = \oint\limits_{\Gamma} z\,\mathrm{d}x + x\,\mathrm{d}y + y\,\mathrm{d}z$,其中,$\Gamma$ 是单位球面 $x^2 + y^2 + z^2 = 1$ 被三个坐标平面所截得的位于第一卦限部分的全部边界. 其正向与单位球面的外侧法向量满足右手法则,如图 6.58 所示.

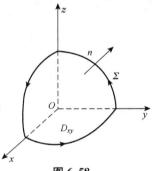

图 6.58

解 令 $P = z, Q = x, R = y$,则由斯托克斯公式有

$$I = \iint\limits_{\Sigma} \begin{vmatrix} \mathrm{d}y\mathrm{d}z & \mathrm{d}z\mathrm{d}x & \mathrm{d}x\mathrm{d}y \\ \dfrac{\partial}{\partial x} & \dfrac{\partial}{\partial y} & \dfrac{\partial}{\partial z} \\ P & Q & R \end{vmatrix}$$

$$= \iint\limits_{\Sigma} \mathrm{d}y\mathrm{d}z + \mathrm{d}z\mathrm{d}x + \mathrm{d}x\mathrm{d}y$$

$$= 3\iint\limits_{D_{xy}} \mathrm{d}x\mathrm{d}y = \frac{3}{4}\pi.$$

例 10 计算曲线积分 $I = \oint\limits_{\Gamma} (y^2 - z^2)\,\mathrm{d}x + (z^2 - x^2)\,\mathrm{d}y + (x^2 - y^2)\,\mathrm{d}z$,其中 Γ 是用平面 $x + y + z = 3$ 截圆柱 $x^2 + y^2 = 1$ 所得曲线,其正方向与平面上侧法向量满足右手法则,如图 6.59 所示.

解 令 Σ 是 Γ 围成的曲面,其上侧法向量为 $\boldsymbol{n} = \dfrac{1}{\sqrt{3}}\{1,1,1\}$,方向余弦为 $\cos\alpha = \cos\beta = \cos\gamma = \dfrac{1}{\sqrt{3}}$.

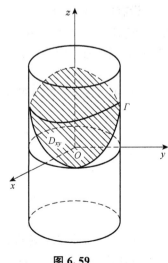

图 6.59

由斯托克斯公式有

$$I = \iint\limits_{\Sigma} \begin{vmatrix} \dfrac{1}{\sqrt{3}} & \dfrac{1}{\sqrt{3}} & \dfrac{1}{\sqrt{3}} \\[2mm] \dfrac{\partial}{\partial x} & \dfrac{\partial}{\partial y} & \dfrac{\partial}{\partial z} \\[2mm] y^2 - z^2 & z^2 - x^2 & x^2 - y^2 \end{vmatrix} \mathrm{d}S = -\frac{4}{\sqrt{3}} \iint\limits_{\Sigma} (x + y + z)\mathrm{d}S = -\frac{4}{\sqrt{3}} 3\iint\limits_{\Sigma} \mathrm{d}S$$

$$= -4\sqrt{3} \iint\limits_{D_{xy}} \sqrt{1 + z_x^2 + z_y^2}\,\mathrm{d}x\mathrm{d}y$$

$$= -4\sqrt{3} \iint\limits_{D_{xy}} \sqrt{3}\,\mathrm{d}x\mathrm{d}y = -12\pi.$$

2. 环量与旋度

向量场 $\boldsymbol{A}(x,y,z) = P(x,y,z)\boldsymbol{i} + Q(x,y,z)\boldsymbol{j} + R(x,y,z)\boldsymbol{k}$ 沿场 $\boldsymbol{A}$ 中某一封闭曲线 $\varGamma$ 的第二类曲线积分 $\oint\limits_{\varGamma} P\mathrm{d}x + Q\mathrm{d}y + R\mathrm{d}z$,称为向量场 $\boldsymbol{A}$ 沿曲线按所取方向的**环流量**,简称**环量**. 而向量函数

$$\left(\frac{\partial R}{\partial y} - \frac{\partial Q}{\partial z}\right)\boldsymbol{i} + \left(\frac{\partial P}{\partial z} - \frac{\partial R}{\partial x}\right)\boldsymbol{j} + \left(\frac{\partial Q}{\partial x} - \frac{\partial P}{\partial y}\right)\boldsymbol{k}$$

称为向量场 $\boldsymbol{A}$ 的**旋度**. 记为 **rotA**. 旋度也可写成

$$\mathbf{rotA} = \begin{vmatrix} \boldsymbol{i} & \boldsymbol{j} & \boldsymbol{k} \\[1mm] \dfrac{\partial}{\partial x} & \dfrac{\partial}{\partial y} & \dfrac{\partial}{\partial z} \\[1mm] P & Q & R \end{vmatrix}.$$

设有向曲面 Σ 上点 (x,y,z) 处的单位法向量为 $\boldsymbol{n} = \cos\alpha\boldsymbol{i} + \cos\beta\boldsymbol{j} + \cos\gamma\boldsymbol{k}$,而 Σ 的正向边界曲线 $\varGamma$ 上的点 (x,y,z) 处的单位切向量为 $\boldsymbol{t} = \cos\lambda\boldsymbol{i} + \cos\mu\boldsymbol{j} + \cos\nu\boldsymbol{k}$. 则斯托克斯公式可改写为

$$\iint\limits_{\Sigma}\left[\left(\frac{\partial R}{\partial y} - \frac{\partial Q}{\partial z}\right)\cos\alpha + \left(\frac{\partial P}{\partial z} - \frac{\partial R}{\partial x}\right)\cos\beta + \left(\frac{\partial Q}{\partial x} - \frac{\partial P}{\partial y}\right)\cos\gamma\right]\mathrm{d}S$$

$$= \oint\limits_{\varGamma}(P\cos\lambda + Q\cos\mu + R\cos\nu)\mathrm{d}s.$$

进而还可写成

$$\iint\limits_{\Sigma}\mathbf{rotA} \cdot \boldsymbol{n}\,\mathrm{d}s = \oint\limits_{\varGamma}\boldsymbol{A} \cdot \boldsymbol{t}\mathrm{d}S.$$

这表明,流体速度场的旋度在法线上的投影对曲面的积分等于流体在曲面边界上的环流量. 这就是斯托克斯公式的物理意义.

习题 6.5

1. 计算第一类曲面积分 $\iint\limits_{\Sigma} f(x,y,z)\mathrm{d}S$，其中 Σ 为抛物面 $z=2-(x^2+y^2)$ 在 xOy 平面上侧的部分. $f(x,y,z)$ 分别如下：(1) $f(x,y,z)=1$；(2) $f(x,y,z)=x^2+y^2$；(3) $f(x,y,z)=3z$.

2. 计算第一类曲面积分.

(1) $\iint\limits_{\Sigma}(x^2+y^2)\mathrm{d}S$，其中 Σ 是锥面 $z=\sqrt{x^2+y^2}$ 和平面 $z=1$ 所围成的区域的边界曲面；

(2) $\iint\limits_{\Sigma}(x^2+y^2)\mathrm{d}S$，其中 Σ 是锥面 $z^2=3(x^2+y^2)$ 被平面 $z=0$ 和 $z=3$ 所截得的部分曲面；

(3) $\iint\limits_{\Sigma}\left(z+2x+\dfrac{4}{3}y\right)\mathrm{d}S$，其中 Σ 是平面 $\dfrac{x}{2}+\dfrac{y}{3}+\dfrac{z}{4}=1$ 在第一卦限的部分曲面；

(4) $\iint\limits_{\Sigma}(xy+yz+zx)\mathrm{d}S$，其中 Σ 是锥面 $z=\sqrt{x^2+y^2}$ 被柱面 $x^2+y^2=2ax$ 所截得的有限部分.

3. 求抛物面壳 $z=\dfrac{1}{2}(x^2+y^2)$，$z\leqslant 1$ 的质量，此壳的面密度为 $\rho=z$.

4. 计算第二类曲面积分.

(1) $\iint\limits_{\Sigma}x^2y^2z\mathrm{d}x\mathrm{d}y$，其中 Σ 是球面 $x^2+y^2+z^2=R^2$ 的下半部分的下侧；

(2) $\iint\limits_{\Sigma}z\mathrm{d}x\mathrm{d}y+x\mathrm{d}y\mathrm{d}z+y\mathrm{d}z\mathrm{d}x$，其中 Σ 是柱面 $x^2+y^2=1$ 被平面 $z=0$ 及 $z=3$ 所截得的在第一卦限部分的前侧；

(3) $\iint\limits_{\Sigma}x(y-z)\mathrm{d}y\mathrm{d}z+z(x-y)\mathrm{d}x\mathrm{d}y$ 其中 Σ 是圆柱面 $y^2+z^2=1,0\leqslant x\leqslant 2$ 的外侧；

(4) $\iint\limits_{\Sigma}xz\mathrm{d}x\mathrm{d}y+xy\mathrm{d}y\mathrm{d}z+yz\mathrm{d}z\mathrm{d}x$，其中 Σ 是平面 $x=0,y=0,z=0,x+y+z=1$ 所围成的空间区域的边界曲面的外侧.

5. 计算第二类曲面积分 $\iint\limits_{\Sigma}2x^3\mathrm{d}y\mathrm{d}z+2y^3\mathrm{d}z\mathrm{d}x+3(z^2-1)\mathrm{d}x\mathrm{d}y$，其中 Σ 是曲面 $z=1-x^2-y^2(z\geqslant 0)$ 的上侧.

6. 利用高斯公式计算曲面积分.

(1) $\iint\limits_{\Sigma}x^2\mathrm{d}y\mathrm{d}z+y^2\mathrm{d}x\mathrm{d}z+z^2\mathrm{d}x\mathrm{d}y$，其中 Σ 是平面 $x=0,y=0,z=0,x=a,y=a,z=a$ 所围成立体表面的外侧；

(2) $\iint\limits_{\Sigma}x^3\mathrm{d}y\mathrm{d}z+y^3\mathrm{d}x\mathrm{d}z+z^3\mathrm{d}x\mathrm{d}y$，其中 Σ 是球面 $x^2+y^2+z^2=a^2$ 的外侧；

(3) $\iint\limits_{\Sigma}x\mathrm{d}y\mathrm{d}z+y\mathrm{d}z\mathrm{d}x+z\mathrm{d}x\mathrm{d}y$，其中 Σ 是介于 $z=0$ 和 $z=3$ 之间的圆柱体 $x^2+y^2\leqslant 9$ 的整个表面的外侧；

(4) $\iint\limits_{\Sigma}xz\mathrm{d}y\mathrm{d}z+yz\mathrm{d}z\mathrm{d}x+3z^3\mathrm{d}x\mathrm{d}y$，其中 Σ 是由抛物面 $z=x^2+y^2$ 和平面 $z=1$ 所围成立体

表面的外侧.

7. 利用斯托克斯公式计算曲线积分.

(1) $\oint_{\Gamma} y\mathrm{d}x + z\mathrm{d}y + x\mathrm{d}z$,其中 Γ 为圆周 $x^2 + y^2 + z^2 = a^2$,$x + y + z = 0$,若从 x 轴正向看去,该圆周取逆时针方向;

(2) $\oint_{\Gamma}(y-z)\mathrm{d}x + (z-x)\mathrm{d}y + (x-y)\mathrm{d}z$,其中,$\Gamma$ 是椭圆 $x^2 + y^2 = a^2$,$\dfrac{x}{a} + \dfrac{z}{b} = 0(a > 0$,$b > 0)$,若从 x 轴正向看去,该椭圆取逆时针方向.

复习题 6

1. 单项选择题.

(1) 设积分区域 D 为 $1 \leqslant x^2 + y^2 \leqslant 4$,则 $\iint\limits_{D}\mathrm{d}x\mathrm{d}y = ($ $)$.

A. π B. 3π C. 15π D. 4π

(2) 交换二次积分 $\int_0^1 \mathrm{d}x \int_x^{\sqrt{x}} f(x,y)\mathrm{d}y$ 的积分次序得 (   ).

A. $\int_0^1 \mathrm{d}y \int_{\sqrt{y}}^y f(x,y)\mathrm{d}x$ B. $\int_0^1 \mathrm{d}y \int_{y^2}^y f(x,y)\mathrm{d}x$

C. $\int_0^1 \mathrm{d}y \int_y^{\sqrt{y}} f(x,y)\mathrm{d}x$ D. $\int_0^1 \mathrm{d}y \int_0^1 f(x,y)\mathrm{d}x$

(3) 设 D 为 $x^2 + (y-1)^2 \leqslant 1$,则 $\iint\limits_{D} f(x,y)\mathrm{d}\sigma$ 在极坐标下二次积分为 (   ).

A. $\int_0^{\pi} \mathrm{d}\theta \int_0^1 f(r\cos\theta, r\sin\theta)r\mathrm{d}r$ B. $\int_0^{\frac{\pi}{2}} \mathrm{d}\theta \int_0^{2\sin\theta} f(r\cos\theta, r\sin\theta)r\mathrm{d}r$

C. $\int_0^{\pi} \mathrm{d}\theta \int_0^{2\sin\theta} f(r\cos\theta, r\sin\theta)r\mathrm{d}r$ D. $\int_{-\frac{\pi}{2}}^{\frac{\pi}{2}} \mathrm{d}\theta \int_0^{2\cos\theta} f(r\cos\theta, r\sin\theta)r\mathrm{d}r$

(4) D 是 $|x| + |y| \leqslant 1$ 所围区域,D_1 是由直线 $x + y = 1$ 和 x 轴、y 轴所围成的区域,则 $\iint\limits_{D}(1+x+y)\mathrm{d}x\mathrm{d}y = ($ $)$.

A. $4\iint\limits_{D_1}(1+x+y)\mathrm{d}x\mathrm{d}y$ B. 0

C. $2\iint\limits_{D_1}(1+x+y)\mathrm{d}x\mathrm{d}y$ D. 2

(5) 二次积分 $\int_0^{\frac{\pi}{2}} \mathrm{d}\theta \int_0^{\cos\theta} f(r\cos\theta, r\sin\theta)r\mathrm{d}r$ 可以写成 (   ).

A. $\int_0^1 \mathrm{d}y \int_0^{\sqrt{y-y^2}} f(x,y)\mathrm{d}x$ B. $\int_0^1 \mathrm{d}y \int_0^{\sqrt{1-y^2}} f(x,y)\mathrm{d}x$

C. $\int_0^1 \mathrm{d}x \int_0^1 f(x,y)\mathrm{d}y$ D. $\int_0^1 \mathrm{d}x \int_0^{\sqrt{x-x^2}} f(x,y)\mathrm{d}y$

(6) 设 $f(x,y)$ 连续,且 $f(x,y) = xy + \iint\limits_{D} f(u,v)\mathrm{d}u\mathrm{d}v$,其中 D 是由 $y = 0$,$y = x^2$,$x = 1$ 所

围区域,则 $f(x,y) = ($).

    A. xy B. $2xy$ C. $xy + \dfrac{1}{8}$ D. $xy + \dfrac{3}{16}$

(7) 设 $D = \{(x,y) \mid 0 \leqslant x \leqslant 1, 0 \leqslant y \leqslant 1\}$,则 $\iint\limits_{D} x\mathrm{e}^{-2y}\mathrm{d}x\mathrm{d}y = ($).

    A. $1 - \mathrm{e}^{-2}$ B. $\dfrac{1 - \mathrm{e}^{-2}}{4}$ C. $\dfrac{\mathrm{e}^{-2} - 1}{2}$ D. $\dfrac{1 - \mathrm{e}^{-2}}{2}$

(8) 设积分区域 D 是由 $|x| = \dfrac{1}{2}$,$|y| = \dfrac{1}{2}$ 所围成,则 $\iint\limits_{D} xy\mathrm{d}x\mathrm{d}y = ($).

    A. 0 B. $\dfrac{1}{4}$ C. $\dfrac{1}{2}$ D. 1

(9) 设 $D = \{(x,y) \mid x^2 + y^2 \leqslant a^2\}$,又有 $\iint\limits_{D} (x^2 + y^2)\mathrm{d}x\mathrm{d}y = 8\pi$,则 $a = ($).

    A. 1 B. 2 C. 4 D. 8

(10) 设 $D = \{(x,y) \mid 0 \leqslant x \leqslant 1, 1 \leqslant y \leqslant \mathrm{e}\}$,则 $\iint\limits_{D} \dfrac{x}{y}\mathrm{d}x\mathrm{d}y = ($).

    A. $\dfrac{\mathrm{e}}{2}$ B. $\dfrac{1}{2}$ C. e D. 1

(11) 设平面曲线 L 为圆周 $x^2 + y^2 = ax$,则 $\oint\limits_{L} \sqrt{x^2 + y^2}\,\mathrm{d}s = ($).

    A. a^2 B. $2a^2$ C. $\dfrac{a^2}{2}$ D. $4a^2$

2. 填空题.

(1) 积分 $\displaystyle\int_{0}^{2}\mathrm{d}x\int_{x}^{2}\mathrm{e}^{-y^2}\,\mathrm{d}y$ 的值等于 _____.

(2) 设区域 D 为 $x^2 + y^2 \leqslant R^2$,则 $\iint\limits_{D}\left(\dfrac{x^2}{a^2} + \dfrac{y^2}{b^2}\right)\mathrm{d}x\mathrm{d}y = $ _____.

(3) 改变二次积分的次序,$\displaystyle\int_{0}^{1}\mathrm{d}y\int_{0}^{2y}f(x,\ y)\mathrm{d}x + \int_{1}^{3}\mathrm{d}y\int_{0}^{3-y}f(x,\ y)\mathrm{d}x = $ _____.

(4) 累次积分 $\displaystyle\int_{0}^{\frac{\pi}{2}}\mathrm{d}\theta\int_{0}^{\cos\theta}f(r\cos\theta, r\sin\theta)r\mathrm{d}r$ 可以写成 _____.

(5) 将二次积分化为极坐标形式的二次积分:$\displaystyle\int_{0}^{2}\mathrm{d}x\int_{x}^{\sqrt{3}x}f(\sqrt{x^2 + y^2})\mathrm{d}y = $ _____.

(6) 设平面曲线 L 为下半圆 $y = -\sqrt{1 - x^2}$,则曲线积分 $\displaystyle\int_{L}(x^2 + y^2)\mathrm{d}s = $ _____.

(7) 设 L 为椭圆 $\dfrac{x^2}{4} + \dfrac{y^2}{3} = 1$,其周长记为 a,则 $\oint\limits_{L}(2xy + 3x^2 + 4y^2)\mathrm{d}s = $ _____.

(8) 设 L 为正向的圆周 $x^2 + y^2 = 9$,则曲线积分 $\oint\limits_{L}(2xy - 2y)\mathrm{d}x + (x^2 - 4x)\mathrm{d}y$ 的值是

_____.

(9) 设 L 为封闭折线 $|x| + |x + y| = 1$ 绕正向一周,则 $\oint\limits_{L}x^2y^2\mathrm{d}x - \cos(x + y)\mathrm{d}y = $

_____.

3. 计算下列二重积分.

(1) 计算二重积分 $\iint\limits_{D}\mathrm{e}^{-(x^2 + y^2)}\mathrm{d}\sigma$,其中 D 是由圆周 $x^2 + y^2 = 1$,$x^2 + y^2 = 4$ 及坐标轴所围成

139

的在第一象限内的闭区域.

(2) 计算积分 $\iint\limits_{D} \sqrt{x^2+y^2}\,\mathrm{d}x\mathrm{d}y$,其中 $D=\{(x,y)\mid 0\leqslant y\leqslant x,x^2+y^2\leqslant 2x\}$.

(3) 计算积分 $\iint\limits_{D}\mid y-x^2\mid\mathrm{d}x\mathrm{d}y$,其中闭区域 $D=\{(x,y)\mid\mid x\mid\leqslant 1,0\leqslant y\leqslant 1\}$.

4. 计算下列三重积分.

(1) 计算三重积分 $\iiint\limits_{\Omega}(x+z)\mathrm{d}V$,其中 Ω 是由曲面 $z=\sqrt{x^2+y^2}$ 与 $z=\sqrt{1-x^2-y^2}$ 所围成的区域.

(2) 计算 $I=\iiint\limits_{\Omega}z\sqrt{x^2+y^2+z^2}\,\mathrm{d}V$,其中 $\Omega:x^2+y^2+z^2\leqslant 1,z\geqslant\sqrt{3(x^2+y^2)}$.

(3) 计算 $\iiint\limits_{\Omega}(x^2+y^2)\mathrm{d}V$,其中 Ω 是由曲面 $4z^2=25(x^2+y^2)$ 及平面 $z=5$ 所围成的闭区域.

5. 把对坐标的曲线积分 $\int_{L}yz\mathrm{d}x+yz\mathrm{d}y+xz\mathrm{d}z$ 化为对弧长的曲线积分,其中 L 为曲线 $x=t,y=t^2,z=t^3$ 相应于 t 从 0 变到 1 的弧段.

6. 计算 $\int_{L}(x+y)\mathrm{d}s$,其中 L 为连接 $O(0,0),A(0,1),B(1,1)$ 的直线段所围成的围线.

7. 计算 $\int_{\Gamma}(x^2+y^2+z^2)\mathrm{d}s$,其中 Γ 为螺线 $x=a\cos t,y=a\sin t,z=bt(0\leqslant t\leqslant 2\pi)$ 的一段弧.

8. 计算 $\oint_{C}\dfrac{\mid y\mid}{x^2+y^2+z^2}\mathrm{d}s$,其中 C 为曲面 $z=\sqrt{4a^2-x^2-y^2}$ 与 $x^2+y^2=2ax$ 的交线.

9. 求 $\oint_{L}\dfrac{x\mathrm{d}x+y\mathrm{d}y}{(x^2+y^2)^{3/2}}$,其中 L 为不经过原点的正向闭曲线.

10. 求 $\int_{L}\dfrac{(x-y)\mathrm{d}x+(x+y)\mathrm{d}y}{x^2+y^2}$,其中 L 为抛物线 $y=1-2x^2$ 自点 $A(-1,-1)$ 到点 $B(1,-1)$ 的弧段.

11. 计算 $\oint_{L}x^2y^2\mathrm{d}x+xy^2\mathrm{d}y$,其中 L 为直线 $x=1$ 与抛物线 $x=y^2$ 所围区域的边界(按逆时针方向绕行).

12. 计算 $\int_{L}(x^2-y^2)\mathrm{d}x+xy\mathrm{d}y$,其中 L 为

(1) 曲线 $y=\sqrt{2x-x^2}$ 上从点 $O(0,0)$ 到点 $B(1,1)$ 的一段弧;

(2) 曲线 $y=x^n(n>0$ 为常数) 上从点 $O(0,0)$ 到点 $B(1,1)$ 的一段弧.

13. 计算 $\oint_{L}[\cos(x+y^2)+2y]\mathrm{d}x+[2y\cos(x+y^2)+3x]\mathrm{d}y$,其中 L 为从 $O(0,0)$ 沿 $y=\sin x$ 到 $A(\pi,0)$ 的一段弧.

14. 计算 $\int_{L}(x^2+2xy)\mathrm{d}x+(x^2+y^4)\mathrm{d}y$,其中 L 为从 $O(0,0)$ 到 $A(1,1)$ 的曲线 $y=\sin\dfrac{\pi}{2}x$.

第7章 无穷级数

客观世界是丰富多彩的,仅仅用初等函数来描述是不够的.对初等函数进行有限次四则运算得到的仍然是初等函数,不会产生新的函数.如对初等函数进行无穷次运算,则可能得到新的函数.对一些函数进行无穷次相加就得到无穷级数,其中,由幂函数进行无穷次相加得到的是幂级数,由三角函数进行无穷次相加得到的是傅里叶级数.由于幂函数和三角函数是最简单的初等函数,用它们的无穷和来表示复杂的函数便于研究及计算,因此幂级数和三角级数在科学研究与社会生活中有着重要应用.

本章主要研究级数的收敛性以及函数展开成幂级数和傅里叶级数的问题.

7.1 常数项级数

研究无穷级数 $\sum\limits_{n=1}^{\infty} u_n(x)$,首先要确定它的定义域,也就是使 $\sum\limits_{n=1}^{\infty} u_n(x)$ 有意义的 x 的全体.对于定义域中的每一个确定的 x,如 $x=x_0$,级数 $\sum\limits_{n=1}^{\infty} u_n(x_0)$ 的每一项都是常数,下面的研究就从每项都是常数的级数开始.

7.1.1 常数项级数的概念与性质

1. 常数项级数

定义 7.1.1 由数列 $\{u_n\}$ 构成的形式和

$$u_1 + u_2 + u_3 + \cdots + u_n + \cdots$$

称为(常数项)无穷级数,简称(常数项)级数,记为 $\sum\limits_{n=1}^{\infty} u_n$,即

$$\sum_{n=1}^{\infty} u_n = u_1 + u_2 + u_3 + \cdots + u_n + \cdots \tag{7.1.1}$$

其中,u_n 叫做无穷级数的**通项**,或**一般项**.

例如,

$$1 + \frac{1}{2} + \frac{1}{3} + \cdots + \frac{1}{n} + \cdots$$

就是一个无穷级数,可记为 $\sum\limits_{n=1}^{\infty}\dfrac{1}{n}$,其通项为 $\dfrac{1}{n}$.

$\sum\limits_{n=1}^{\infty}\dfrac{1}{2^{n-1}}$ 也是一个无穷级数,通项为 $\dfrac{1}{2^{n-1}}$.

上述级数定义只是一个形式化的定义,它并没有指明无穷多个数相加的确切含义.为明确这一点,需要引入部分和的概念.

定义 7.1.2 级数 $\sum\limits_{n=1}^{\infty}u_n$ 的前 n 项之和 $\sum\limits_{k=1}^{n}u_k=u_1+u_2+u_3+\cdots+u_n$ 称为级数 $\sum\limits_{n=1}^{\infty}u_n$ 的前 n 项**部分和**,记为 s_n,即

$$s_n=\sum_{k=1}^{n}u_k=u_1+u_2+u_3+\cdots+u_n.$$

$\{s_n\}$ 是一数列,称为级数 $\sum\limits_{n=1}^{\infty}u_n$ 的**部分和数列**.

定义 7.1.3 设 $\{s_n\}$ 为级数 $\sum\limits_{n=1}^{\infty}u_n$ 的部分和数列,若 $\lim\limits_{n\to\infty}s_n=s$,则称级数 $\sum\limits_{n=1}^{\infty}u_n$ 收敛,且 s 称为 $\sum\limits_{n=1}^{\infty}u_n$ 的和,记为 $\sum\limits_{n=1}^{\infty}u_n=s$.若 $\lim\limits_{n\to\infty}s_n$ 不存在,则称级数 $\sum\limits_{n=1}^{\infty}u_n$ 发散,发散的级数没有和.

当级数 $\sum\limits_{n=1}^{\infty}u_n$ 收敛时,其部分和 s_n 是 s 的近似值,它们的差值 $r_n=s-s_n=\sum\limits_{k=n+1}^{\infty}u_k$ 称为级数(7.1.1)的**余项**.用 s_n 代替 s 而产生的误差是 $|r_n|$.

注 级数收敛的定义明确了无穷级数的相加是依次逐项累加的,级数的收敛性与这种相加的方式有关.

例如,对于级数

$$a+(-a)+a+(-a)+\cdots+(-1)^{n-1}a+\cdots\ (a\neq 0),$$

按定义逐项相加,其部分和为 $s_n=\begin{cases}a, & n\text{ 为奇数,}\\ 0, & n\text{ 为偶数,}\end{cases}$ s_n 无极限,级数发散.

该级数中,若将第 $2k-1$ 项与第 $2k$ 项 $(k=1,2,\cdots)$ 相加之后,再各项和相加,则其和为 0.由于这不是按级数定义得到的和,不能由此说明级数收敛.

例 1 讨论**几何级数**(又称等比级数)$\sum\limits_{n=1}^{\infty}ar^{n-1}(a\neq 0)$ 的敛散性.

解 当 $r=1$ 时,级数的部分和 $s_n=a+a+\cdots+a=na$,$\lim\limits_{n\to\infty}s_n=\infty$,故级数发散.

当 $r \neq 1$ 时,级数的部分和为 $s_n = a + ar + \cdots + ar^{n-1} = \dfrac{a - ar^n}{1-r}$.

当 $|r| < 1$ 时,$\lim\limits_{n \to \infty} s_n = \dfrac{a}{1-r}$,级数收敛,和为 $\dfrac{a}{1-r}$;

当 $|r| > 1$ 时,$\lim\limits_{n \to \infty} s_n = \infty$,级数发散;

当 $r = -1$ 时,级数为 $a - a + a - a + \cdots$,由上面的例子知,级数发散.

综上,几何级数 $\sum\limits_{n=1}^{\infty} ar^{n-1} (a \neq 0)$ 当 $|r| < 1$ 时收敛,当 $|r| \geqslant 1$ 时发散.

例 2 讨论级数 $\sum\limits_{n=1}^{\infty} \dfrac{1}{n(n+1)}$ 的敛散性.

解 因为 $u_n = \dfrac{1}{n(n+1)} = \dfrac{1}{n} - \dfrac{1}{n+1}$,

由此, $s_n = \dfrac{1}{1 \times 2} + \dfrac{1}{2 \times 3} + \cdots + \dfrac{1}{n(n+1)}$

$\qquad = \left(1 - \dfrac{1}{2}\right) + \left(\dfrac{1}{2} - \dfrac{1}{3}\right) + \cdots + \left(\dfrac{1}{n} - \dfrac{1}{n+1}\right) = 1 - \dfrac{1}{n+1}$,

从而, $\lim\limits_{n \to \infty} s_n = \lim\limits_{n \to \infty}\left(1 - \dfrac{1}{n+1}\right) = 1$,故级数收敛,且和为 1.

例 3 讨论级数 $\sum\limits_{n=1}^{\infty} n$ 的敛散性.

解 级数的部分和 $s_n = 1 + 2 + 3 + \cdots + n = \dfrac{n(n+1)}{2}$,$\lim\limits_{n \to \infty} s_n = \infty$,因此级数发散.

2. 收敛级数的性质

根据无穷级数收敛、发散与和的概念以及极限理论,可以得到无穷级数的几个基本性质.

性质 1 设级数 $\sum\limits_{n=1}^{\infty} u_n$ 收敛,和为 s,则对常数 c,级数 $\sum\limits_{n=1}^{\infty} cu_n$ 也收敛,且其和为 cs,即 $\sum\limits_{n=1}^{\infty} cu_n = c \sum\limits_{n=1}^{\infty} u_n$.

证明 由假设,$\lim\limits_{n \to \infty} \sum\limits_{k=1}^{n} u_k$ 存在,根据极限性质,有

$$\sum\limits_{n=1}^{\infty} cu_n = \lim\limits_{n \to \infty} \sum\limits_{k=1}^{n} cu_k = c \lim\limits_{n \to \infty} \sum\limits_{k=1}^{n} u_k = c \sum\limits_{n=1}^{\infty} u_n.$$

性质 2 设级数 $\sum\limits_{n=1}^{\infty} u_n$,$\sum\limits_{n=1}^{\infty} v_n$ 都收敛,则 $\sum\limits_{n=1}^{\infty} (u_n + v_n)$ 也收敛,且

$$\sum_{n=1}^{\infty} (u_n + v_n) = \sum_{n=1}^{\infty} u_n + \sum_{n=1}^{\infty} v_n .$$

证明　由假设，$\lim\limits_{n\to\infty} \sum\limits_{k=1}^{n} u_k$ 和 $\lim\limits_{n\to\infty} \sum\limits_{k=1}^{n} v_k$ 都存在，根据极限性质，有

$$\sum_{n=1}^{\infty} (u_n + v_n) = \lim_{n\to\infty} \sum_{k=1}^{n} (u_k + v_k) = \lim_{n\to\infty} \sum_{k=1}^{n} u_k + \lim_{n\to\infty} \sum_{k=1}^{n} v_k$$

$$= \sum_{n=1}^{\infty} u_n + \sum_{n=1}^{\infty} v_n .$$

性质 3　在级数的前面部分去掉、加上或改变有限项，不改变级数的敛散性.

证明　事实上，在级数的前面部分去掉、加上或改变有限项，并不影响部分和数列的极限存在性，因此也不改变级数的敛散性.

性质 4　如果级数 $\sum\limits_{n=1}^{\infty} u_n$ 收敛，则对此级数的项任意加括号后所成的级数

$$(u_1 + \cdots + u_{n_1}) + (u_{n_1+1} + \cdots + u_{n_2}) + \cdots + (u_{n_{k-1}} + \cdots + u_{n_k}) + \cdots$$

仍收敛，且其和不变.

证明　$\sum\limits_{n=1}^{\infty} u_n$ 的部分和数列为 $\{s_n\}$，加括号所成的级数为 $\sum\limits_{k=1}^{\infty} v_k$，其中，$v_1 = u_1 + \cdots + u_{n_1}$，$v_2 = u_{n_1+1} + \cdots + u_{n_2}$，$\cdots$，$v_k = u_{n_{k-1}} + \cdots + u_{n_k}$，$\cdots$. $\{v_k\}$ 是级数 $\sum\limits_{n=1}^{\infty} v_k$ 的部分和数列. 由于每个 v_k 都是 $\{s_n\}$ 中的一项，因此数列 $\{v_k\}$ 是收敛数列 $\{s_n\}$ 的一个子列，从而 $\lim\limits_{k\to\infty} v_k = \lim\limits_{n\to\infty} s_n$. 这说明，收敛级数加括号后所成的级数仍收敛，且其和不变.

性质 5（级数收敛的必要条件）　若 $\sum\limits_{n=1}^{\infty} u_n$ 收敛，则 $\lim\limits_{n\to\infty} u_n = 0$.

证明　设 s_n 是收敛级数 $\sum\limits_{n=1}^{\infty} u_n$ 的前 n 项部分和，因为 $u_n = s_n - s_{n-1}$，所以，

$$\lim_{n\to\infty} u_n = \lim_{n\to\infty} (s_n - s_{n-1}) = \lim_{n\to\infty} s_n - \lim_{n\to\infty} s_{n-1} = s - s = 0 .$$

注意，$\lim\limits_{n\to\infty} u_n = 0$ 不保证 $\sum\limits_{n=1}^{\infty} u_n$ 收敛. 例如，尽管 $\lim\limits_{n\to\infty} \dfrac{1}{n} = 0$，但例 5 中将证明级数 $\sum\limits_{n=1}^{\infty} \dfrac{1}{n}$ 发散. 这说明 $\lim\limits_{n\to\infty} u_n = 0$ 只是 $\sum\limits_{n=1}^{\infty} u_n$ 收敛的必要条件，而不是充分条件. 性质 5 的逆否命题当然成立，即

推论　若 $\lim\limits_{n\to\infty} u_n \neq 0$，则 $\sum\limits_{n=1}^{\infty} u_n$ 必定发散.

7.1.2 常数项级数收敛性判别法

1. 正项级数收敛性

满足 $u_n \geqslant 0$ 的常数项级数 $\sum\limits_{n=1}^{\infty} u_n$ 称为**正项级数**. 若 $\sum\limits_{n=1}^{\infty} u_n$ 为正项级数, 则其部分和数列 $\{s_n\}$ 是单调增数列. 由单调数列极限存在判别准则知, 若部分和数列 $\{s_n\}$ 有上界, 则 $\lim\limits_{n\to\infty} s_n$ 存在, 即 $\sum\limits_{n=1}^{\infty} u_n$ 收敛; 反之, 若 $\sum\limits_{n=1}^{\infty} u_n$ 收敛, 则 $\lim\limits_{n\to\infty} s_n$ 存在, 从而 s_n 有界. 上面的论述证明了以下定理.

定理 7.1.1 正项级数 $\sum\limits_{n=1}^{\infty} u_n$ 收敛的充分必要条件是, 部分和数列 $\{s_n\}$ 有界.

例 4 讨论级数 $\sum\limits_{n=1}^{\infty} \dfrac{1}{n^2}$ 的敛散性.

解 级数的部分和 s_n 满足

$$s_n = \sum_{k=1}^{n} \frac{1}{k^2} \leqslant 1 + \sum_{k=2}^{n} \frac{1}{k(k-1)} = 1 + \left(1 - \frac{1}{n}\right) \leqslant 2,$$

因此级数收敛.

定理 7.1.2(积分判别法) 设 $f(x)$ 是定义在 $[1, +\infty)$ 上的一个非负不增连续函数, 则无穷级数 $\sum\limits_{n=1}^{\infty} f(n)$ 与广义积分 $\int_1^{+\infty} f(x)\mathrm{d}x$ 同时收敛或同时发散.

证明 由图 7.1 和图 7.2 可知

$$\sum_{k=2}^{n} f(k) \leqslant \int_1^n f(x)\mathrm{d}x \leqslant \sum_{k=1}^{n-1} f(k).$$

若 $\int_1^{\infty} f(x)\mathrm{d}x$ 收敛, 则级数的部分和

$$s_n = f(1) + \sum_{k=2}^{n} f(k) \leqslant f(1) + \int_1^n f(x)\mathrm{d}x \leqslant f(1) + \int_1^{+\infty} f(x)\mathrm{d}x$$

有上界, 级数 $\sum\limits_{n=1}^{\infty} f(n)$ 收敛.

若级数 $\sum\limits_{k=1}^{\infty} f(n)$ 收敛, 其和为 s. 对任意 $b > 1$, 设 n 为不小于 b 的正整数, 由

$$\int_1^b f(x)\mathrm{d}x \leqslant \int_1^n f(x)\mathrm{d}x \leqslant \sum_{k=1}^{n-1} f(k) \leqslant s_n \leqslant s$$

得

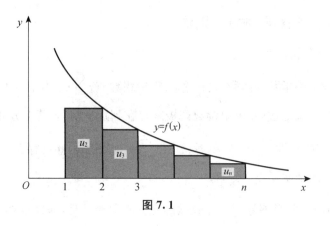

图 7.1

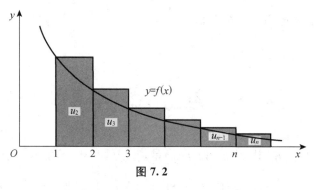

图 7.2

$$\int_1^{+\infty} f(x)\,\mathrm{d}x = \lim_{b\to+\infty}\int_1^b f(x)\,\mathrm{d}x \leqslant s,$$

因而广义积分收敛.

例 5 讨论级数 $\sum\limits_{n=1}^{\infty}\dfrac{1}{n^p}$ 的敛散性.

解 对照此级数与广义积分 $\int_1^{+\infty}\dfrac{1}{x^p}\mathrm{d}x$.

当 $p>1$ 时,广义积分 $\int_1^{+\infty}\dfrac{1}{x^p}\mathrm{d}x$ 收敛,因而级数收敛;当 $p\leqslant 1$ 时,广义积分 $\int_1^{+\infty}\dfrac{1}{x^p}\mathrm{d}x$ 发散,因而级数发散.

级数 $\sum\limits_{n=1}^{\infty}\dfrac{1}{n^p}$ 称为 p-级数, $p=1$ 时的级数 $\sum\limits_{n=1}^{\infty}\dfrac{1}{n}$ 称为**调和级数**. 在判别级数敛散性时, p-级数和几何级数经常起到"基准级数"的作用,应当熟练掌握.

定理 7.1.3(比较判别法) 设级数 $\sum\limits_{n=1}^{\infty}u_n$, $\sum\limits_{n=1}^{\infty}v_n$ 为正项级数,且 $u_n\leqslant v_n(n=1,2,\cdots)$,则

(1) 若 $\sum\limits_{n=1}^{\infty} v_n$ 收敛,则 $\sum\limits_{n=1}^{\infty} u_n$ 收敛;

(2) 若 $\sum\limits_{n=1}^{\infty} u_n$ 发散,则 $\sum\limits_{n=1}^{\infty} v_n$ 发散.

证明 (1) 设级数 $\sum\limits_{n=1}^{\infty} v_n$ 收敛于和 σ,则级数 $\sum\limits_{n=1}^{\infty} u_n$ 的部分和

$$s_n = u_1 + u_2 + \cdots + u_n \leqslant v_1 + v_2 + \cdots + v_n \leqslant \sigma (n = 1, 2, \cdots),$$

即部分和数列 $\{s_n\}$ 有界,由定理 7.1.1 知级数 $\sum\limits_{n=1}^{\infty} u_n$ 收敛.

(2) 是(1)的逆否命题,自然成立. 设级数 $\sum\limits_{n=1}^{\infty} u_n$ 发散,则必有级数 $\sum\limits_{n=1}^{\infty} v_n$ 发散.

如若不然,由(1) 将导致级数 $\sum\limits_{n=1}^{\infty} u_n$ 收敛,与假设矛盾.

根据收敛级数的性质,可以将定理 7.1.3 改写为:

定理 7.1.3(比较判别法) 设级数 $\sum\limits_{n=1}^{\infty} u_n, \sum\limits_{n=1}^{\infty} v_n$ 都是正项级数,且 $u_n \leqslant k v_n (k >$

$0, n > N)$. 若 $\sum\limits_{n=1}^{\infty} v_n$ 收敛,则 $\sum\limits_{n=1}^{\infty} u_n$ 收敛;若 $\sum\limits_{n=1}^{\infty} u_n$ 发散,则 $\sum\limits_{n=1}^{\infty} v_n$ 发散.

例 6 判别下列级数的敛散性.

(1) $\sum\limits_{n=1}^{\infty} \dfrac{1}{n^2 + 1}$; (2) $\sum\limits_{n=1}^{\infty} \dfrac{n}{5n^2 - 4}$.

解 (1) 因为 $\dfrac{1}{n^2 + 1} < \dfrac{1}{n^2}$,而 p-级数 $\sum\limits_{n=1}^{\infty} \dfrac{1}{n^2}$ 收敛,从而级数 $\sum\limits_{n=1}^{\infty} \dfrac{1}{n^2 + 1}$ 收敛.

(2) 因为 $\dfrac{n}{5n^2 - 4} > \dfrac{n}{5n^2} = \dfrac{1}{5} \cdot \dfrac{1}{n}$,而调和级数 $\sum\limits_{n=1}^{\infty} \dfrac{1}{n}$ 发散,从而级数

$\sum\limits_{n=1}^{\infty} \dfrac{n}{5n^2 - 4}$ 发散.

定理 7.1.4(比较判别法的极限形式) 设级数 $\sum\limits_{n=1}^{\infty} u_n, \sum\limits_{n=1}^{\infty} v_n$ 为正项级数,则

(1) 若 $\lim\limits_{n \to \infty} \dfrac{u_n}{v_n} = l (0 < l < +\infty)$,则 $\sum\limits_{n=1}^{\infty} u_n$ 与 $\sum\limits_{n=1}^{\infty} v_n$ 同时收敛或同时发散;

(2) 若 $l = 0$,由 $\sum\limits_{n=1}^{\infty} v_n$ 收敛可得 $\sum\limits_{n=1}^{\infty} u_n$ 收敛;

(3) 若 $l = +\infty$,由 $\sum\limits_{n=1}^{\infty} v_n$ 发散可得 $\sum\limits_{n=1}^{\infty} u_n$ 发散.

证明 (1) 当 $\lim\limits_{n \to \infty} \dfrac{u_n}{v_n} = l (0 < l < +\infty)$ 时,根据极限定义,对 $\varepsilon = l/2$,存在正

整数 N,当 $n > N$ 时,有 $-\dfrac{l}{2} < \dfrac{u_n}{v_n} - l < \dfrac{l}{2}$,即 $\dfrac{l}{2}v_n < u_n < \dfrac{3l}{2}v_n$.根据比较判别法知,结论成立.

(2) 当 $l = 0$ 时,对 $\varepsilon = 1$ 存在正整数 N,当 $n > N$ 时,有 $\dfrac{u_n}{v_n} < 1$,即 $u_n < v_n$.根据比较判别法,由 $\displaystyle\sum_{n=1}^{\infty} v_n$ 收敛得 $\displaystyle\sum_{n=1}^{\infty} u_n$ 收敛.

(3) 证明类似(2),留给读者.

例 7 判别下列级数的敛散性.

(1) $\displaystyle\sum_{n=1}^{\infty} \sin\dfrac{1}{n}$;　(2) $\displaystyle\sum_{n=1}^{\infty} \dfrac{1}{n^{1+\frac{1}{n}}}$.

解 (1) 因为 $\displaystyle\lim_{n\to\infty} \dfrac{\sin\dfrac{1}{n}}{\dfrac{1}{n}} = 1 > 0$,而调和级数 $\displaystyle\sum_{n=1}^{\infty} \dfrac{1}{n}$ 发散,所以级数 $\displaystyle\sum_{n=1}^{\infty} \sin\dfrac{1}{n}$ 也发散.

(2) 这不是 p-级数,因为通项中分母 n 的指数 $\left(1+\dfrac{1}{n}\right)$ 并非常数.将此级数与调和级数作比较,由于

$$\lim_{n\to\infty} \dfrac{\dfrac{1}{n^{1+\frac{1}{n}}}}{\dfrac{1}{n}} = \lim_{n\to\infty} \dfrac{1}{n^{\frac{1}{n}}} = 1,$$

而调和级数发散,所以级数 $\displaystyle\sum_{n=1}^{\infty} \dfrac{1}{n^{1+\frac{1}{n}}}$ 发散.

在比较判别法的极限形式中,取 p-级数为基准级数,可得:

推论 若 $\displaystyle\lim_{n\to\infty} \dfrac{u_n}{\dfrac{1}{n^p}} = \lim_{n\to\infty} n^p u_n = l\,(0 < l < +\infty)$,则当 $p \leqslant 1$ 时,级数 $\displaystyle\sum_{n=1}^{\infty} u_n$ 发散;当 $p > 1$ 时,级数 $\displaystyle\sum_{n=1}^{\infty} u_n$ 收敛.

例 8 判别级数 $\displaystyle\sum_{n=1}^{\infty} \dfrac{\ln n}{n^2}$ 的敛散性.

解 因为 $\displaystyle\lim_{n\to\infty} \dfrac{\dfrac{\ln n}{n^2}}{\dfrac{1}{n\sqrt{n}}} = \lim_{n\to\infty} \dfrac{\ln n}{\sqrt{n}} = 0$,而级数 $\displaystyle\sum_{n=1}^{\infty} \dfrac{1}{n\sqrt{n}}$ 收敛,所以级数 $\displaystyle\sum_{n=1}^{\infty} \dfrac{\ln n}{n^2}$ 收敛.

在比较判别法中,取几何级数为基准级数,可以导出比较方便实用的比值判别法.

定理 7.1.5(比值判别法) 设级数 $\sum\limits_{n=1}^{\infty} u_n$ 满足 $u_n > 0 (n > N)$,且 $\lim\limits_{n\to\infty}\dfrac{u_{n+1}}{u_n} = \rho$,则

(1) 当 $\rho < 1$ 时,级数 $\sum\limits_{n=1}^{\infty} u_n$ 收敛;

(2) 当 $\rho > 1$(或 $\lim\limits_{n\to\infty}\dfrac{u_{n+1}}{u_n} = \infty$) 时,级数 $\sum\limits_{n=1}^{\infty} u_n$ 发散;

(3) 当 $\rho = 1$ 时,级数 $\sum\limits_{n=1}^{\infty} u_n$ 可能收敛,也可能发散.

证明 (1) 当 $\rho < 1$ 时,取一个满足 $\rho + \varepsilon = r < 1$ 的正数 ε. 根据极限定义,存在正整数 N,当 $n \geqslant N$ 时有

$$\frac{u_{n+1}}{u_n} < \rho + \varepsilon = r < 1.$$

因此,$u_{N+1} < r u_N, u_{N+2} < r u_{N+1} < r^2 u_N, \cdots, u_{N+k} < r^k u_N, \cdots$,而几何级数 $\sum\limits_{k=1}^{\infty} r^k u_N$ 收敛,故级数 $\sum\limits_{n=1}^{\infty} u_n$ 收敛.

(2) 当 $\rho > 1$ 时,取一个满足 $\rho - \varepsilon = r > 1$ 的正数 ε. 根据极限定义,存在正整数 N,当 $n \geqslant N$ 时有

$$\frac{u_{n+1}}{u_n} > \rho - \varepsilon = r > 1.$$

因此,级数的通项 u_n 逐渐增大,从而 $\lim\limits_{n\to\infty} u_n \neq 0$. 根据级数收敛的必要条件可知,级数 $\sum\limits_{n=1}^{\infty} u_n$ 发散.

类似可证,当 $\lim\limits_{n\to\infty}\dfrac{u_{n+1}}{u_n} = \infty$ 时,级数 $\sum\limits_{n=1}^{\infty} u_n$ 发散.

(3) 当 $\rho = 1$ 时,级数 $\sum\limits_{n=1}^{\infty} u_n$ 可能收敛也可能发散. 例如 p-级数,对任何 $p > 0$ 都有

$$\lim_{n\to\infty}\frac{u_{n+1}}{u_n} = \frac{\lim\limits_{n\to\infty}\dfrac{1}{(n+1)^p}}{\dfrac{1}{n^p}} = 1,$$

而实际上,当 $p > 1$ 时,级数收敛;当 $p \leqslant 1$ 时,级数发散.

例 9 判别下列级数的敛散性.

(1) $\sum\limits_{n=1}^{\infty} \dfrac{n!}{n^n}$; (2) $\sum\limits_{n=1}^{\infty} \dfrac{2^n}{(n+100)^2}$.

解　(1) 因为

$$\rho = \lim_{n \to \infty} \frac{u_{n+1}}{u_n} = \frac{\lim\limits_{n \to \infty} \dfrac{(n+1)!}{(n+1)^{n+1}}}{\dfrac{n!}{n^n}} = \lim_{n \to \infty} \frac{1}{\left(1 + \dfrac{1}{n}\right)^n} = \frac{1}{e} < 1,$$

所以,级数收敛.

(2) 因为

$$\rho = \lim_{n \to \infty} \frac{u_{n+1}}{u_n} = \lim_{n \to \infty} \frac{\dfrac{2^{n+1}}{(n+101)^2}}{\dfrac{2^n}{(n+100)^2}} = \lim_{n \to \infty} 2\left(\frac{n+100}{n+101}\right)^2 = 2 > 1,$$

所以,级数发散.

*__定理 7.1.6__(根值判别法)　设级数 $\sum\limits_{n=1}^{\infty} u_n$ 为正项级数且 $\lim\limits_{n \to \infty} \sqrt[n]{u_n} = \rho$, 则

(1) 当 $\rho < 1$ 时,级数 $\sum\limits_{n=1}^{\infty} u_n$ 收敛;

(2) 当 $\rho > 1$ 时,级数 $\sum\limits_{n=1}^{\infty} u_n$ 发散;

(3) 当 $\rho = 1$ 时,级数 $\sum\limits_{n=1}^{\infty} u_n$ 可能收敛,也可能发散.

__例 10__　判别级数 $\sum\limits_{n=1}^{\infty} \left(\dfrac{2n}{3n+1}\right)^n$ 的敛散性.

解　因为 $\lim\limits_{n \to \infty} \sqrt[n]{u_n} = \lim\limits_{n \to \infty} \dfrac{2n}{3n+1} = \dfrac{2}{3} < 1$, 故级数收敛.

2. 交错级数收敛性

级数 $\sum\limits_{n=1}^{\infty} (-1)^{n-1} u_n (u_n > 0)$ 或 $\sum\limits_{n=1}^{\infty} (-1)^n u_n (u_n > 0)$ 称为__交错级数__. 交错级数的特点是级数的一般项正负交替出现.

例如,级数

$$\sum_{n=1}^{\infty} (-1)^{n-1} \frac{1}{n} = 1 - \frac{1}{2} + \frac{1}{3} - \cdots + (-1)^{n-1} \frac{1}{n} + \cdots$$

就是一个交错级数,称它为交错调和级数.

__定理 7.1.7__(莱布尼茨判别法)　如果交错级数 $\sum\limits_{n=1}^{\infty} (-1)^{n-1} u_n$ 满足

(1) $u_n \geqslant u_{n+1}, n = 1, 2, 3, \cdots,$

(2) $\lim\limits_{n \to \infty} u_n = 0,$

则 $\sum\limits_{n=1}^{\infty}(-1)^{n-1}u_n$ 收敛,且其和 $s \leqslant u_1$,余项 $|r_n| \leqslant u_{n+1}$.

证明 设 s_n 是级数的前 n 项部分和. 先证明 $\{s_{2n}\}$ 有极限. 注意到,$s_{2n}-s_{2n-2}=u_{2n-1}-u_{2n} \geqslant 0$,因此 $\{s_{2n}\}$ 是单调增数列. 又由

$$s_{2n}=u_1-(u_2-u_3)-(u_4-u_5)-\cdots-(u_{2n-2}-u_{2n-1})-u_{2n}$$

及括号内的数非负可知,$s_{2n} \leqslant u_1$,即数列 $\{s_{2n}\}$ 有上界,根据单调数列收敛准则,$\lim\limits_{n \to \infty}s_{2n}$ 存在.

现在证明 $\{s_{2n+1}\}$ 有极限,且 $\lim\limits_{n \to \infty}s_{2n+1}=\lim\limits_{n \to \infty}s_{2n}$.

事实上,因为 $s_{2n+1}=s_{2n}+u_{2n+1}$,所以 $\lim\limits_{n \to \infty}s_{2n+1}=\lim\limits_{n \to \infty}s_{2n}+\lim\limits_{n \to \infty}u_{2n+1}=\lim\limits_{n \to \infty}s_{2n}$. 由此可知,$\lim\limits_{n \to \infty}s_n$ 存在,从而级数 $\sum\limits_{n=1}^{\infty}(-1)^{n-1}u_n$ 收敛.

注意到,余项仍是一个交错级数,因此有 $|r_n|=\left|\sum\limits_{k=n+1}^{\infty}(-1)^{k-1}u_k\right| \leqslant u_{n+1}$.

例 11 判别交错调和级数 $\sum\limits_{n=1}^{\infty}(-1)^{n-1}\dfrac{1}{n}$ 的敛散性.

解 此级数满足(1) $u_n=\dfrac{1}{n} \geqslant \dfrac{1}{n+1}=u_{n+1}$,(2) $\lim\limits_{n \to \infty}u_n=\lim\limits_{n \to \infty}\dfrac{1}{n}=0$,根据莱布尼茨判别法,交错调和级数收敛.

3. 绝对收敛和条件收敛

对于一般的级数 $\sum\limits_{n=1}^{\infty}u_n$,其中 u_n 为任意实数,称 $\sum\limits_{n=1}^{\infty}|u_n|$ 为级数 $\sum\limits_{n=1}^{\infty}u_n$ 的绝对值级数.

定理 7.1.8 若 $\sum\limits_{n=1}^{\infty}|u_n|$ 收敛,则 $\sum\limits_{n=1}^{\infty}u_n$ 必定收敛.

证明 令

$$v_n=\frac{1}{2}(u_n+|u_n|),n=1,2,\cdots.$$

显然,$v_n \geqslant 0$ 且 $v_n \leqslant |u_n|$ $(n=1,2,\cdots)$. 因为 $\sum\limits_{n=1}^{\infty}|u_n|$ 收敛,由比较判别法知,$\sum\limits_{n=1}^{\infty}v_n$ 收敛,从而 $\sum\limits_{n=1}^{\infty}2v_n$ 收敛. 而 $u_n=2v_n-|u_n|$,由收敛级数性质可知

$$\sum\limits_{n=1}^{\infty}u_n=\sum\limits_{n=1}^{\infty}2v_n-\sum\limits_{n=1}^{\infty}|u_n|,$$

所以级数 $\sum\limits_{n=1}^{\infty}u_n$ 收敛.

注 这个定理把一般级数的敛散性转化为正项级数来判别,在许多情况下非常有效.

例 12 判别级数 $\sum\limits_{n=1}^{\infty} \dfrac{\sin n\alpha}{n^2}$ 的敛散性.

解 因为 $\left| \dfrac{\sin n\alpha}{n^2} \right| \leqslant \dfrac{1}{n^2}$,而级数 $\sum\limits_{n=1}^{\infty} \dfrac{1}{n^2}$ 收敛,所以级数 $\sum\limits_{n=1}^{\infty} \left| \dfrac{\sin n\alpha}{n^2} \right|$ 收敛,从而级数 $\sum\limits_{n=1}^{\infty} \dfrac{\sin n\alpha}{n^2}$ 收敛.

需要指出的是,如果 $\sum\limits_{n=1}^{\infty} |u_n|$ 发散,$\sum\limits_{n=1}^{\infty} u_n$ 未必也发散. 例如,调和级数是交错调和级数的绝对值级数,调和级数发散,但交错调和级数收敛.

一般地,如果 $\sum\limits_{n=1}^{\infty} |u_n|$ 收敛,则称级数 $\sum\limits_{n=1}^{\infty} u_n$ **绝对收敛**;如果 $\sum\limits_{n=1}^{\infty} |u_n|$ 发散,而 $\sum\limits_{n=1}^{\infty} u_n$ 收敛,则称级数 $\sum\limits_{n=1}^{\infty} u_n$ **条件收敛**. 定理 7.1.8 表明,绝对收敛级数必定收敛.

容易知道,交错 p-级数 $\sum\limits_{n=1}^{\infty} \dfrac{(-1)^{n-1}}{n^p}$ 当 $p > 1$ 时绝对收敛,而当 $0 < p \leqslant 1$ 时条件收敛.

绝对收敛级数具有一些条件收敛级数所不具备的性质,这里叙述其二,不加证明.

定理 7.1.9(绝对收敛级数的加法可交换性) 绝对收敛级数经改变项的位置后得到的级数仍收敛,且与原级数有相同的和.

设有级数 $\sum\limits_{n=1}^{\infty} u_n$ 和 $\sum\limits_{n=1}^{\infty} v_n$,称级数

$$\sum_{n=1}^{\infty} \sum_{k=1}^{n} u_k v_{n-k+1} = u_1 v_1 + (u_1 v_2 + u_2 v_1) + \cdots + (u_1 v_n + u_2 v_{n-1} + \cdots + u_n v_1) + \cdots$$

为级数 $\sum\limits_{n=1}^{\infty} u_n$ 和 $\sum\limits_{n=1}^{\infty} v_n$ 的**柯西乘积**.

定理 7.1.10(绝对收敛级数的乘法性质) 两个绝对收敛级数的柯西乘积仍绝对收敛,且其和是原级数的和的乘积.

习题 7.1

1. 是非判断题.

若 $\sum\limits_{n=1}^{\infty} u_n$ 收敛,则 $\lim\limits_{n \to \infty}(u_n^2 - u_n + 3) = 3$.   (   )

2. 单项选择题.

(1) 下列级数中收敛的是( ).

A. $\displaystyle\sum_{n=1}^{\infty}\frac{1}{n\sqrt[n]{n}}$ B. $\displaystyle\sum_{n=1}^{\infty}\frac{n-1}{n(n+2)}$ C. $\displaystyle\sum_{n=1}^{\infty}\frac{3^n}{n2^n}$ D. $\displaystyle\sum_{n=1}^{\infty}\frac{1}{(n+1)(n+3)}$

(2) 下列级数中条件收敛的是(   ).

A. $\displaystyle\sum_{n=1}^{\infty}\frac{(-1)^n(n+1)}{n}$ B. $\displaystyle\sum_{n=1}^{\infty}\frac{(-1)^n}{3n-1}$

C. $\displaystyle\sum_{n=1}^{\infty}\frac{(-1)^n}{n^2}$ D. $\displaystyle\sum_{n=1}^{\infty}\frac{(-1)^n\sin\dfrac{\pi}{n}}{\pi^n}$

(3) 级数 $\displaystyle\sum_{n=1}^{\infty}\frac{(-1)^n}{n^{2p}}$(   ).

A. 当 $p>\dfrac{1}{2}$ 时,绝对收敛   B. 当 $p>\dfrac{1}{2}$ 时,条件收敛

C. 当 $0<p\leqslant\dfrac{1}{2}$ 时,绝对收敛   D. 当 $0<p\leqslant\dfrac{1}{2}$ 时,发散

(4) $\displaystyle\sum_{n=1}^{\infty}u_n$ 是正项级数,下列命题中错误的是(   ).

A. 如果 $\displaystyle\lim_{n\to\infty}\frac{u_{n+1}}{u_n}=\rho<1$,则级数收敛   B. 如果 $\displaystyle\lim_{n\to\infty}\frac{u_{n+1}}{u_n}=\rho>1$,则级数发散

C. 如果 $\dfrac{u_{n+1}}{u_n}<1$,则级数收敛   D. 如果 $\dfrac{u_{n+1}}{u_n}>1$,则级数发散

(5) 当 $\displaystyle\sum_{n=1}^{\infty}(a_n-b_n)$ 收敛时,级数 $\displaystyle\sum_{n=1}^{\infty}a_n$ 与 $\displaystyle\sum_{n=1}^{\infty}b_n$(   ).

A. 同时收敛   B. 同时发散
C. 可能不同时收敛   D. 不可能同时收敛

(6) $\displaystyle\sum_{n=1}^{\infty}a_n$ 为任意项级数,若 $|a_n|>|a_{n+1}|$ 且 $\displaystyle\lim_{n\to\infty}a_n=0$,则该级数(   ).

A. 条件收敛   B. 绝对收敛   C. 发散   D. 可能收敛,也可能发散

(7) 若 $\displaystyle\sum_{n=1}^{\infty}\frac{a^n n!}{n^n}$ 收敛,$\displaystyle\sum_{n=1}^{\infty}\frac{\sqrt{n+2}-\sqrt{n-2}}{n^a}$ 发散,且 a 为正实数,则有(   ).

A. $a>\mathrm{e}$ B. $a=\mathrm{e}$
C. $\dfrac{1}{2}<a<1$ D. $0<a\leqslant\dfrac{1}{2}$

3. 根据定义求级数的和.

(1) $\displaystyle\sum_{n=1}^{\infty}\frac{2^n+(-3)^n}{5^n}$;   (2) $\displaystyle\sum_{n=1}^{\infty}\frac{1}{4n^2-1}$;   (3) $\displaystyle\sum_{n=1}^{\infty}\frac{1}{\sqrt{n(n+1)}(\sqrt{n+1}+\sqrt{n})}$.

4. 判别下列级数的敛散性.

(1) $\displaystyle\sum_{n=1}^{\infty}\frac{n-\sqrt{n}}{2n-1}$;   (2) $\displaystyle\sum_{n=1}^{\infty}\frac{\ln^n 3}{3^n}$;   (3) $\displaystyle\sum_{n=1}^{\infty}\left(\frac{1}{2^n}-\frac{1}{10n}\right)$.

5. 判别级数的敛散性.

(1) $\displaystyle\sum_{n=1}^{\infty}\frac{n+1}{n^2+2}$;   (2) $\displaystyle\sum_{n=1}^{\infty}\frac{1}{1+2+\cdots+n}$;   (3) $\displaystyle\sum_{n=1}^{\infty}\frac{1}{n}\tan\frac{1}{n}$;   (4) $\displaystyle\sum_{n=1}^{\infty}\frac{1}{n^2-\ln n}$;

(5) $\sum\limits_{n=1}^{\infty} \dfrac{(n!)^2}{(2n)!}$; (6) $\sum\limits_{n=1}^{\infty} \dfrac{n^2}{\left(1+\dfrac{1}{n}\right)^{n^2}}$; (7) $\sum\limits_{n=1}^{\infty} \dfrac{2^n}{3^{\ln n}}$; (8) $\sum\limits_{n=1}^{\infty} \dfrac{a^n}{1+a^{2n}}$ $(a\neq 0)$.

6. 判别下列级数是绝对收敛、条件收敛还是发散.

(1) $\sum\limits_{n=1}^{\infty} (-1)^n \dfrac{\sqrt{n}}{n^2+100}$; (2) $\sum\limits_{n=1}^{\infty} (\sqrt{n+1}-\sqrt{n})\cos n\pi$;

(3) $\sum\limits_{n=1}^{\infty} (-1)^n \dfrac{1}{\ln(1+n)}$; (4) $\sum\limits_{n=1}^{\infty} (-1)^{n-1} \dfrac{a^n}{n}$ $(a\neq 0)$.

7. 证明题.

(1) 已知 $\sum\limits_{n=1}^{\infty} a_n$ 及 $\sum\limits_{n=1}^{\infty} c_n$ 都收敛,且 $a_n \leqslant b_n \leqslant c_n (n=1,2,\cdots)$,则 $\sum\limits_{n=1}^{\infty} b_n$ 也收敛.

(2) 若正项级数 $\sum\limits_{n=1}^{\infty} a_n$ 收敛,则 $\sum\limits_{n=1}^{\infty} a_n^2$ 也收敛.

(3) 若 $a_n \geqslant 0$ 且 $\sum\limits_{n=1}^{\infty} a_n^2$ 收敛,则 $\sum\limits_{n=1}^{\infty} \dfrac{a_n}{n}$ 也收敛.

7.2 幂 级 数

7.2.1 函数项级数的概念

设 $\{u_n(x)\}$ 是定义在某一区间上的一列函数,则称级数

$$\sum_{n=1}^{\infty} u_n(x) = u_1(x) + u_2(x) + \cdots + u_n(x) + \cdots \tag{7.2.1}$$

为函数项级数.

显然,对于区间上每一点 x_0,式(7.2.1)都确定了一个常数项级数

$$\sum_{n=1}^{\infty} u_n(x_0) = u_1(x_0) + u_2(x_0) + \cdots + u_n(x_0) + \cdots . \tag{7.2.2}$$

如果常数项级数(7.2.2)收敛(发散),则称 x_0 为函数项级数(7.2.1)的**收敛点(发散点)**. 全体收敛点(发散点)所组成的集合称为函数项级数的**收敛域(发散域)**. 一般来说,它们的结构相当复杂.

设有函数项级数(7.2.1),I 为其收敛域. 当 x 在 I 上变动时,级数(7.2.1)的和是 x 的一个函数,称为函数项级数的**和函数**,记为 $s(x)$,即

$$s(x) = \sum_{n=1}^{\infty} u_n(x), x \in I . \tag{7.2.3}$$

记函数项级数(7.2.1)的前 n 项部分和 $\sum\limits_{k=1}^{n} u_k(x) = s_n(x)$,根据级数收敛的定

义，有 $s(x) = \lim_{n \to \infty} s_n(x), x \in I$，其余项 $r_n(x) = s(x) - s_n(x) = \sum_{k=n+1}^{\infty} u_k(x)$ 也是 x 的函数，并有 $\lim_{n \to \infty} r_n(x) = 0, x \in I$．

例 1 求函数项级数 $\sum_{n=0}^{\infty} x^n = 1 + x + x^2 + \cdots + x^n + \cdots$ 的收敛域及和函数．

解 对于任意一个给定的 $x \in (-\infty, +\infty)$，此函数项级数是一个以 x 为公比的几何级数，当 $|x| < 1$ 时收敛，当 $|x| \geq 1$ 时发散．故函数项级数的收敛域为 $(-1, 1)$，发散域为 $(-\infty, -1] \cup [1, +\infty)$．其和函数 $s = \dfrac{1}{1-x}$，余项函数 $r_n(x) = \sum_{k=n}^{\infty} x^k = \dfrac{x^n}{1-x}, x \in (-1, 1)$．

7.2.2 幂级数及其收敛域

函数项级数中形如

$$\sum_{n=0}^{\infty} a_n (x - x_0)^n = a_0 + a_1 (x - x_0) + a_2 (x - x_0)^2 + \cdots + a_n (x - x_0)^n + \cdots$$

$$(7.2.4)$$

的级数称为**幂级数**，其中 x_0 是一个确定的常数，$a_n (n = 0, 1, 2, \cdots)$ 为实常数，称为幂级数的系数．

在式（7.2.4）中，若记 $y = x - x_0$，则幂级数可表示成

$$\sum_{n=0}^{\infty} a_n y^n = a_0 + a_1 y + a_2 y^2 + \cdots + a_n y^n + \cdots.$$

因此，只需讨论形如

$$\sum_{n=0}^{\infty} a_n x^n = a_0 + a_1 x + a_2 x^2 + \cdots + a_n x^n + \cdots \qquad (7.2.5)$$

的幂级数．

显然，在点 $x = 0$ 处，幂级数（7.2.5）总是收敛的．除此之外，幂级数是否还有其他收敛点？ 如果有，这些点在 x 轴上的分布如何？ 下面的定理回答了这些问题．

定理 7.2.1（阿贝尔定理） 若幂级数（7.2.5）在点 $x = x_0$ 处收敛，则对于适合不等式 $|x| < |x_0|$ 的一切 x，幂级数皆绝对收敛；若幂级数（7.2.5）在点 $x = x_0$ 处发散，则对于适合不等式 $|x| > |x_0|$ 的一切 x，幂级数皆发散．

证明 设 x_0 是幂级数的收敛点，即数项级数 $\sum_{n=0}^{\infty} a_n x_0^n$ 收敛．根据级数收敛的必要条件，有 $\lim_{n \to \infty} a_n x_0^n = 0$，从而数列 $\{a_n x_0^n\}$ 有界，即存在 $M > 0$，使 $|a_n x_0^n| \leq M (n =$

$0,1,2,\cdots$). 因此, 对于适合不等式 $|x|<|x_0|$ 的一切 x, 有

$$|a_n x^n| = \left| a_n x_0^n \cdot \frac{x^n}{x_0^n} \right| = |a_n x_0^n| \left| \frac{x}{x_0} \right|^n \leqslant M \left| \frac{x}{x_0} \right|^n.$$

由于 $\left| \dfrac{x}{x_0} \right| < 1$ 对应的几何级数 $\displaystyle\sum_{n=0}^{\infty} M \left| \frac{x}{x_0} \right|^n$ 收敛, 故幂级数 $\displaystyle\sum_{n=0}^{\infty} a_n x^n$ 绝对收敛.

定理的后一部分可由反证法得到. 设幂级数(7.2.5)在 x_0 发散. 假如有一点 x_1 适合不等式 $|x_1|>|x_0|$ 并使幂级数(7.2.5)收敛, 则由以上证得的结论, 幂级数 (7.2.5)在点 x_0 也应收敛, 与所设矛盾.

阿贝尔定理揭示了幂级数收敛点与发散点在数轴上的分布情况. 数轴上任一点 x_0 不是收敛点就是发散点. 根据阿贝尔定理, 如果 x_0 是收敛点, 则开区间 $(-|x_0|, |x_0|)$ 内的一切点都是收敛点; 如果 x_0 是发散点, 则开区间 $(-\infty, -|x_0|)$ 和 $(|x_0|, +\infty)$ 内的一切点都是发散点. 由此可知, 幂级数的收敛点与发散点不能相间存在. 因此, 当幂级数(7.2.5)既不是只在 $x=0$ 处收敛, 也不是在整个数轴上收敛时, 则必存在两个对称的点 $x=\pm R(R>0)$ 把收敛点与发散点分割开来. 在 $(-R, R)$ 内的一切点都是收敛点; 在 $(-\infty, R)$ 和 $(R, +\infty)$ 内的一切点都是发散点; 而分界点 $x=\pm R$ 可能是收敛点, 也可能是发散点.

正数 R 称为幂级数的**收敛半径**, 开区间 $(-R, R)$ 称为幂级数的**收敛区间**. 特别地, 当幂级数(7.2.5)仅在 $x=0$ 一点处收敛时, 规定其收敛半径 $R=0$, 这时, 收敛区间退化成一点; 当幂级数(7.2.5)在整个数轴上收敛时, 规定其收敛半径 $R=+\infty$, 这时, 收敛区间为 $(-\infty, +\infty)$.

由此可见, 幂级数的收敛域总是区间, 其结构非常简单. 为确定幂级数的收敛区间, 关键是确定幂级数的收敛半径. 下面的定理给出了求幂级数收敛半径的实用方法.

定理 7.2.2 设有幂级数 $\displaystyle\sum_{n=0}^{\infty} a_n x^n$, 且 $\displaystyle\lim_{n\to\infty} \left| \frac{a_{n+1}}{a_n} \right| = \rho$, 则

(1) 当 $\rho \neq 0$ 时, $R = \dfrac{1}{\rho}$;

(2) 当 $\rho = 0$ 时, $R = +\infty$;

(3) 当 $\rho = \infty$ 时, $R = 0$.

证明 考察由幂级数(7.2.5)各项绝对值所成的正项级数

$$\sum_{n=0}^{\infty} |a_n x^n| = |a_0| + |a_1 x| + |a_2 x^2| + \cdots + |a_n x^n| + \cdots \qquad (7.2.6)$$

因为 $\displaystyle\lim_{n\to\infty} \frac{|a_{n+1} x^{n+1}|}{|a_n x^n|} = \lim_{n\to\infty} \left| \frac{a_{n+1}}{a_n} \right| |x| = \rho |x|$,

(1) 当 $\rho \neq 0$ 时, 根据正项级数敛散性的比值判别法, 当 $\rho |x| < 1$, 即 $|x| <$

$\dfrac{1}{\rho}$ 时,幂级数绝对收敛;当 $\rho|x|>1$,即 $|x|>\dfrac{1}{\rho}$ 时,级数(7.2.6)发散,且自某项开始,有 $|a_{n+1}x^{n+1}|>|a_nx^n|$. 这说明级数(7.2.6)的一般项 $|a_nx^n|$ 不趋于 0,因此 a_nx^n 也不趋于 0,从而幂级数(7.2.5)发散. 综上可知,$R=\dfrac{1}{\rho}$.

(2) 当 $\rho=0$ 时,对任意 $x\neq 0$ 都有 $\lim\limits_{n\to\infty}\dfrac{|a_{n+1}x^{n+1}|}{|a_nx^n|}=\rho|x|=0<1$,因此,级数(7.2.6)总收敛,从而幂级数对任意 x 收敛,故 $R=+\infty$.

(3) 当 $\rho=\infty$ 时,对任意 $x\neq 0$,自某项开始有 $\dfrac{|a_{n+1}x^{n+1}|}{|a_nx^n|}>1$,即 $|a_{n+1}x^{n+1}|>|a_nx^n|$. 于是级数(7.2.6)和级数(7.2.5)对一切不为 0 的点 x 都发散,故 $R=0$.

例 2 求幂级数 $\displaystyle\sum_{n=1}^{\infty}\dfrac{(-1)^{n-1}}{\sqrt{n}}x^n$ 的收敛半径和收敛域.

解 由 $\rho=\lim\limits_{n\to\infty}\left|\dfrac{a_{n+1}}{a_n}\right|=\lim\limits_{n\to\infty}\left(\dfrac{1}{\sqrt{n+1}}\Big/\dfrac{1}{\sqrt{n}}\right)=1$ 知,收敛半径 $R=1$.

为确定幂级数的收敛域,需要对收敛区间端点处的敛散性作专门考察.

在端点 $x=1$,幂级数成为交错 p -级数 $\displaystyle\sum_{n=1}^{\infty}\dfrac{(-1)^{n-1}}{\sqrt{n}}$,它是收敛的;在端点 $x=-1$,幂级数成为(负)p -级数 $-\displaystyle\sum_{n=1}^{\infty}\dfrac{1}{\sqrt{n}}$,它是发散的,故幂级数的收敛域为 $(-1,1]$.

例 3 求幂级数 $\displaystyle\sum_{n=0}^{\infty}\dfrac{x^n}{n!}$ 的收敛半径和收敛域.

解 由 $\rho=\lim\limits_{n\to\infty}\left|\dfrac{a_{n+1}}{a_n}\right|=\lim\limits_{n\to\infty}\left(\dfrac{1}{(n+1)!}\Big/\dfrac{1}{n!}\right)=\lim\limits_{n\to\infty}\dfrac{1}{n+1}=0$ 知,收敛半径 $R=+\infty$,因此,收敛区间和收敛域均为 $(-\infty,+\infty)$.

例 4 求幂级数 $\displaystyle\sum_{n=0}^{\infty}n^nx^n$ 的收敛半径.

解 由 $\rho=\lim\limits_{n\to\infty}\left|\dfrac{a_{n+1}}{a_n}\right|=\lim\limits_{n\to\infty}\dfrac{(n+1)^{n+1}}{n^n}=\lim\limits_{n\to\infty}\left(1+\dfrac{1}{n}\right)^n(n+1)=+\infty$ 知,收敛半径 $R=0$,幂级数仅在 $x=0$ 处收敛.

例 5 求幂级数 $\displaystyle\sum_{n=0}^{\infty}\dfrac{2n+1}{2^{n+1}}x^{2n}$ 的收敛半径和收敛域.

解 此幂级数缺奇次幂项,不能直接运用定理 7.2.2,可以直接用比值判别法求解. 因为

$$\lim_{n\to\infty}\left(\left|\dfrac{2(n+1)+1}{2^{n+2}}x^{2n+2}\right|\Big/\left|\dfrac{2n+1}{2^{n+1}}x^{2n}\right|\right)=\dfrac{|x|^2}{2},$$

当 $\dfrac{|x|^2}{2}<1$，即 $|x|<\sqrt{2}$ 时,级数绝对收敛;当 $\dfrac{|x|^2}{2}>1$，即 $|x|>\sqrt{2}$ 时,级数发散,故 $R=\sqrt{2}$. 在端点 $x=\pm\sqrt{2}$,幂级数成为 $\displaystyle\sum_{n=0}^{\infty}\dfrac{2n+1}{2}$,该级数发散,因此,幂级数的收敛域为 $(-\sqrt{2},+\sqrt{2})$.

例 6 求幂级数 $\displaystyle\sum_{n=0}^{\infty}\dfrac{1}{2n+1}(x-1)^n$ 的收敛半径和收敛域.

解 令 $y=x-1$，则原幂级数成为 $\displaystyle\sum_{n=0}^{\infty}\dfrac{1}{(2n+1)}y^n$. 因为 $\rho=\lim\limits_{n\to\infty}\left|\dfrac{a_{n+1}}{a_n}\right|=\lim\limits_{n\to\infty}\dfrac{2n+1}{2n+3}=1$,得 $R=1$. 当 $y=1$ 时,级数 $\displaystyle\sum_{n=0}^{\infty}\dfrac{1}{(2n+1)}$ 发散;当 $y=-1$ 时,级数 $\displaystyle\sum_{n=0}^{\infty}\dfrac{(-1)^n}{(2n+1)}$ 收敛,故幂级数 $\displaystyle\sum_{n=0}^{\infty}\dfrac{1}{(2n+1)}y^n$ 的收敛域为 $[-1,1)$,原幂级数的收敛域则为 $[0,2)$.

7.2.3 幂级数的运算

1. 四则运算

设有幂级数

$$\sum_{n=0}^{\infty}a_nx^n=s(x),(-R_1,R_1)$$

和

$$\sum_{n=0}^{\infty}b_nx^n=\sigma(x),(-R_2,R_2).$$

(1) 加减法. 根据收敛级数性质 1,两个幂级数在其公共收敛域内可逐项相加,即

$$\sum_{n=0}^{\infty}(a_n\pm b_n)x^n=\sum_{n=0}^{\infty}a_nx^n\pm\sum_{n=0}^{\infty}b_nx^n=s(x)\pm\sigma(x),x\in(-R,R),$$

其中, $R=\min\{R_1,R_2\}$.

(2) 乘法. 根据阿贝尔定理,两个幂级数在其公共收敛域内皆绝对收敛,根据绝对收敛级数的乘积定理,它们的柯西乘积也绝对收敛,即幂级数可逐项相乘.

$$\left(\sum_{n=0}^{\infty}a_nx^n\right)\left(\sum_{n=0}^{\infty}b_nx^n\right)=\sum_{n=0}^{\infty}\sum_{k=0}^{n}a_kb_{n-k}x^n$$

$$=a_0b_0+(a_0b_1+a_1b_0)x+(a_0b_2+a_1b_1+a_2b_0)x^2$$

$$+\cdots+(a_0b_n+a_1b_{n-1}+\cdots+a_nb_0)x^n+\cdots$$

$$=s(x)\sigma(x),x\in(-R,R).$$

若两个幂级数都在 $x=\pm R$ 绝对收敛,则 $(-R,R)$ 可换成 $[-R,R]$.

（3）除法. 幂级数除法可看作柯西乘积的逆运算. 设

$$\frac{a_0+a_1x+a_2x^2+\cdots+a_nx^n+\cdots}{b_0+b_1x+b_2x^2+\cdots+b_nx^n+\cdots}=c_0+c_1x+c_2x^2+\cdots+c_nx^n+\cdots,$$

其中, $b_0\neq 0$,把 $\sum\limits_{n=0}^{\infty}b_nx^n$ 与 $\sum\limits_{n=0}^{\infty}c_nx^n$ 的柯西乘积的系数与 $\sum\limits_{n=0}^{\infty}a_nx^n$ 的同次幂系数比较,可得

$$a_0=b_0c_0,a_1=b_0c_1+b_1c_0,a_2=b_0c_2+b_1c_1+b_2c_0,\cdots,$$

由这些等式可依次确定商级数的系数 $c_0,c_1,c_2,\cdots$.

注 相除所得的幂级数在其收敛区域内,其和等于 $s(x)/\sigma(x)$. 因此在它的收敛区域内不能有 $\sigma(x)$ 的零点,所以它的收敛区间与原来的两个幂级数的收敛区间相比可能小很多.

2. 分析运算

定理 7.2.3（端点连续性质） 若幂级数 $\sum\limits_{n=0}^{\infty}a_nx^n$ 在其收敛区间的端点 $x=R$（或 $x=-R$）处收敛,且该幂级数的和函数 $s(x)$ 在收敛区间 $(-R,R)$ 内连续,则此幂级数的和函数 $s(x)$ 在 $x=R$ 左连续（或在 $x=-R$ 右连续）.

定理 7.2.4（逐项求导和逐项积分性质） 幂级数 $\sum\limits_{n=0}^{\infty}a_nx^n$ 的和函数 $s(x)$ 在其收敛区间 $(-R,R)$ 内可导、可积,且有逐项求导公式

$$s'(x)=(\sum_{n=0}^{\infty}a_nx^n)'=\sum_{n=0}^{\infty}(a_nx^n)'=\sum_{n=1}^{\infty}na_nx^{n-1}$$

和逐项积分公式

$$\int_0^x s(t)\mathrm{d}t=\sum_{n=0}^{\infty}\int_0^x a_nt^n\mathrm{d}t=\sum_{n=0}^{\infty}\frac{a_n}{n+1}x^{n+1}.$$

逐项求导和逐项积分后的幂级数收敛半径不变.

注 尽管幂级数 $\sum\limits_{n=0}^{\infty}a_nx^n$ 经逐项求导和逐项积分后得到的幂级数与原幂级数有相同的收敛半径,但在收敛区间 $(-R,R)$ 端点处的收敛情况可能发生变化. 一般地,在原幂级数的收敛端点,逐项求导后可能发散;而在原幂级数的发散端点,逐项积分后可能收敛.

例如,幂级数 $\sum\limits_{n=1}^{\infty}\frac{1}{n}x^n$ 的收敛域是 $[-1,1)$,逐项求导后的幂级数 $\sum\limits_{n=1}^{\infty}x^{n-1}$ 的收敛域是 $(-1,1)$,而逐项积分后的幂级数 $\sum\limits_{n=1}^{\infty}\frac{1}{n(n+1)}x^{n+1}$ 的收敛域是 $[-1,1]$.

3. 级数求和

求幂级数的和函数是一个重要问题,但又是一个困难问题,无章可循.利用幂级数的四则运算和分析运算是求和函数的重要手段,下面举例说明.

例 7 确定幂级数 $\sum_{n=0}^{\infty} \dfrac{1}{n+1} x^n$ 的收敛域,并求其和函数.

解 因 $\lim_{n \to \infty} \left| \dfrac{a_{n+1}}{a_n} \right| = \lim_{n \to \infty} \dfrac{n+1}{n+2} = 1$,故幂级数的收敛半径 $R = 1$.

在端点 $x = -1$ 处级数 $\sum_{n=0}^{\infty} \dfrac{(-1)^n}{n+1}$ 收敛,在端点 $x = 1$ 处级数 $\sum_{n=0}^{\infty} \dfrac{1}{n+1}$ 发散,从而幂级数的收敛域为 $[-1, 1)$.

设幂级数在其收敛域内的和函数为 $s(x)$,即

$$s(x) = \sum_{n=0}^{\infty} \frac{1}{n+1} x^n, x \in [-1, 1).$$

于是

$$xs(x) = \sum_{n=0}^{\infty} \frac{x^{n+1}}{n+1}.$$

利用幂级数的逐项求导性质得

$$[xs(x)]' = \sum_{n=0}^{\infty} \left(\frac{x^{n+1}}{n+1} \right)' = \sum_{n=0}^{\infty} x^n = \frac{1}{1-x}, \ |x| < 1.$$

对上式从 0 到 x 积分得

$$xs(x) = \int_0^x \frac{1}{1-t} \mathrm{d}t = -\ln(1-x), \ -1 \leqslant x < 1.$$

于是,当 $x \neq 0$ 时,有 $s(x) = -\dfrac{1}{x} \ln(1-x)$. 显然 $x = 0$ 时,$s(0) = 1$.

因此

$$s(x) = \begin{cases} -\dfrac{1}{x} \ln(1-x), & x \in [-1, 0) \bigcup (0, 1), \\ 1, & x = 0, \end{cases}$$

例 8 求幂级数 $\sum_{n=1}^{\infty} \dfrac{2n-1}{2^n} x^{2n-1}$ 的和函数,并求常数项级数 $\sum_{n=1}^{\infty} \dfrac{2n-1}{2^n}$ 的和.

解 容易确定该幂级数的收敛区间是 $(-\sqrt{2}, \sqrt{2})$. 设该幂级数在此区间内的和函数为 $s(x)$,即

$$s(x) = \sum_{n=1}^{\infty} \frac{2n-1}{2^n} x^{2n-1}$$
$$= \frac{1}{2}x + \frac{3}{2^2}x^3 + \frac{5}{2^3}x^5 + \cdots + \frac{2n-1}{2^n}x^{2n-1} + \cdots,$$

于是

$$s(x) - \frac{x^2}{2}s(x) = \left(\frac{1}{2}x + \frac{3}{2^2}x^3 + \frac{5}{2^3}x^5 + \cdots + \frac{2n-1}{2^n}x^{2n-1} + \cdots\right) -$$
$$\frac{x^2}{2}\left(\frac{1}{2}x + \frac{3}{2^2}x^3 + \frac{5}{2^3}x^5 + \cdots + \frac{2n-1}{2^n}x^{2n-1} + \cdots\right)$$
$$= \frac{1}{2}x + \frac{1}{2}x^3 + \frac{1}{2^2}x^5 + \cdots + \frac{1}{2^{n-1}}x^{2n-1} + \cdots$$
$$= \frac{1}{2}x + \frac{x^3}{2} \cdot \frac{1}{1-\frac{x^2}{2}} = \frac{1}{2}x + \frac{x^3}{2-x^2}.$$

由此解得

$$s(x) = \frac{\frac{1}{2}x + \frac{x^3}{2-x^2}}{1-\frac{x^2}{2}} = \frac{x}{2-x^2} + \frac{2x^3}{(2-x^2)^2}, x \in (-\sqrt{2}, \sqrt{2}).$$

以 $x = 1$ 代入上式,即得 $\sum_{n=1}^{\infty} \frac{2n-1}{2^n} = s(1) = 3$.

注 设常数项级数 $\sum_{n=1}^{\infty} a_n$ 收敛,和为 s,则相应的幂级数 $\sum_{n=1}^{\infty} a_n x^n$ 在 $x = 1$ 处收敛,其收敛半径 $R \geqslant 1$. 可以证明,此时有 $\sum_{n=1}^{\infty} a_n = \lim_{x \to 1^-} s(x) = s(1)$. 因此,常数项级数的求和问题可归结为求相应的幂级数的和函数问题. 一般来说,求幂级数的和函数的方法相对要丰富一些.

7.2.4 函数的幂级数展开

在许多问题中,有时需要把函数 $f(x)$ 在某个区间上"表示成幂级数",也就是说要找一个幂级数,例如 $\sum_{n=0}^{\infty} a_n x^n$,它在给定区间上收敛,并且它的和函数就是 $f(x)$. 如果能找到这样一个幂级数,就说函数 $f(x)$ 在该区间内能展开成幂级数. 此时,这个幂级数就表示了函数 $f(x)$.

1. 泰勒级数

在 2.3.3 节介绍了函数 $f(x)$ 在点 x_0 处的**泰勒公式**

$$f(x) = f(x_0) + \frac{f'(x_0)}{1!}(x - x_0) + \frac{f''(x_0)}{2!}(x - x_0)^2 +$$

$$\cdots \frac{f^{(n)}(x_0)}{n!}(x - x_0)^n + R_n(x), \tag{7.2.7}$$

式中,拉格朗日余项 $R_n(x) = \frac{f^{(n+1)}(\xi)}{(n+1)!}(x - x_0)^{n+1}$ (ξ 在 x_0 与 x 之间).

如果函数 $f(x)$ 在 x_0 的某一邻域 $U(x_0)$ 内具有各阶导数,按泰勒公式的做法,可以得到幂级数

$$\sum_{n=0}^{\infty} \frac{f^{(n)}(x_0)}{n!}(x - x_0)^n = f(x_0) + \frac{f'(x_0)}{1!}(x - x_0) + \frac{f''(x_0)}{2!}(x - x_0)^2 +$$

$$\cdots + \frac{f^{(n)}(x_0)}{n!}(x - x_0)^n + \cdots, \tag{7.2.8}$$

称它为 $f(x)$ 在点 x_0 的**泰勒级数**,称 $\frac{f^{(n)}(x_0)}{n!}$ 为 $f(x)$ 的**泰勒系数**.

当取 $x_0 = 0$ 时,$f(x)$ 的泰勒级数化为

$$f(0) + f'(0)x + \frac{f''(0)}{2!}x^2 + \cdots + \frac{f^{(n)}(0)}{n!}x^n + \cdots, \tag{7.2.9}$$

称它为 $f(x)$ 的**麦克劳林**(Maclaurin)**级数**.

任何函数,只要它在 x_0 的某个邻域 $U(x_0)$ 内有各阶导数,就可以写出它的泰勒级数.问题是:

(1) 如果函数 $f(x)$ 在 $U(x_0)$ 内能展开成幂级数 $\sum_{n=0}^{\infty} a_n x^n$,此幂级数是否就是 $f(x)$ 的泰勒级数?

(2) $f(x)$ 的泰勒级数是否一定收敛?

(3) 若 $f(x)$ 的泰勒级数收敛,它是否收敛于 $f(x)$?

研究结果表明,(1) 如果函数 $f(x)$ 在 $U(x_0)$ 内能展开成一个幂级数,则此幂级数就是 $f(x)$ 的泰勒级数;也就是说,函数如能展开成幂级数,其表达式是唯一的.

(2) $f(x)$ 的泰勒级数不一定收敛.

(3) 即使 $f(x)$ 的泰勒级数收敛,它也未必收敛于 $f(x)$.

那么,什么时候 $f(x)$ 的泰勒级收敛且收敛到 $f(x)$ 呢? 我们有以下定理.

定理 7.2.5 设 $f(x)$ 在 x_0 的某一邻域 $U(x_0)$ 内具有任意阶导数,则 $f(x)$ 在该邻域内能展开为幂级数的充分必要条件是,$f(x)$ 的泰勒公式中的拉格朗日余项满足 $\lim_{n \to \infty} R_n(x) = 0, x \in U(x_0)$.

证明 先证必要性.设 $f(x)$ 在 $U(x_0)$ 内能展开为泰勒级数 (7.2.8).记泰勒级数的部分和

$$s_{n+1}(x) = f(x_0) + \frac{f'(x_0)}{1!}(x - x_0) + \frac{f''(x_0)}{2!}(x - x_0)^2 + \cdots + \frac{f^{(n)}(x_0)}{n!}(x - x_0)^n,$$

则由泰勒公式(7.2.7),有 $f(x) = s_{n+1}(x) + R_n(x)$.

按假设,$f(x)$能展开为泰勒级数,即 $\lim\limits_{n \to \infty} s_{n+1}(x) = f(x)$, 所以

$$\lim\limits_{n \to \infty} R_n(x) = \lim\limits_{n \to \infty} [f(x) - s_{n+1}(x)] = f(x) - f(x) = 0.$$

再证充分性. 假设对所有 $x \in U(x_0)$, $\lim\limits_{n \to \infty} R_n(x) = 0$. 根据泰勒公式 $s_{n+1}(x) = f(x) - R_n(x)$, 所以

$$\lim\limits_{n \to \infty} s_{n+1}(x) = \lim\limits_{n \to \infty} [f(x) - R_n(x)] = f(x) - 0 = f(x).$$

如果函数 $f(x)$在点 $x_0 = 0$ 的某一邻域 $(-R, R)$ 内能展开成 x 的幂级数,即有

$$f(x) = a_0 + a_1 x + a_2 x^2 + \cdots + a_n x^n + \cdots.$$

根据幂级数在收敛区间内的逐项求导性质,有

$$f'(x) = a_1 + 2a_2 x + 3a_3 x^2 + \cdots + na_n x^{n-1} + \cdots,$$

$$f''(x) = 2!a_2 + 3 \cdot 2a_3 x + \cdots + n(n-1)a_n x^{n-2} + \cdots,$$

$$f'''(x) = 3!a_3 + 4 \cdot 3 \cdot 2a_4 x + \cdots + (n-2)(n-1)na_n x^{n-3} + \cdots,$$

$$\vdots$$

$$f^{(n)}(x) = n!a_n + (n+1)n(n-1)\cdots 2a_{n+1} x + \cdots,$$

把 $x = 0$ 代入以上各式,得

$$a_0 = f(0), a_1 = f'(0), a_2 = \frac{f''(0)}{2!}, \cdots, a_n = \frac{f^{(n)}(0)}{n!}.$$

这说明,如果函数 $f(x)$能展开成 x 的幂级数,此幂级数就是 $f(x)$的麦克劳林级数,同时也说明函数的幂级数展开式是唯一的.

2. 函数展开成幂级数

(1) 直接展开法

根据定理 7.2.5,函数 $f(x)$在点 $x_0 = 0$ 展开成幂级数可按以下步骤进行:

① 求出 $f(x)$及其各阶导数在 $x = 0$ 处的值 $f(0), f'(0), \cdots, f^{(n)}(0), \cdots$. 如在 $x = 0$ 处有某阶导数不存在,则表明 $f(x)$在点 $x = 0$ 不能展开成幂级数.

② 写出幂级数

$$\sum_{n=0}^{\infty} \frac{f^{(n)}(0)}{n!} x^n = f(0) + f'(0)x + \frac{f''(0)}{2!}x^2 + \cdots + \frac{f^{(n)}(0)}{n!}x^n + \cdots,$$

$$(7.2.10)$$

并求出收敛半径 R.

③ 验证对 $x \in (-R, R), \lim\limits_{n \to \infty} R_n(x) = \lim\limits_{n \to \infty} \dfrac{f^{(n+1)}(\xi)}{(n+1)!} x^{n+1} = 0$, 其中, ξ 在 0 与 x 之间. 根据定理 7.2.5, 此时式(7.2.10)中的幂级数在 $(-R, R)$ 内收敛, 且收敛于 $f(x)$.

这种直接计算泰勒系数并验证余项极限为 0 的展开方法, 称为直接展开法.

例 9 将函数 $f(x) = \mathrm{e}^x$ 展开成 x 的幂级数.

解 由 $f^{(n)}(x) = \mathrm{e}^x$ 知, $f^{(n)}(0) = 1(n = 0, 1, 2, \cdots)$, 由此得幂级数

$$1 + x + \frac{1}{2!}x^2 + \cdots + \frac{1}{n!}x^n + \cdots,$$

其收敛半径 $R = +\infty$.

考察余项的绝对值

$$| R_n(x) | = \left| \frac{\mathrm{e}^\xi}{(n+1)!} x^{n+1} \right| \leqslant \frac{\mathrm{e}^{|\xi|}}{(n+1)!} | x |^{n+1}.$$

因为 ξ 在 0 与 x 之间, 有 $| \xi | < | x |$, $\mathrm{e}^{|\xi|} < \mathrm{e}^{|x|}$, 从而

$$| R_n(x) | < \frac{\mathrm{e}^{|x|}}{(n+1)!} | x |^{n+1}.$$

对于任意有限的 $x \in (-\infty, +\infty)$, $\mathrm{e}^{|x|}$ 有限, 而 $\dfrac{| x |^{n+1}}{(n+1)!}$ 是收敛级数 $\sum\limits_{n=0}^{\infty} \dfrac{| x |^{n+1}}{(n+1)!}$ 的一般项, 即有 $\lim\limits_{n \to \infty} \dfrac{| x |^{n+1}}{(n+1)!} = 0$, 于是 $\lim\limits_{n \to \infty} R_n(x) = 0$. 所以

$$\mathrm{e}^x = 1 + x + \frac{1}{2!}x^2 + \cdots + \frac{1}{n!}x^n + \cdots, \quad -\infty < x < +\infty.$$

例 10 将函数 $f(x) = \sin x$ 展开成 x 的幂级数.

解 由 $f^{(k)}(x) = \sin\left(x + \dfrac{k\pi}{2}\right)$, 有

$$f^{(k)}(0) = \sin \frac{k\pi}{2} = \begin{cases} (-1)^n, & k = 2n + 1 \text{ 为奇数}; \\ 0, & k = 2n \text{ 为偶数}. \end{cases}$$

由此得幂级数

$$x - \frac{x^3}{3!} + \frac{x^5}{5!} + \cdots + (-1)^n \frac{x^{2n+1}}{(2n+1)!} + \cdots,$$

容易求得收敛半径 $R = +\infty$.

对于任意有限的 $x \in (-\infty, +\infty)$, ξ 在 0 与 x 之间, 余项满足

$$|R_n(x)| = \left| \frac{\sin\left(\xi + \frac{n+1}{2}\pi\right)}{(n+1)!} x^{n+1} \right| \leqslant \frac{|x|^{n+1}}{(n+1)!} \to 0 (n \to \infty),$$

故得展开式

$$\sin x = x - \frac{x^3}{3!} + \frac{x^5}{5!} + \cdots + (-1)^n \frac{x^{2n+1}}{(2n+1)!} + \cdots, -\infty < x < +\infty.$$

利用直接展开法,还可以得到函数 $f(x) = (1+x)^m$(其中 m 是任意实常数)的麦克劳林展开式:

$$(1+x)^m = 1 + mx + \frac{m(m-1)}{2!}x^2 + \cdots + \frac{m(m-1)\cdots(m-n+1)}{n!}x^n + \cdots,$$
$$-1 < x < 1.$$

此公式称为**二项展开式**. 当 m 为正整数时就是代数学中的二项式定理. 在区间的端点展开式是否成立,视 m 的数值而定.

对应于 $m = \pm\frac{1}{2}$ 的二项展开式分别是:

$$\sqrt{1+x} = 1 + \frac{1}{2}x - \frac{1}{2 \times 4}x^2 + \frac{1 \times 3}{2 \times 4 \times 6}x^3 - \frac{1 \times 3 \times 5}{2 \times 4 \times 6 \times 8}x^4 + \cdots,$$
$$-1 \leqslant x \leqslant 1,$$

$$\frac{1}{\sqrt{1+x}} = 1 - \frac{1}{2}x + \frac{1 \times 3}{2 \times 4}x^2 - \frac{1 \times 3 \times 5}{2 \times 4 \times 6}x^3 + \frac{1 \times 3 \times 5 \times 7}{2 \times 4 \times 6 \times 8}x^4 - \cdots,$$
$$-1 < x \leqslant 1.$$

(2) 间接展开法

用直接法把函数展成幂级数需要计算函数的各阶导数,并求余项的极限. 一般来说,这样做比较麻烦. 幂级数展开中更多的是利用一些已知函数的展开式,通过幂级数的四则运算和分析运算把所给函数展开成幂级数. 这种将函数展开成幂级数的方法称为间接展开法. 根据函数的幂级数展开式的唯一性可知,用不同展开法得到的幂级数是相同的.

例 11　把函数 $f(x) = \cos x$ 展开成 x 的幂级数.

解　由 $(\sin x)' = \cos x$,将 $\sin x$ 的展开式逐项求导,即得

$$\cos x = 1 - \frac{x^2}{2!} + \frac{x^4}{4!} + \cdots + (-1)^n \frac{x^{2n}}{(2n)!} + \cdots, -\infty < x < +\infty.$$

例 12　把函数 $f(x) = \ln(1+x)$ 展开成 x 的幂级数.

解　因
$$\ln(1+x) = \int_0^x \frac{1}{1+x} dx,$$

而　　$\dfrac{1}{1+x} = 1 - x + x^2 - x^3 + \cdots + (-1)^n x^n + \cdots, \quad -1 < x < 1.$

上式两边从 0 到 x 逐项积分得

$$\ln(1+x) = x - \frac{x^2}{2} + \frac{x^3}{3} + \cdots + (-1)^n \frac{x^{n+1}}{n+1} + \cdots, \quad -1 < x \leqslant 1.$$

注意，在 $x = 1$ 处，由于级数收敛且和函数连续，展开式在该点仍成立，所以展开式成立范围是 $-1 < x \leqslant 1$. 由此可以得到关于 $\ln 2$ 的级数表达式

$$\ln 2 = 1 - \frac{1}{2} + \frac{1}{3} - \cdots + (-1)^{n-1} \frac{1}{n} + \cdots.$$

例 13　把函数 $f(x) = \arctan x$ 展开成 x 的幂级数.

解　因为 $(\arctan x)' = \dfrac{1}{1+x^2} = 1 - x^2 + x^4 - x^6 + \cdots + (-1)^n x^{2n} + \cdots,$

$$-1 < x < 1,$$

上式两端从 0 到 x 逐项积分得

$$\arctan x = x - \frac{1}{3} x^3 + \frac{1}{5} x^5 - \frac{1}{7} x^7 + \cdots + (-1)^n \frac{1}{2n+1} x^{2n+1} + \cdots,$$

$$-1 \leqslant x \leqslant 1.$$

因级数在端点 $x = \pm 1$ 处收敛，所以展开式在端点处仍成立. 由此可以得到一个关于 π 的级数表达式

$$\frac{\pi}{4} = \arctan 1 = 1 - \frac{1}{3} + \frac{1}{5} - \frac{1}{7} + \cdots + (-1)^n \frac{1}{2n+1} + \cdots.$$

例 14　展开 $f(x) = \sin x$ 成 $\left(x - \dfrac{\pi}{4}\right)$ 的幂级数.

解　由 $\sin x = \sin\left[\dfrac{\pi}{4} + \left(x - \dfrac{\pi}{4}\right)\right] = \dfrac{1}{\sqrt{2}} \left[\cos\left(x - \dfrac{\pi}{4}\right) + \sin\left(x - \dfrac{\pi}{4}\right)\right]$ 得

$$\sin x = \frac{1}{\sqrt{2}} \left[\sum_{n=0}^{\infty} (-1)^n \frac{1}{(2n)!} \left(x - \frac{\pi}{4}\right)^{2n} + \sum_{n=0}^{\infty} (-1)^n \frac{1}{(2n+1)!} \left(x - \frac{\pi}{4}\right)^{2n+1}\right],$$

$$-\infty < x < +\infty,$$

即

$$\sin x = \frac{1}{\sqrt{2}} \left[1 + \left(x - \frac{\pi}{4}\right) - \frac{1}{2!} \left(x - \frac{\pi}{4}\right)^2 - \frac{1}{3!} \left(x - \frac{\pi}{4}\right)^3 + \cdots\right],$$

$$-\infty < x < +\infty.$$

例 15 展开函数 $f(x) = \dfrac{1}{x^2 + 4x + 3}$ 成 $(x-1)$ 的幂级数.

解 因为

$$f(x) = \frac{1}{x^2 + 4x + 3} = \frac{1}{(x+1)(x+3)} = \frac{1}{2(1+x)} - \frac{1}{2(3+x)}$$

$$= \frac{1}{4\left(1 + \dfrac{x-1}{2}\right)} - \frac{1}{8\left(1 + \dfrac{x-1}{4}\right)},$$

而

$$\frac{1}{4\left(1 + \dfrac{x-1}{2}\right)} = \frac{1}{4} \sum_{n=0}^{\infty} \frac{(-1)^n}{2^n} (x-1)^n, \quad -1 < x < 3,$$

$$\frac{1}{8\left(1 + \dfrac{x-1}{4}\right)} = \frac{1}{8} \sum_{n=0}^{\infty} \frac{(-1)^n}{4^n} (x-1)^n, \quad -3 < x < 5,$$

所以

$$f(x) = \frac{1}{x^2 + 4x + 3} = \sum_{n=0}^{\infty} (-1)^n \left(\frac{1}{2^{n+2}} - \frac{1}{2^{2n+3}} \right)(x-1)^n, \quad -1 < x < 3.$$

3. 函数幂级数展开式的应用

(1) 近似计算

取函数的幂级数展开式的前几项进行计算可以得到函数值的一个近似值.

例 16 利用 $\sin x \approx x - \dfrac{x^3}{3!}$ 求 $\sin 10°$ 的近似值,并估计误差.

解 先化角度为弧度,$10° = \dfrac{\pi}{180} \cdot 10 = \dfrac{\pi}{18}$(弧度). 在 $\sin x$ 的展开式中,令 $x = \dfrac{\pi}{18}$,得

$$\sin \frac{\pi}{18} = \frac{\pi}{18} - \frac{1}{3!}\left(\frac{\pi}{18}\right)^3 + \frac{1}{5!}\left(\frac{\pi}{18}\right)^5 - \cdots.$$

等式右端是一个收敛的莱布尼茨级数,取它的前两项之和作为 $\sin \dfrac{\pi}{18}$ 的近似值. 其截断误差

$$|r_2| \leqslant \frac{1}{5!}\left(\frac{\pi}{18}\right)^5 < \frac{1}{120} \times (0.2)^5 < \frac{1}{3} \times 10^{-5}.$$

每一项按四舍五入取小数六位,两项的舍入误差之和不超过 10^{-6},故有

$$\sin 10° \approx 0.174\,533 - 0.000\,886 = 0.173\,647 \approx 0.173\,65,$$

这时计算误差不超过 10^{-5}.

例 17 计算 $\ln 2$ 的近似值,要求误差不超过 10^{-4}.

解 在例 14 中得到

$$\ln 2 = 1 - \frac{1}{2} + \frac{1}{3} - \cdots + (-1)^{n-1}\frac{1}{n} + \cdots,$$

若取此级数的前 n 项作为 $\ln 2$ 的近似值,其截断误差 $|r_n| \leqslant \dfrac{1}{n+1}$.

为保证误差不超过 10^{-4},需要取级数的前 10 000 项进行计算,这样做计算量太大. 为减少计算量,需要将对数函数的幂级数展开式加以改造,加快收敛速度.

把展开式

$$\ln(1+x) = x - \frac{x^2}{2} + \frac{x^3}{3} - \frac{x^4}{4} + \cdots, \quad -1 < x \leqslant 1$$

中的 x 换成 $-x$,得

$$\ln(1-x) = -x - \frac{x^2}{2} - \frac{x^3}{3} - \frac{x^4}{4} - \cdots, \quad -1 \leqslant x < 1.$$

两式相减,得

$$\ln\frac{1+x}{1-x} = \ln(1+x) - \ln(1-x) = 2\left(x + \frac{1}{3}x^3 + \frac{1}{5}x^5 + \cdots\right),$$
$$-1 < x < 1.$$

这是一个实用的计算对数的公式,令 $\dfrac{1+x}{1-x} = 2$,解出 $x = \dfrac{1}{3}$,代入上式,得

$$\ln 2 = 2\left(\frac{1}{3} + \frac{1}{3} \times \frac{1}{3^3} + \frac{1}{5} \times \frac{1}{3^5} + \frac{1}{7} \times \frac{1}{3^7} + \cdots\right).$$

若取前四项的和作为 $\ln 2$ 的近似值,则误差为

$$|r_4| = 2\left(\frac{1}{9} \times \frac{1}{3^9} + \frac{1}{11} \times \frac{1}{3^{11}} + \frac{1}{13} \times \frac{1}{3^{13}} + \cdots\right) < \frac{2}{3^{11}}\left[1 + \frac{1}{9} + \left(\frac{1}{9}\right)^2 + \cdots\right]$$

$$= \frac{2}{3^{11}} \times \frac{1}{1 - 1/9} = \frac{1}{4 \times 3^9} < \frac{1}{7 \times 10^4}.$$

这就是说,以级数前四项的和作为 $\ln 2$ 的近似值,能够满足精度要求. 所以

$$\ln 2 \approx 2\left(\frac{1}{3} + \frac{1}{3} \times \frac{1}{3^3} + \frac{1}{5} \times \frac{1}{3^5} + \frac{1}{7} \times \frac{1}{3^7}\right).$$

计算时,除了截断误差外,还有舍入误差. 为使这两种误差之和不超过 10^{-4},每一项计算时应取小数五位,此时

$$\ln 2 \approx 2(0.333\,33 + 0.012\,35 + 0.000\,82 + 0.000\,07) \approx 0.693\,1.$$

例 18 计算积分 $\int_0^1 \frac{\sin x}{x}\mathrm{d}x$ 的近似值,要求误差不超过 10^{-4}.

解 由于 $\lim\limits_{x \to 0} \frac{\sin x}{x} = 1$,因此所给积分不是广义积分. 定义被积函数在点 $x = 0$ 处的值为 1,则它在积分区间 $[0,1]$ 上连续.

将被积函数展开成幂级数有

$$\frac{\sin x}{x} = 1 - \frac{x^2}{3!} + \frac{x^4}{5!} - \frac{x^6}{7!} + \cdots, \quad -\infty < x < +\infty.$$

在区间 $[0,1]$ 上逐项积分得

$$\int_0^1 \frac{\sin x}{x}\mathrm{d}x = 1 - \frac{1}{3 \times 3!} + \frac{1}{5 \times 5!} - \frac{1}{7 \times 7!} + \cdots.$$

因为上式右端第四项的绝对值 $\frac{1}{7 \times 7!} < \frac{1}{30\,000}$,所以可取前三项的和作为积分的近似值,此时有

$$\int_0^1 \frac{\sin x}{x}\mathrm{d}x \approx 1 - \frac{1}{3 \times 3!} + \frac{1}{5 \times 5!} \approx 1 - 0.055\,56 + 0.001\,67 \approx 0.946\,1.$$

（2）欧拉公式

设有复数级数

$$(u_1 + \mathrm{i}v_1) + (u_2 + \mathrm{i}v_2) + \cdots + (u_n + \mathrm{i}v_n) + \cdots, \tag{7.2.11}$$

式中,$u_n, v_n (n = 1,2,3,\cdots)$ 为实常数. 如果实部所成的级数

$$u_1 + u_2 + \cdots + u_n + \cdots \tag{7.2.12}$$

收敛,和为 u;虚部所成的级数

$$v_1 + v_2 + \cdots + v_n + \cdots \tag{7.2.13}$$

也收敛,和为 v,则称级数(7.2.11)**收敛**,且其和为 $u + \mathrm{i}v$.

如果级数(7.2.11)各项的模所构成的级数

$$\sqrt{u_1^2 + v_1^2} + \sqrt{u_2^2 + v_2^2} + \cdots + \sqrt{u_n^2 + v_n^2} + \cdots \tag{7.2.14}$$

收敛,则称级数(7.2.11)**绝对收敛**.当级数(7.2.11)绝对收敛时,由于

$$|u_n| \leqslant \sqrt{u_n^2 + v_n^2}, \ |v_n| \leqslant \sqrt{u_n^2 + v_n^2} \ (n = 1, 2, 3, \cdots),$$

则级数(7.2.12)与级数(7.2.13)绝对收敛,从而级数(7.2.11)收敛.

考察复数项级数

$$1 + z + \frac{1}{2!}z^2 + \cdots + \frac{1}{n!}z^n + \cdots, z = x + iy. \tag{7.2.15}$$

由于级数 $1 + |z| + \frac{1}{2!}|z|^2 + \cdots + \frac{1}{n!}|z|^n + \cdots (z = x + iy)$ 对所有的

$|z| < +\infty$ 收敛,故级数(7.2.15)在整个复平面上绝对收敛.

在 x 轴($z = x$)上,级数(7.2.15)表示指数函数 e^x.把 e^x 的定义推广到整个复平面上,即定义复变量指数函数 e^z 为

$$e^z = 1 + z + \frac{1}{2!}z^2 + \cdots + \frac{1}{n!}z^n + \cdots, z = x + iy. \tag{7.2.16}$$

当 $x = 0$ 时,z 为纯虚数 $z = iy$,式(7.2.16)成为

$$
\begin{aligned}
e^{iy} &= 1 + iy + \frac{1}{2!}(iy)^2 + \frac{1}{3!}(iy)^3 + \cdots + \frac{1}{n!}(iy)^n + \cdots \\
&= 1 + iy - \frac{1}{2!}y^2 - i\frac{1}{3!}y^3 + \frac{1}{4!}y^4 + i\frac{1}{5!}y^5 - \cdots \\
&= \left(1 - \frac{1}{2!}y^2 + \frac{1}{4!}y^4 - \cdots\right) + i\left(y - \frac{1}{3!}y^3 + \frac{1}{5!}y^5 - \cdots\right) \\
&= \cos y + i\sin y.
\end{aligned}
$$

把 y 换成 x,上式变为

$$e^{ix} = \cos x + i\sin x, \tag{7.2.17}$$

这就是著名的**欧拉(Euler)公式**.

在式(7.2.17)中,把 x 换为 $-x$ 得

$$e^{-ix} = \cos x - i\sin x. \tag{7.2.18}$$

式(7.2.17)与式(7.2.18)分别相加、相减得

$$
\begin{cases}
\cos x = \dfrac{e^{ix} + e^{-ix}}{2}, \\
\sin x = \dfrac{e^{ix} - e^{ix}}{2i}.
\end{cases}
\tag{7.2.19}
$$

式(7.2.19)也叫**欧拉公式**.式(7.2.17)和式(7.2.19)揭示了三角函数与复变量指

数函数之间的联系.

根据公式(7.2.16),利用幂级数的乘法可以证明

$$e^{z_1 + z_2} = e^{z_1} \cdot e^{z_2}.$$

特别地,取 z_1 为实数 x,取 z_2 为纯虚线 iy,则有

$$e^{x+iy} = e^x \cdot e^{iy} = e^x(\cos y + i\sin y).$$

这表明,复变量 $z = x + iy$ 的函数 e^z 的值是模为 e^x、复角为 y 的复数.

习题 7.2

1. 是非判断题.

(1) 若幂级数 $\sum\limits_{n=0}^{\infty} a_n \left(\dfrac{x-3}{2} \right)^n$ 在 $x = 0$ 处收敛,则它在 $x = 5$ 处必收敛. $\qquad$ ( )

(2) 若幂级数 $\sum\limits_{n=0}^{\infty} a_n x^n$ 的收敛半径为 R,则 $\sum\limits_{n=0}^{\infty} a_n x^{2n}$ 的收敛半径为 $\sqrt{R}$. $\qquad$ ( )

(3) 若 $\lim\limits_{n\to\infty} \left| \dfrac{c_n}{c_{n+1}} \right| = 2$,则幂级数 $\sum\limits_{n=0}^{\infty} c_n x^{2n}$ 的收敛半径为 2. $\qquad$ ( )

2. 单项选择题.

(1) 幂级数 $\sum\limits_{n=0}^{\infty} \dfrac{(-3)^n}{n} x^n$ 的收敛域是( ).

A. $\left[-\dfrac{1}{3}, \dfrac{1}{3} \right]$ $\qquad$ B. $\left(-\dfrac{1}{3}, \dfrac{1}{3} \right)$ $\qquad$ C. $\left[-\dfrac{1}{3}, \dfrac{1}{3} \right)$ $\qquad$ D. $\left(-\dfrac{1}{3}, \dfrac{1}{3} \right]$

(2) 幂级数 $\sum\limits_{n=1}^{\infty} \dfrac{3+(-1)^n}{3^n} x^n$ 的收敛半径 R 是( ).

A. 3 $\qquad$ B. 6 $\qquad$ C. $\dfrac{3}{2}$ $\qquad$ D. $\dfrac{1}{3}$

(3) $f^{(n)}(x)$ 存在是 $f(x)$ 可展开成 x 的幂级数的( ).

A. 充分必要条件 $\qquad$ B. 充分但非必要条件 $\qquad$ C. 必要但非充分条件 $\qquad$ D. 无关条件

(4) $\dfrac{x^4}{1-x^2}$ 展成 x 的幂级数是( ).

A. $\sum\limits_{n=1}^{\infty} x^{2n}$ $\qquad\qquad\qquad\qquad$ B. $\sum\limits_{n=1}^{\infty} (-1)^n x^{2n}$

C. $\sum\limits_{n=2}^{\infty} x^{2n}$ $\qquad\qquad\qquad\qquad$ D. $\sum\limits_{n=2}^{\infty} (-1)^n x^{2n}$

3. 求下列幂级数的收敛域.

(1) $\sum\limits_{n=0}^{\infty} \dfrac{n^2 x^n}{n^3+1}$; $\qquad\qquad\qquad\qquad$ (2) $\sum\limits_{n=0}^{\infty} (-1)^n \dfrac{x^{2n+1}}{3^n(2n+1)}$;

(3) $\sum\limits_{n=1}^{\infty} \dfrac{(x-3)^n}{\sqrt[3]{n}}$; $\qquad\qquad\qquad\qquad$ (4) $\sum\limits_{n=0}^{\infty} \dfrac{2^n+(-1)^n}{n+1}(x-1)^n$.

4. 利用逐项积分和逐项求导,求幂级数在收敛区间内的和函数.

(1) $\displaystyle\sum_{n=1}^{\infty} n x^n$;   (2) $\displaystyle\sum_{n=1}^{\infty} \frac{2n}{3^n} x^n$;

(3) $\displaystyle\sum_{n=1}^{\infty} \frac{(-1)^{n-1}}{n(2n-1)} x^{2n}$ ，并求 $\displaystyle\sum_{n=1}^{\infty} \frac{(-1)^{n-1}}{n(2n-1)} \left(\frac{1}{3}\right)^n$.

5. 将函数展开成 x 的幂级数，并给出展开式成立的区间.

(1) $\dfrac{1}{(x-1)^2}$;   (2) $\arctan \dfrac{1+x}{1-x}$;   (3) $\displaystyle\int_0^x t\cos t \mathrm{d}t$.

6. 将 a^x 展开成 $x-1$ 的幂级数.

7. 将 $\ln x$ 展开成 $x-3$ 的幂级数.

8. 将 $(x-2)\mathrm{e}^{-x}$ 展开成 $x-1$ 的幂级数.

9. 将 $\dfrac{x}{2x^2+3x-2}$ 展开成 $x-2$ 的幂级数.

7.3 傅里叶级数

本节讨论一种由三角函数组成的函数项级数——傅里叶级数，主要讨论如何把函数展开成傅里叶级数的问题.

7.3.1 函数展开成傅里叶级数

1. 三角级数

周期运动在数学上是通过周期函数来描述的. 例如，简谐运动可以用一个周期为 $\dfrac{2\pi}{\omega}$ 的正弦函数

$$y = A\sin(\omega t + \varphi)$$

来表示，其中，A 是振幅. 而一般的周期振动被认为是一些简谐运动的叠加，可以像幂级数一样用一些正弦函数的和

$$A_0 + \sum_{n=1}^{\infty} A_n \sin(n\omega t + \varphi_n) \tag{7.3.1}$$

来表示，其中，$A_0, A_n, \varphi_n (n=1,2,\cdots)$ 是常数. 用数学语言来说就是，一个周期函数可以用三角函数的和来表示.

如果把 $A_n \sin(n\omega t + \varphi_n)$ 变形为

$$A_n \sin(n\omega t + \varphi_n) = A_n \sin\varphi_n \cos n\omega t + A_n \cos\varphi_n \sin n\omega t,$$

并记 $A_0 = \dfrac{a_0}{2}, A_n \sin\varphi_n = a_n, A_n \cos\varphi_n = b_n, \omega t = x$，则级数 (7.3.1) 变成如下形式

$$\frac{a_0}{2} + \sum_{n=1}^{\infty} (a_n \cos nx + b_n \sin nx). \tag{7.3.2}$$

级数(7.3.2)称为**三角级数**.

下面的问题是,如何把一个以 2π 为周期的函数 $f(x)$ 表示成三角级数?并考虑在怎样的条件下,该三角级数收敛于 $f(x)$. 为此,首先讨论三角函数系的正交性.

2. 三角函数的正交性

所谓三角函数系

$$1, \cos x, \sin x, \cos 2x, \sin 2x, \cdots, \cos nx, \sin nx, \cdots \qquad (7.3.3)$$

在区间 $[-\pi, \pi]$ 上**正交**,是指式(7.3.3)中任意两个不同函数的乘积在区间 $[-\pi, \pi]$ 上的定积分为零,即

$$\int_{-\pi}^{\pi} 1 \cdot \cos nx \, \mathrm{d}x = 0 \ (n = 1, 2, 3, \cdots),$$

$$\int_{-\pi}^{\pi} 1 \cdot \sin nx \, \mathrm{d}x = 0 \ (n = 1, 2, 3, \cdots),$$

$$\int_{-\pi}^{\pi} \cos kx \cdot \sin nx \, \mathrm{d}x = 0 \ (k, n = 1, 2, 3, \cdots),$$

$$\int_{-\pi}^{\pi} \cos kx \cdot \cos nx \, \mathrm{d}x = 0 \ (k, n = 1, 2, 3, \cdots, k \neq n),$$

$$\int_{-\pi}^{\pi} \sin kx \cdot \sin nx \, \mathrm{d}x = 0 \ (k, n = 1, 2, 3, \cdots, k \neq n).$$

以上等式均可通过三角函数的积化和差并计算定积分直接验证,留给读者自行练习.

3. 傅里叶级数

设以 2π 为周期的函数 $f(x)$ 能表示成三角级数:

$$f(x) = \frac{a_0}{2} + \sum_{k=1}^{\infty} (a_k \cos kx + b_k \sin kx), \qquad (7.3.4)$$

且可逐项积分. 为了通过已知函数 $f(x)$ 把展开式中的系数计算出来,可以把式(7.3.4)两端在 $[-\pi, \pi]$ 上逐项积分得

$$\int_{-\pi}^{\pi} f(x) \, \mathrm{d}x = \int_{-\pi}^{\pi} \frac{a_0}{2} \, \mathrm{d}x + a_k \sum_{k=1}^{\infty} \int_{-\pi}^{\pi} \cos kx \, \mathrm{d}x + b_k \sum_{k=1}^{\infty} \int_{-\pi}^{\pi} \sin kx \, \mathrm{d}x.$$

由三角函数系的正交性,上述等式右端除第一项外,其余各项皆为 0. 于是有

$$\int_{-\pi}^{\pi} f(x) \, \mathrm{d}x = a_0 \pi,$$

即

$$a_0 = \frac{1}{\pi} \int_{-\pi}^{\pi} f(x) \, \mathrm{d}x.$$

为求出 a_n, b_n, 把式 (7.3.4) 两端同乘以 $\cos nx$ 或 $\sin nx$, 再在 $[-\pi, \pi]$ 上逐项积分并利用三角函数系的正交性, 可分别得到

$$a_n = \frac{1}{\pi} \int_{-\pi}^{\pi} f(x) \cos nx \, \mathrm{d}x, n = 1, 2, \cdots;$$

$$b_n = \frac{1}{\pi} \int_{-\pi}^{\pi} f(x) \sin nx \, \mathrm{d}x, n = 1, 2, \cdots.$$

由于 $n = 0$ 时, a_n 的表达式正好给出 a_0, 因此, 已得结果可以合并写成

$$\begin{cases} a_n = \dfrac{1}{\pi} \displaystyle\int_{-\pi}^{\pi} f(x) \cos nx \, \mathrm{d}x \ (n = 0, 1, 2, \cdots), \\ b_n = \dfrac{1}{\pi} \displaystyle\int_{-\pi}^{\pi} f(x) \sin nx \, \mathrm{d}x \ (n = 1, 2, \cdots). \end{cases} \tag{7.3.5}$$

若公式 (7.3.5) 中的积分都存在, 则称由它们定出的系数 $a_0, a_n, b_n (n = 1, 2, \cdots)$ 为函数 $f(x)$ 的**傅里叶系数**. 将这些系数代入式 (7.3.4) 右端, 所得的三角级数

$$\frac{a_0}{2} + \sum_{n=1}^{\infty} (a_n \cos nx + b_n \sin nx) \tag{7.3.6}$$

称为 $f(x)$ 的**傅里叶级数**.

傅里叶系数公式是在假定三角级数 (7.3.4) 收敛于 $f(x)$ 并可逐项积分的前提下得到的. 对于给定的函数 $f(x)$, 只要它在 $[-\pi, \pi]$ 上可积, 便可按公式 (7.3.5) 计算出系数 a_n 和 b_n, 并写出它的傅里叶级数. 然而, 这种形式的三角级数可能不收敛, 即使收敛也可能不收敛于 $f(x)$. 那么, 在怎样的条件下, 该三角级数收敛并收敛于 $f(x)$? 也就是说, $f(x)$ 应具备什么条件才能展开成傅里叶级数? 对此有以下结论 (不加证明).

定理 7.3.1(收敛定理, 狄里克雷充分条件) 设 $f(x)$ 是以 2π 为周期的周期函数, 如果它满足: 在一个周期区间内连续或只有有限个第一类间断点, 且至多只有有限个极值点, 则 $f(x)$ 的傅里叶级数收敛. 并且当 x 是 $f(x)$ 的连续点时, 级数收敛于 $f(x)$; 当 x 是 $f(x)$ 的间断点时, 级数收敛于 $\dfrac{f(x^-) + f(x^+)}{2}$.

此定理告诉我们, 只要函数在 $[-\pi, \pi]$ 上至多有有限个第一类间断点, 并且不作无限次振动, 那么函数的傅里叶级数在函数的连续点收敛于该点的函数值, 在函数的间断点收敛于函数在该点的左右极限的算术平均值. 可见, 函数能展开成傅里叶级数的条件远比展开成幂级数的条件弱. 如记

$$C = \left\{ x \,\middle|\, f(x) = \frac{f(x^-) + f(x^+)}{2} \right\},$$

则在 C 上有

$$f(x) = \frac{a_0}{2} + \sum_{k=1}^{\infty} (a_k \cos kx + b_k \sin kx), \quad x \in C.$$

例 1 设 $f(x)$ 是以 2π 为周期的周期函数，它在 $[-\pi, \pi]$ 上的表达式为

$$f(x) = \begin{cases} -1, & -\pi \leqslant x < 0, \\ 1, & 0 \leqslant x < \pi, \end{cases}$$

将 $f(x)$ 展开成傅里叶级数.

解 函数的图形如图 7.3 所示.

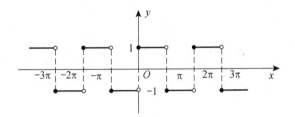

图 7.3

函数仅在 $x = k\pi (k = 0, \pm 1, \pm 2, \cdots)$ 处跳跃间断，满足收敛定理条件. 由收敛定理，$f(x)$ 的傅里叶级数收敛. 并且当 $x = k\pi$ 时，级数收敛于 $\dfrac{-1+1}{2} = \dfrac{1+(-1)}{2} = 0$；当 $x \neq k\pi$ 时，级数收敛于 $f(x)$.

$f(x)$ 的傅里叶系数为

$$a_n = \frac{1}{\pi} \int_{-\pi}^{\pi} f(x) \cos nx \, \mathrm{d}x = \frac{1}{\pi} \int_{-\pi}^{0} (-1) \cos nx \, \mathrm{d}x + \frac{1}{\pi} \int_{0}^{\pi} 1 \cdot \cos nx \, \mathrm{d}x = 0,$$
$$n = 0, 1, 2, \cdots;$$

$$b_n = \frac{1}{\pi} \int_{-\pi}^{\pi} f(x) \sin nx \, \mathrm{d}x = \frac{1}{\pi} \int_{-\pi}^{0} (-1) \cdot \sin nx \, \mathrm{d}x + \frac{1}{\pi} \int_{0}^{\pi} 1 \cdot \sin nx \, \mathrm{d}x$$

$$= \frac{1}{\pi} \left[\frac{\cos nx}{n} \right]_{-\pi}^{0} + \frac{1}{\pi} \left[-\frac{\cos nx}{n} \right]_{0}^{\pi} = \frac{2}{n\pi} [1 - (-1)^n]$$

$$= \begin{cases} \dfrac{4}{n\pi}, & n = 1, 3, 5, \cdots, \\ 0, & n = 2, 4, 6, \cdots. \end{cases}$$

于是，$f(x)$ 的傅里叶级数展开式为

$$f(x) = \sum_{n=1}^{\infty} \frac{2}{n\pi} [1 - (-1)^n] \cdot \sin nx$$

$$= \frac{4}{\pi} \left[\sin x + \frac{1}{3}\sin 3x + \cdots + \frac{1}{2k-1}\sin(2k-1)x + \cdots \right],$$

$$-\infty < x < +\infty; x \neq 0, \pm\pi, \pm 2\pi, \cdots.$$

注 此例表明,矩形波是由一系列不同频率的正弦波叠加而成的.

例 2 设 $f(x)$ 是以 2π 为周期的周期函数,它在$[-\pi, \pi)$上的表达式为

$$f(x) = \begin{cases} x, & -\pi \leqslant x < 0, \\ 0, & 0 \leqslant x < \pi, \end{cases}$$

将 $f(x)$ 展开成傅里叶级数.

解 函数的图形如图 7.4 所示.

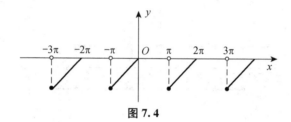

图 7.4

$f(x)$满足收敛定理条件,当 $x = (2k+1)\pi(k = 0, \pm 1, \pm 2, \cdots)$时,函数间断,$f(x)$ 的傅里叶级数收敛于$\dfrac{f(\pi^-) + f(\pi^+)}{2} = \dfrac{0 - \pi}{2} = -\dfrac{\pi}{2}$;当 $x \neq (2k+1)\pi$ 时,函数连续,$f(x)$ 的傅里叶级数收敛于 $f(x)$.

$f(x)$的傅里叶系数为

$$a_0 = \frac{1}{\pi}\int_{-\pi}^{\pi} f(x)\mathrm{d}x = \frac{1}{\pi}\int_{-\pi}^{0} x\mathrm{d}x = \frac{1}{\pi}\left[\frac{x^2}{2}\right]_{-\pi}^{0} = -\frac{\pi}{2},$$

$$a_n = \frac{1}{\pi}\int_{-\pi}^{\pi} f(x)\cos nx\,\mathrm{d}x = \frac{1}{\pi}\int_{-\pi}^{0} x\cos nx\,\mathrm{d}x = \frac{1}{\pi}\left[\frac{x\sin nx}{n} + \frac{\cos nx}{n^2}\right]_{-\pi}^{0}$$

$$= \frac{1}{n^2\pi}(1 - \cos n\pi) = \begin{cases} \dfrac{2}{n^2\pi}, & n = 1, 3, 5, \cdots, \\ 0, & n = 2, 4, 6, \cdots. \end{cases}$$

$$b_n = \frac{1}{\pi}\int_{-\pi}^{\pi} f(x)\sin nx\,\mathrm{d}x = \frac{1}{\pi}\int_{-\pi}^{0} x\sin nx\,\mathrm{d}x = \frac{1}{\pi}\left[-\frac{x\cos nx}{n} + \frac{\sin nx}{n^2}\right]_{-\pi}^{0}$$

$$= -\frac{\cos n\pi}{n} = \frac{(-1)^{n+1}}{n}.$$

于是，$f(x)$ 的傅里叶级数展开式为

$$f(x) = -\frac{\pi}{4} + \left(\frac{2}{\pi}\cos x + \sin x\right) - \frac{1}{2}\sin 2x +$$

$$\left(\frac{2}{3^2\pi}\cos 3x + \frac{1}{3}\sin 3x\right) - \frac{1}{4}\sin 4x + \cdots,$$

$$-\infty < x < +\infty;\ x \neq \pm\pi,\ \pm 3\pi, \cdots.$$

对于仅定义在 $[-\pi,\pi]$ 上的函数 $f(x)$，可以把它看成某个周期函数（称它为 $f(x)$ 的周期延拓函数，这种周期延拓函数可以有很多）的一段，只要 $f(x)$ 在 $[-\pi,\pi]$ 上满足收敛定理的条件，那么它的周期延拓函数就可以展开成傅里叶级数，从而 $f(x)$ 就可以展开成傅里叶级数. 通常的做法是：

（1）在 $[-\pi,\pi]$ 或 $(-\pi,\pi]$ 外补充函数 $f(x)$ 的定义，把 $f(x)$ 拓广成周期为 2π 的周期函数 $F(x)$，称按这种方式拓广函数定义域的过程为**周期延拓**；

（2）将 $F(x)$ 展开成傅里叶级数；

（3）限制 $x \in (-\pi, +\pi)$，此时 $F(x) \equiv f(x)$，这样便得到 $f(x)$ 的傅里叶级数. 根据收敛定理，该级数在区间端点 $x = \pm\pi$ 处收敛于 $\dfrac{f(\pi^-) + f(-\pi^+)}{2}$.

例 3 将函数 $f(x) = \begin{cases} -x, & -\pi \leqslant x < 0, \\ x, & 0 \leqslant x \leqslant \pi \end{cases}$ 展开成傅里叶级数.

解 将 $f(x)$ 延拓成 $(-\infty, +\infty)$ 上以 2π 为周期的函数，如图 7.5 所示.

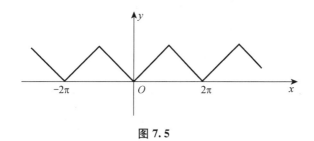

图 7.5

延拓后的函数 $F(x)$ 在 $(-\infty, +\infty)$ 上连续，故它的傅里叶级数在 $[-\pi,\pi]$ 上收敛于 $f(x)$.

$f(x)$ 的傅里叶系数为

$$a_0 = \frac{1}{\pi}\int_{-\pi}^{\pi} f(x)\mathrm{d}x = \frac{1}{\pi}\int_{-\pi}^{0}(-x)\mathrm{d}x + \frac{1}{\pi}\int_{0}^{\pi}x\mathrm{d}x$$

$$= \frac{1}{\pi}\left[\frac{-x^2}{2}\right]_{-\pi}^{0} + \frac{1}{\pi}\left[\frac{x^2}{2}\right]_{0}^{\pi} = \pi,$$

$$a_n = \frac{1}{\pi} \int_{-\pi}^{\pi} f(x) \cos nx \, dx = \frac{1}{\pi} \int_{-\pi}^{0} (-x) \cos nx \, dx + \frac{1}{\pi} \int_{-\pi}^{0} x \cos nx \, dx$$

$$= -\frac{1}{\pi} \left[\frac{x \sin nx}{n} + \frac{\cos nx}{n^2} \right]_{-\pi}^{0} + \frac{1}{\pi} \left[\frac{x \sin nx}{n} + \frac{\cos nx}{n^2} \right]_{0}^{\pi}$$

$$= \frac{2}{n^2 \pi} (\cos n\pi - 1) = \begin{cases} -\dfrac{4}{n^2 \pi}, & n = 1, 3, 5, \cdots, \\ 0, & n = 2, 4, 6, \cdots. \end{cases}$$

注意到，$f(x)$ 是区间 $[-\pi, \pi]$ 上的偶函数，$f(x) \sin nx$ 是区间 $[-\pi, \pi]$ 上的奇函数，从而

$$b_n = \frac{1}{\pi} \int_{-\pi}^{\pi} f(x) \sin nx \, dx = 0,$$

所以 $f(x)$ 的傅里叶级数展开式为

$$f(x) = \frac{\pi}{2} - \frac{4}{\pi} \left(\cos x + \frac{1}{3^2} \cos 3x + \frac{1}{5^2} \cos 5x + \cdots \right), \quad -\pi \leqslant x \leqslant \pi.$$

利用这个展开式可以求出几个特殊级数的和. 以 $x = 0$ 代入上述展开式，注意到 $f(0) = 0$，由此解得

$$\frac{\pi^2}{8} = 1 + \frac{1}{3^2} + \frac{1}{5^2} + \cdots.$$

记

$$\sigma = 1 + \frac{1}{2^2} + \frac{1}{3^2} + \frac{1}{4^2} + \cdots,$$

$$\sigma_1 = 1 + \frac{1}{3^2} + \frac{1}{5^2} + \cdots = \frac{\pi^2}{8},$$

$$\sigma_2 = \frac{1}{2^2} + \frac{1}{4^2} + \frac{1}{6^2} + \cdots,$$

$$\sigma_3 = 1 - \frac{1}{2^2} + \frac{1}{3^2} - \frac{1}{4^2} + \cdots.$$

因为

$$\sigma_2 = \frac{\sigma}{4} = \frac{\sigma_1 + \sigma_2}{4},$$

所以

$$\sigma_2 = \frac{\sigma_1}{3} = \frac{\pi^2}{24},$$

$$\sigma = \sigma_1 + \sigma_2 = \frac{\pi^2}{8} + \frac{\pi^2}{24} = \frac{\pi^2}{6},$$

$$\sigma_3 = 2\sigma_1 - \sigma = \frac{\pi^2}{4} - \frac{\pi^2}{6} = \frac{\pi^2}{12}.$$

7.3.2 正弦级数和余弦级数

1. 奇函数与偶函数的傅里叶级数

一般来说,一个以 2π 为周期的函数的傅里叶级数既含正弦项,又含余弦项. 但如果函数 $f(x)$ 是偶函数,根据对称区间上奇偶函数的定积分性质以及傅里叶系数公式可知,$b_n = 0$,如例 3,因此,它的傅里叶展开式仅含余弦项. 类似地,奇函数的傅里叶展开式仅含正弦项. 事实上,根据对称区间上奇偶函数的定积分性质,可以得到以下奇、偶函数的傅里叶系数公式.

定理 7.3.2 设 $f(x)$ 是以 2π 为周期的偶函数,则 $f(x)$ 的傅里叶系数为

$$a_0 = \frac{2}{\pi} \int_0^\pi f(x) \mathrm{d}x,$$

$$a_n = \frac{2}{\pi} \int_0^\pi f(x) \cos nx \, \mathrm{d}x, n = 1, 2, \cdots,$$

$$b_n = 0, n = 1, 2, \cdots.$$

若 $f(x)$ 是以 2π 为周期的奇函数,则 $f(x)$ 的傅里叶系数为

$$a_n = 0, n = 0, 1, 2, \cdots,$$

$$b_n = \frac{2}{\pi} \int_0^\pi f(x) \sin nx \, \mathrm{d}x, n = 1, 2, \cdots.$$

例 4 设 $f(x)$ 是以 2π 为周期的周期函数,它在 $(-\pi, \pi]$ 上的表达式为 $f(x) = x$,将它展开成傅里叶级数.

解 函数的图形如图 7.6 所示.

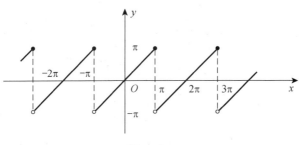

图 7.6

忽略点 $x = \pm\pi, \pm 3\pi, \cdots, f(x)$ 是周期为 2π 的奇函数,因此 $a_n = 0, n = 0, 1,$ $2, \cdots,$

$$b_n = \frac{2}{\pi}\int_0^\pi x\sin nx\,\mathrm{d}x = \frac{2}{\pi}\left[-\frac{x\cos nx}{n} + \frac{\sin nx}{n^2}\right]_0^\pi$$

$$= -\frac{2}{n}\cos n\pi = (-1)^{n+1}\frac{2}{n}, n = 1, 2, 3, \cdots.$$

$f(x)$ 在点 $x = \pm\pi, \pm 3\pi, \cdots$ 处不连续,且 $\dfrac{f(x^-) + f(x^+)}{2} \neq f(x)$,根据收敛定理,$f(x)$ 的傅里叶展开式为

$$f(x) = 2\left[\sin x - \frac{1}{2}\sin 2x + \frac{1}{3}\sin 3x - \cdots + \frac{(-1)^{n+1}}{n}\sin nx + \cdots\right],$$

$$-\infty < x < +\infty; x \neq \pm\pi, \pm 3\pi, \cdots.$$

2. 函数展开成正弦级或余弦级数

在实际问题中,有时需要把定义在 $[0, \pi]$ 或 $[-\pi, 0]$ 上的函数 $f(x)$ 展开成正弦级数或余弦级数. 为此,可在 $(-\pi, 0)$ 或 $(0, \pi)$ 上补充 $f(x)$ 的定义,若有必要,可改变 $f(x)$ 在点 $x = 0$ 的定义,使之成为奇函数(或偶函数). 按这种方法拓广函数定义域的过程称为**奇延拓**(或**偶延拓**). 根据以上讨论,拓广后的函数的傅里叶展开式是正弦(或余弦)级数,限制 x 在 $f(x)$ 原定义区间上,即得函数 $f(x)$ 在 $[0, \pi]$ 或 $[-\pi, 0]$ 上的正弦(或余弦)级数.

例5 将函数 $f(x) = x + 1, 0 \leqslant x \leqslant \pi$,分别展开成正弦级数和余弦级数.

解 (1) 对 $f(x)$ 进行奇延拓,得函数

$$F(x) = \begin{cases} x + 1, & 0 < x \leqslant \pi, \\ 0, & x = 0, \\ x - 1, & -\pi < x < 0, \end{cases}$$

其傅里叶系数为

$$a_n = 0, n = 0, 1, 2, \cdots,$$

$$b_n = \frac{2}{\pi}\int_0^\pi (x+1)\sin nx\,\mathrm{d}x = \frac{2}{\pi}\left[-\frac{(x+1)\cos nx}{n} + \frac{\sin nx}{n^2}\right]_0^\pi$$

$$= \frac{2}{n\pi}[1 - (\pi+1)\cos nx] = \begin{cases} \dfrac{2(\pi+2)}{n\pi}, & n = 1, 3, 5, \cdots, \\ -\dfrac{2}{\pi}, & n = 2, 4, 6, \cdots. \end{cases}$$

据收敛定理,$F(x)$ 的傅里叶级数在 $x = 0$ 处,收敛于 $\dfrac{F(0^-) + F(0^+)}{2} =$

$$\frac{-1+1}{2} = 0 \neq f(0);$$

在 $x = \pi$ 处,收敛于

$$\frac{F(\pi^-) + F(\pi^+)}{2} = \frac{f(\pi^-) + f(-\pi^+)}{2} = \frac{(\pi+1) + (-\pi-1)}{2} = 0 \neq f(\pi);$$

在 $0 < x < \pi$ 内,收敛于 $f(x)$.

故 $f(x)$ 的傅里叶正弦级数展开式为

$$f(x) = x + 1 = \frac{2}{\pi}\left[(\pi+2)\sin x - \frac{\pi}{2}\sin 2x + \frac{1}{3}(\pi+2)\sin 3x - \frac{1}{4}\sin 4x + \cdots\right],$$
$$0 < x < \pi.$$

(2) 对 $f(x)$ 进行偶延拓,得函数

$$F(x) = \begin{cases} x+1, & 0 \leqslant x \leqslant \pi, \\ -x+1, & -\pi < x < 0, \end{cases}$$

其傅里叶系数为

$$b_n = 0, n = 1, 2, \cdots,$$

$$a_0 = \frac{2}{\pi}\int_0^\pi (x+1)\mathrm{d}x = \pi + 2,$$

$$a_n = \frac{2}{\pi}\int_0^\pi (x+1)\cos nx\,\mathrm{d}x = \frac{2}{\pi}\left[\frac{(x+1)\sin nx}{n} + \frac{\cos nx}{n^2}\right]_0^\pi$$

$$= \frac{2}{n^2\pi}(\cos n\pi - 1) = \begin{cases} -\dfrac{4}{n^2\pi}, & n = 1, 3, 5, \cdots, \\ 0, & n = 2, 4, 6, \cdots. \end{cases}$$

$F(x)$ 是连续函数,据收敛定理,$F(x)$ 的傅里叶级数收敛于 $F(x)$. 而在 $[0, \pi]$ 上 $F(x) = f(x)$,故 $f(x)$ 的傅里叶余弦级数展开式为

$$f(x) = x + 1 = \frac{\pi+2}{2} - \frac{4}{\pi}\left(\cos x + \frac{1}{3^2}\cos 3x + \frac{1}{5^2}\cos 5x + \cdots\right), 0 \leqslant x \leqslant \pi.$$

7.3.3 一般周期函数的傅里叶级数

对于周期为 $2l$ 的周期函数 $f(x)$ 的傅里叶级数展开问题,借助变量替换 $z = \frac{\pi}{l}x$,可将周期为 $2l$ 的函数 $f(x)$ 转化为周期为 2π 的函数 $F(z) = f\left(\frac{l}{\pi}z\right)$. 在 $F(z)$ 的傅里叶展开式中将变量 z 换回 x,即得到函数 $f(x)$ 的傅里叶展开式. 此结果可以归结为

定理 7.3.3 设周期为 $2l$ 的周期函数 $f(x)$ 满足收敛定理的条件,则它的傅里叶级数展开式为

$$f(x) = \frac{a_0}{2} + \sum_{n=1}^{\infty} \left(a_n \cos \frac{n\pi x}{l} + b_n \sin \frac{n\pi x}{l} \right), \quad x \in C, \qquad (7.3.7)$$

式中,

$$\begin{cases} a_n = \dfrac{1}{l} \displaystyle\int_{-l}^{l} f(x) \cos \dfrac{n\pi x}{l} \mathrm{d}x, \ n = 0, 1, 2, \cdots, \\[3mm] b_n = \dfrac{1}{l} \displaystyle\int_{-l}^{l} f(x) \sin \dfrac{n\pi x}{l} \mathrm{d}x, \ n = 1, 2, \cdots, \end{cases}$$

$$C = \left\{ x \,\middle|\, f(x) = \frac{f(x^-) + f(x^+)}{2} \right\}.$$

当 $f(x)$ 为奇函数时,

$$f(x) = \sum_{n=1}^{\infty} b_n \sin \frac{n\pi x}{l}, \ x \in C,$$

式中,

$$b_n = \frac{2}{l} \int_0^l f(x) \sin \frac{n\pi x}{l} \mathrm{d}x, \ n = 1, 2, \cdots.$$

当 $f(x)$ 为偶函数时,

$$f(x) = \frac{a_0}{2} + \sum_{n=1}^{\infty} a_n \cos \frac{n\pi x}{l}, \ x \in C,$$

式中,

$$a_n = \frac{2}{l} \int_0^l f(x) \cos \frac{n\pi x}{l} \mathrm{d}x, \quad n = 0, 1, 2, \cdots.$$

例 6 设 $f(x)$ 是周期为 4 的周期函数,它在 $[-2, 2)$ 上的表达式为

$$f(x) = \begin{cases} 0, & -2 \leqslant x < 0, \\ 1, & 0 \leqslant x < 2, \end{cases}$$

把 $f(x)$ 展开成傅里叶级数.

解 $f(x)$ 的图形如图 7.7 所示.

$f(x)$ 的傅里叶系数为

$$a_0 = \frac{1}{2} \int_0^2 \mathrm{d}x = 1,$$

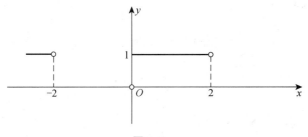

图 7.7

$$a_n = \frac{1}{2}\int_0^2 \cos\frac{n\pi x}{2}\mathrm{d}x = \frac{1}{2}\left[\frac{2}{n\pi}\sin\frac{n\pi x}{2}\right]_0^2 = 0, n = 1, 2, \cdots,$$

$$b_n = \frac{1}{2}\int_0^2 \sin\frac{n\pi x}{2}\mathrm{d}x = \frac{1}{2}\cdot\left[-\frac{2}{n\pi}\cos\frac{n\pi x}{2}\right]_0^2 = \frac{1}{n\pi}(1-\cos n\pi)$$

$$= \begin{cases} \dfrac{2}{n\pi}, & n = 1, 3, 5, \cdots, \\ 0, & n = 2, 4, 6, \cdots. \end{cases}$$

据收敛定理,傅里叶级数的和函数为

$$s(x) = \begin{cases} f(x), & x \neq 0, \pm 2, \pm 4, \cdots, \\ \dfrac{1}{2}, & x = 0, \pm 2, \pm 4, \cdots. \end{cases}$$

$f(x)$的傅里叶展开式为

$$f(x) = \frac{1}{2} + \frac{2}{\pi}\left(\sin\frac{\pi x}{2} + \frac{1}{3}\sin\frac{3\pi x}{2} + \frac{1}{5}\sin\frac{5\pi x}{2} + \cdots\right),$$
$$-\infty < x < +\infty; x \neq 0, \pm 2, \pm 4, \cdots.$$

*7.3.4 傅里叶级数的复数形式

在电子技术中,经常应用傅里叶级数的复数形式.

设周期为 $2l$ 的周期函数 $f(x)$ 的傅里叶级数为

$$\frac{a_0}{2} + \sum_{n=1}^{\infty}\left(a_n\cos\frac{n\pi x}{l} + b_n\sin\frac{n\pi x}{l}\right), \qquad (7.3.8)$$

式中,系数 a_n, b_n 为

$$\begin{cases} a_n = \dfrac{1}{l}\int_{-l}^{l} f(x)\cos\dfrac{n\pi x}{l}\mathrm{d}x, & n = 0, 1, 2, \cdots, \\ b_n = \dfrac{1}{l}\int_{-l}^{l} f(x)\sin\dfrac{n\pi x}{l}\mathrm{d}x, & n = 1, 2, 3, \cdots. \end{cases}$$

利用欧拉公式

$$\cos x = \frac{1}{2}(e^{ix} + e^{-ix}), \quad \sin x = \frac{1}{2i}(e^{ix} - e^{-ix}),$$

式(7.3.8)化为

$$\frac{a_0}{2} + \sum_{n=1}^{\infty}\left[\frac{a_n}{2}(e^{i\frac{n\pi x}{l}} + e^{-i\frac{n\pi x}{l}}) + \frac{b_n}{2i}(e^{i\frac{n\pi x}{l}} - e^{-i\frac{n\pi x}{l}})\right]$$

$$= \frac{a_0}{2} + \sum_{n=1}^{\infty}\left[\frac{a_n - ib_n}{2}e^{i\frac{n\pi x}{l}} + \frac{a_n + ib_n}{2}e^{-i\frac{n\pi x}{l}}\right]. \tag{7.3.9}$$

记

$$\frac{a_0}{2} = c_0, \quad \frac{a_n - ib_n}{2} = c_n, \quad \frac{a_n + ib_n}{2} = c_{-n}, \quad n = 1,2,3,\cdots,$$

则式(7.3.9)变成

$$c_0 + \sum_{n=1}^{\infty}\left[c_n e^{i\frac{n\pi x}{l}} + c_{-n}e^{-i\frac{n\pi x}{l}}\right] = \sum_{n=-\infty}^{\infty}c_n e^{i\frac{n\pi x}{l}}, \tag{7.3.10}$$

式中,

$$c_n = \frac{1}{2l}\int_{-l}^{l} f(x)e^{-i\frac{n\pi x}{l}}\,dx. \tag{7.3.11}$$

式(7.3.10)就是傅里叶级数的复数形式,式(7.3.11)是傅里叶系数的复数形式.

注 傅里叶级数的两种形式本质上是一样的,但复数形式比较简洁,且只用一个公式计算系数.

例7 把如图7.8所示的宽为τ、高为h、周期为T的矩形波展开成复数形式的傅里叶级数.

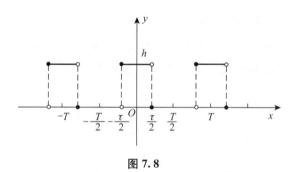

图7.8

解 在一个周期$\left[-\dfrac{T}{2}, \dfrac{T}{2}\right)$内,矩形波的函数表达式为

184

$$u(t) = \begin{cases} 0, & -\dfrac{T}{2} \leqslant t < -\dfrac{\tau}{2}, \\ h, & -\dfrac{\tau}{2} \leqslant t < \dfrac{\tau}{2}, \\ 0, & \dfrac{\tau}{2} \leqslant t < \dfrac{T}{2}. \end{cases}$$

按公式,有

$$c_n = \frac{1}{T}\int_{-\frac{T}{2}}^{\frac{T}{2}} u(t) \mathrm{e}^{-\mathrm{i}\frac{2n\pi t}{T}} \mathrm{d}T = \frac{1}{T}\int_{-\frac{\tau}{2}}^{\frac{\tau}{2}} h\mathrm{e}^{-\mathrm{i}\frac{2n\pi t}{T}} \mathrm{d}t = \frac{h}{T}\left[\frac{-T}{2n\pi i}\mathrm{e}^{-\mathrm{i}\frac{2n\pi t}{T}}\right]_{-\frac{\tau}{2}}^{\frac{\tau}{2}}$$

$$= \frac{h}{n\pi}\sin\frac{n\pi\tau}{T}, n = \pm 1, \pm 2, \cdots,$$

$$c_0 = \frac{1}{T}\int_{-\frac{T}{2}}^{\frac{T}{2}} u(t)\mathrm{d}t = \frac{1}{T}\int_{-\frac{\tau}{2}}^{\frac{\tau}{2}} h\mathrm{d}t = \frac{h\tau}{T},$$

将求得的系数 c_n 代入式(7.3.10)得

$$u(t) = \frac{h\tau}{T} + \frac{h}{\pi}\sum_{\substack{n=-\infty \\ n\neq 0}}^{\infty} \frac{1}{n}\sin\frac{n\pi\tau}{T}\mathrm{e}^{\mathrm{i}\frac{2n\pi t}{T}},$$

$$-\infty < t < +\infty; t \neq \pm\frac{\tau}{2}, \frac{\tau}{2}\pm T, \frac{\tau}{2}\pm 2T, \cdots.$$

习题 7.3

1. 是非判断题.

(1) $f(x)$ 是周期为 2π 的周期函数,并满足狄利克雷条件,$a_n, b_n(n=1,2,\cdots)$ 是 $f(x)$ 的傅里叶系数,则必有 $f(x) = \dfrac{a_0}{2} + \displaystyle\sum_{n=1}^{\infty}(a_n\cos nx + b_n\sin nx)$.   (   )

(2) 若 $f(x)$ 的傅里叶级数 $\dfrac{a_0}{2} + \displaystyle\sum_{n=1}^{\infty}(a_n\cos nx + b_n\sin nx)$ 在 $[-\pi,\pi]$ 上收敛,则 $\lim\limits_{n\to\infty}a_n = 0$.

(   )

(3) $f(x)$ 在 $[0,\pi]$ 上连续且满足狄利克雷条件,则它的余弦级数处处收敛,且在 $[0,\pi]$ 上收敛于 $f(x)$.   (   )

(4) $f(x)$ 在 $[0,\pi]$ 上连续且满足狄利克雷条件,则它的正弦级数处处收敛,且在 $[0,\pi]$ 上收敛于 $f(x)$.   (   )

2. 单项选择题.

$f(x)$ 是周期为 2π 的周期函数,它在 $[-\pi,\pi)$ 上的表达式为 $f(x) = \begin{cases} x, & -\pi \leqslant x < 0, \\ 0, & 0 \leqslant x < \pi, \end{cases}$
$f(x)$ 的傅里叶级数的和函数是 $s(x)$,则 $s(\pi) = ($ $)$.

A. $-\dfrac{\pi}{2}$;　　　　B. $-\pi$;　　　　C. 0;　　　　D. 其他值.

3. 将函数在所给区间上展开成以 2π 为周期的傅里叶级数.

(1) $f(x)=|\sin x|,-\pi\leqslant x\leqslant\pi$;　　(2) $f(x)=\begin{cases}-x,&-\pi<x<0,\\ x+1,&0\leqslant x\leqslant\pi.\end{cases}$

4. 将 $f(x)$ 在 $[0,3]$ 上展开成以 6 为周期的正弦级数.

复习题 7

1. 填空题.

(1) 当 p ＿＿＿＿＿＿＿时,级数 $\displaystyle\sum_{n=1}^{\infty}\dfrac{(-1)^n}{n^p}$ 收敛.

(2) 已知 $\displaystyle\sum_{n=1}^{\infty}a_n(x-1)^n$ 在 $x=-1$ 处条件收敛,则其收敛区间为＿＿＿＿＿.

(3) 幂级数 $\displaystyle\sum_{n=1}^{\infty}\dfrac{(-1)^n x^{2n}}{n!}$ 的和函数为＿＿＿＿＿.

(4) 级数 $\displaystyle\sum_{n=1}^{\infty}\dfrac{n}{3^n+(-2)^n}$ 是＿＿＿＿＿(敛散性).

(5) $f(x)$ 是周期为 2 的函数,$f(x)=\begin{cases}2,&-1\leqslant x\leqslant0,\\ x^3,&0<x\leqslant1,\end{cases}$ 则 $f(x)$ 的傅里叶级数在 $x=1$

处收敛于＿＿＿＿＿.

2. 单项选择题.

(1) 设 $\displaystyle\lim_{n\to\infty}u_n=0$,则数项级数 $\displaystyle\sum_{n=1}^{\infty}u_n$ (　　).

A. 一定收敛且和为零　　　　　　　　B. 一定收敛但和不一定为零

C. 一定发散　　　　　　　　　　　　D. 可能收敛,可能发散

(2) 若级数 $\displaystyle\sum_{n=1}^{\infty}u_n^2$ 收敛,则 $\displaystyle\sum_{n=1}^{\infty}u_n$ (　　).

A. 绝对收敛　　　B. 条件收敛　　　C. 发散　　　　　D. 可能收敛,可能发散

(3) 级数 $\displaystyle\sum_{n=1}^{\infty}\dfrac{1}{1+a^n}(a>0)$ 的剑散情况为(　　).

A. 收敛　　　　　　　　　　　　　　B. $0<a\leqslant1$ 时发散,$a>1$ 时收敛

C. 发散　　　　　　　　　　　　　　D. $0<a\leqslant1$ 时收敛,$a>1$ 时发散

(4) 当常数 $p>0$ 时,幂级数 $\displaystyle\sum_{n=1}^{\infty}(-1)^n\dfrac{x^n}{n^p}$ 在收敛区间的右端点是(　　).

A. 条件收敛

B. 绝对收敛

C. $0<p\leqslant1$ 时条件收敛,$p>1$ 时绝对收敛

D. $0<p\leqslant1$ 时绝对收敛,$p>1$ 时条件收敛

(5) 若 $\displaystyle\lim_{n\to\infty}\left|\dfrac{c_n}{c_{n+1}}\right|=3$,则幂级数 $\displaystyle\sum_{n=1}^{\infty}c_n(x-1)^n$ (　　).

A. 在 $|x|>3$ 时发散   B. 在 $|x|\leqslant 3$ 时收敛

C. 在 $x=3$ 处敛散性不定   D. 其收敛半径为 3

3. 判别级数的敛散性.

(1) $\displaystyle\sum_{n=1}^{\infty} \frac{n\cos^2 \frac{n\pi}{3}}{2^n}$;

(2) $\displaystyle\sum_{n=1}^{\infty} \frac{n^n+b^n}{(2n+1)^n}(b>0)$.

4. 判别级数的敛散性(若收敛,是条件收敛还是绝对收敛).

(1) $\displaystyle\sum_{n=1}^{\infty} (-1)^n \frac{\ln n}{n}$;

(2) $\displaystyle\sum_{n=1}^{\infty} (-1)^n \sin^a \frac{1}{n}(a>0)$.

5. 讨论级数 $\displaystyle\sum_{n=1}^{\infty} \frac{a^n n!}{n^n}$ 的敛散性,其中 $a>0$.

6. 将函数 $f(x)=\arctan \dfrac{1-2x}{1+2x}$ 展开成 x 的幂级数.

7. 设幂级数为 $\displaystyle\sum_{n=0}^{\infty} \frac{2n+1}{n!} x^{2n}$,求(1) 其收敛区间;(2) 其和函数;(3) $\displaystyle\sum_{n=0}^{\infty} \frac{2n+1}{n!} 2^n$ 的值.

8. 将 $f(x)=\begin{cases} x+1, & 0\leqslant x\leqslant \pi, \\ x, & -\pi<x<0 \end{cases}$ 展开成傅里叶级数.

9. 设 $a_n=\displaystyle\int_0^{\frac{\pi}{4}} \tan^n x \,\mathrm{d}x$,(1) 求 $\displaystyle\sum_{n=1}^{\infty} \frac{1}{n}(a_n+a_{n+2})$ 的值;(2) 试证对任意常数 $\lambda>0$,级数

$\displaystyle\sum_{n=1}^{\infty} \frac{a_n}{n^\lambda}$ 收敛.

第 8 章   微 分 方 程

通过建立变量的函数关系来解决问题是常用的方法. 但在许多实际问题中, 往往不能直接找出所需要的函数, 但可以列出所需求的函数及其导数的关系式. 这样的关系式就是所谓的微分方程. 本章主要介绍微分方程的一些基本概念和微分方程的几种常用解法.

8.1   微分方程的基本概念及初等解法

8.1.1   基本概念

先看下面两例.

例 1   一曲线上任一点 $P(x, y)$ 处的切线斜率等于 x^2, 且该曲线通过点 $(0, 1)$, 求该曲线的方程.

解   设所求曲线方程为 $y = f(x)$. 由导数的几何意义, 得

$$\frac{\mathrm{d}y}{\mathrm{d}x} = x^2. \tag{1}$$

同时, $f(x)$ 还应满足下列条件

$$y|_{x=0} = 1. \tag{2}$$

对式 (1) 两边积分得

$$f(x) = \int x^2 \mathrm{d}x,$$

即

$$y = \frac{1}{3}x^3 + C, \tag{3}$$

式中, C 是任意常数. 把条件式 (2) 代入式 (3), 得 $C = 1$. 于是所求曲线方程为

$$y = \frac{1}{3}x^3 + 1. \tag{4}$$

例 2   火车在直线轨道上以 $20\ \mathrm{m/s}$ 的速度行驶, 制动后列车的加速度为 $-0.4\ \mathrm{m/s^2}$. 求开始制动后, 列车继续向前行驶的路程 s 关于时间 t 的函数关系.

解 依题意,得

$$\frac{\mathrm{d}^2 s}{\mathrm{d}t^2} = -0.4. \tag{1}$$

此外,未知函数 $s = s(t)$ 还满足下列条件:
$t = 0$ 时,

$$s = 0, \quad v = \frac{\mathrm{d}s}{\mathrm{d}t} = 20. \tag{2}$$

把式(1)两边积分一次得

$$v = \frac{\mathrm{d}s}{\mathrm{d}t} = -0.4t + C_1, \tag{3}$$

再积分一次得

$$s = -0.2t^2 + C_1 t + C_2, \tag{4}$$

这里 C_1, C_2 都是任意常数.

把条件式(2)分别代入式(3)和式(4),得

$$C_1 = 20, \quad C_2 = 0, \tag{5}$$

从而所求函数为

$$s = -0.2t^2 + 20t. \tag{6}$$

以上两例中的关系式(1)都含有未知函数的导数,它们都是微分方程. 一般地,凡表示未知函数、未知函数的导数与自变量之间关系的方程,叫做微分方程. 未知函数是一元函数的,叫做**常微分方程**;未知函数是多元函数的,叫做**偏微分方程**. 微分方程也简称方程. 本章只讨论常微分方程.

微分方程中出现的未知函数的导数的最高阶数,叫做微分方程的**阶**. 例如,例 1 中的方程(1)是一阶微分方程,例 2 中的方程(1)是二阶微分方程. 通常,n 阶微分方程的形式是

$$F(x, y, y', \cdots, y^{(n)}) = 0. \tag{8.1.1}$$

例如,$y^{(n)} + 1 = 0$ 是一个 n 阶微分方程.

满足微分方程的函数称为微分方程的**解**,设函数 $y = \varphi(x)$ 在区间 I 上有 n 阶导数,如果在区间 I 上,有

$$F[x, \varphi(x), \varphi'(x), \cdots, \varphi^{(n)}(x)] = 0,$$

那么,函数 $y = \varphi(x)$ 就叫做微分方程(8.1.1)在区间 I 上的解.

例如,例 1 中的函数式(3)和式(4)都是微分方程(1)的解;例 2 中的函数式(4)和(6)都是微分方程(1)的解.

如果微分方程的解中含有相互独立的任意常数,且任意常数的个数与微分方

程的阶数相同,这样的解称为微分方程的**通解**. 例如,例 1 中的式(3)是方程(1)的通解,例 2 中的式(4)是方程(1)的通解.

用来确定通解中的任意常数值的附加条件称为**初始条件**(或**初值条件**). 一般地,一阶微分方程的初始条件是 $y|_{x=x_0} = y_0$ 或 $y(x_0) = y_0$;二阶微分方程的初始条件是 $y|_{x=x_0} = y_0, y'|_{x=x_0} = y'_0$.

当通解中的任意常数都取特定值时所得到的解,称为方程的**特解**. 例如,例 1 中的式(4)是方程(1)满足条件(2)的特解;例 2 中的式(6)是方程(1)满足条件(2)的特解.

求微分方程 $y' = f(x, y)$ 满足初始条件 $y|_{x=x_0} = y_0$ 的特解的问题,叫做一阶微分方程的**初值问题**,记作

$$\begin{cases} y' = f(x, y), \\ y|_{x=x_0} = y_0. \end{cases}$$

微分方程的解的图形是一条曲线,叫做微分方程的**积分曲线**. 二阶微分方程的初值问题

$$\begin{cases} y'' = f(x, y, y'), \\ y|_{x=x_0} = y_0, y'|_{x=x_0} = y'_0. \end{cases}$$

的几何意义,是求微分方程的通过点 (x_0, y_0) 且在该点处的切线斜率为 y'_0 的那条积分曲线.

例 3 若 $k \neq 0$,验证函数

$$y = C_1 \cos kx + C_2 \sin kx \tag{1}$$

是微分方程

$$\frac{\mathrm{d}^2 y}{\mathrm{d}x^2} + k^2 y = 0 \tag{2}$$

的通解.

解 求出所给函数的一阶和二阶导数

$$\frac{\mathrm{d}y}{\mathrm{d}x} = -C_1 k \sin kx + C_2 k \cos kx,$$

$$\frac{\mathrm{d}^2 y}{\mathrm{d}x^2} = -k^2 (C_1 \cos kx + C_2 \sin kx).$$

代入微分方程(2)得

$$-k^2 (C_1 \cos kx + C_2 \sin kx) + k^2 (C_1 \cos kx + C_2 \sin kx) \equiv 0.$$

因此,函数(1)是微分方程(2)的解,同时,又因其含有两个互相独立的任意常

数,故它是微分方程的通解.

例 4 求上例中微分方程满足初始条件 $y\mid_{x=0}=1,\dfrac{\mathrm{d}y}{\mathrm{d}x}\Big|_{x=0}=0$ 的特解.

解 将初始条件

$$y\mid_{x=0}=1,\quad \frac{\mathrm{d}y}{\mathrm{d}x}\Big|_{x=0}=0$$

分别代入例 3,即可求得

$$C_1=1,\quad C_2=0.$$

从而所求特解为

$$y=\cos kx.$$

8.1.2 可分离变量的微分方程

1. 可分离变量的微分方程

如果一个一阶微分方程 $F(x,y,y')=0$ 可化为

$$g(y)\mathrm{d}y=f(x)\mathrm{d}x \tag{8.1.2}$$

的形式,则该方程称为可分离变量的微分方程.

方程两边积分,得微分方程的通解为

$$\int g(y)\mathrm{d}y=\int f(x)\mathrm{d}x+C. \tag{8.1.3}$$

例 5 求微分方程 $\dfrac{\mathrm{d}y}{\mathrm{d}x}=\mathrm{e}^x y$ 的通解.

解 所给方程是可分离变量的. 分离变量后得

$$\frac{\mathrm{d}y}{y}=\mathrm{e}^x\mathrm{d}x.$$

两端积分得

$$\ln\mid y\mid=\mathrm{e}^x+C_1,$$

从而

$$\mid y\mid=\mathrm{e}^{\mathrm{e}^x+C_1}=\mathrm{e}^{C_1}\cdot\mathrm{e}^{\mathrm{e}^x}=C_2\mathrm{e}^{\mathrm{e}^x},$$

这里 $C_2=\mathrm{e}^{C_1}$ 为任意常数. 注意到 $y\equiv 0$ 也是方程的解,令 C 为任意常数,即得所给方程的通解

$$y=C\mathrm{e}^{\mathrm{e}^x}.$$

例 6　求微分方程 $x + \dfrac{\mathrm{d}y}{\mathrm{d}x} = 1 + y^2 - xy^2$ 的通解.

解　原方程化为

$$\frac{\mathrm{d}y}{\mathrm{d}x} = 1 - x + y^2(1 - x),$$

$$\frac{\mathrm{d}y}{\mathrm{d}x} = (1 - x)(1 + y^2).$$

分离变量得

$$\frac{\mathrm{d}y}{1 + y^2} = (1 - x)\mathrm{d}x,$$

两边积分得

$$\arctan y = x - \frac{1}{2}x^2 + C.$$

这就是所求微分方程的通解.

例 7　设跳伞员开始跳伞后所受的空气阻力与他下落速度成正比(比例系数为常数 $k > 0$),起跳时速度为 0. 求下落速度与时间之间的函数关系.

解　设降落伞下落速度为 $v(x)$. 跳伞员在空中下落时,同时受到重力 P 与阻力 R 的作用. 重力大小为 mg,阻力方向与 v 相反,从而降落伞所受外力为

$$F = mg - kv.$$

根据牛顿第二定律

$$F = ma = m\frac{\mathrm{d}v}{\mathrm{d}t},$$

式中,a 为加速度,得函数 $v(t)$ 应满足的方程为

$$m\frac{\mathrm{d}v}{\mathrm{d}t} = mg - kv.$$

把上式分离变量得

$$\frac{\mathrm{d}v}{mg - kv} = \frac{1}{m}\mathrm{d}t,$$

两边积分,由于 $mg - kv > 0$,可得

$$-\frac{1}{k}\ln(mg - kv) = \frac{t}{m} + C_1,$$

即

$$mg - kv = \mathrm{e}^{-\frac{k}{m}t - kC_1},$$

从而解得

$$v = \frac{mg}{k} + C\mathrm{e}^{-\frac{k}{m}t} \quad \left(C = -\frac{\mathrm{e}^{-kC_1}}{k}\right).$$

因为假设起跳时的速度为 0,所以其初始条件为

$$v\big|_{t=0} = 0,$$

代入上面的解得

$$C = -\frac{mg}{k}.$$

所以跳伞员下落的速度与时间之间的函数关系为

$$v = \frac{mg}{k}(1 - \mathrm{e}^{-\frac{k}{m}t}).$$

2. 齐次方程

如果一阶微分方程可化为

$$\frac{\mathrm{d}y}{\mathrm{d}x} = f\left(\frac{y}{x}\right) \tag{8.1.4}$$

的形式,则该方程称为齐次方程. 例如

$$3x^2 y\mathrm{d}x - (x^3 + y^3)\mathrm{d}y = 0$$

是齐次方程,因为原方程可化为

$$\frac{\mathrm{d}y}{\mathrm{d}x} = \frac{3x^2 y}{x^3 + y^3} = \frac{3\left(\dfrac{y}{x}\right)}{1 + \left(\dfrac{y}{x}\right)^3}.$$

求齐次方程的通解时,先将方程化为式(8.1.4)的形式,然后作变换 $u = \dfrac{y}{x}$,则 $y = xu, \dfrac{\mathrm{d}y}{\mathrm{d}x} = u + x\dfrac{\mathrm{d}u}{\mathrm{d}x} = f(u)$,代入式(8.1.4),便得可分离变量的方程

$$u + x\frac{\mathrm{d}u}{\mathrm{d}x} = f(u),$$

即

$$x\frac{\mathrm{d}u}{\mathrm{d}x} = f(u) - u.$$

分离变量后积分得

$$\int \frac{\mathrm{d}u}{f(u)-u} = \int \frac{\mathrm{d}x}{x}.$$

求出积分后,将 u 换成 $\dfrac{y}{x}$,即可得所求的通解.

例8 解方程

$$y\mathrm{d}x + (y-x)\mathrm{d}y = 0.$$

解 原方程可化为

$$\frac{\mathrm{d}y}{\mathrm{d}x} = \frac{y}{x-y} = \frac{\dfrac{y}{x}}{1-\dfrac{y}{x}}.$$

令 $u = \dfrac{y}{x}$,则

$$\frac{\mathrm{d}y}{\mathrm{d}x} = u + x\frac{\mathrm{d}u}{\mathrm{d}x},$$

代入原方程得

$$x\frac{\mathrm{d}u}{\mathrm{d}x} = \frac{u^2}{1-u}.$$

分离变量得

$$\frac{1-u}{u^2}\mathrm{d}u = \frac{\mathrm{d}x}{x},$$

两端积分得

$$-\frac{1}{u} - \ln|u| = \ln|x| + C,$$

或写为

$$\ln|ux| = -\frac{1}{u} + C.$$

以 $\dfrac{y}{x}$ 代替上式中的 u,便得所给方程的通解

$$\ln|y| = -\frac{x}{y} + C.$$

例 9 求曲线族,其上的切线在切点 (x,y) 与 y 轴之间那一部分的长等于切线在 y 轴上的截距.

解 设所求曲线为 $y = y(x)$,它在点 (x,y) 处的切线方程为

$$Y - y = y'(X - x).$$

令 $X = 0$,得到切线在 y 轴的截距为 $r_1 = y - xy'$,点 (x,y) 与点 $(0,r_1)$ 的距离为

$$\sqrt{(x-0)^2 + (y-r_1)^2} = \sqrt{x^2 + (xy')^2}.$$

依题意有

$$\sqrt{x^2 + (xy')^2} = y - xy',$$

$$x^2 + (xy')^2 = (y - xy')^2,$$

$$x^2 = y^2 - 2xyy',$$

$$y' = \frac{y^2 - x^2}{2xy} = \frac{\left(\dfrac{y}{x}\right)^2 - 1}{2\dfrac{y}{x}}.$$

这是齐次方程,令 $y = xu$,则方程化为

$$u + xu' = \frac{u^2 - 1}{2u},$$

$$xu' = -\frac{u^2 + 1}{2u},$$

$$\frac{2u}{u^2 + 1}\mathrm{d}u = -\frac{1}{x}\mathrm{d}x.$$

两端积分得

$$\ln(1 + u^2) = -\ln|x| + \ln C,$$

$$1 + u^2 = \frac{C}{|x|}.$$

于是,所求曲线族为

$$x^2 + y^2 = C|x|.$$

3. 可化为齐次的方程
方程

$$\frac{\mathrm{d}y}{\mathrm{d}x} = \frac{a_1 x + b_1 y + c_1}{a_2 x + b_2 y + c_2} \qquad (8.1.5)$$

当 $c_1 = c_2 = 0$ 时是齐次的，否则不是齐次的. 对于非齐次的情形，可用下列变换把它化为齐次的.

当 $\dfrac{a_1}{a_2} \neq \dfrac{b_1}{b_2}$ 时，作变换 $x = X + h, y = Y + k$, 其中，h, k 是方程组

$$\begin{cases} a_1 h + b_1 k + c_1 = 0, \\ a_2 h + b_2 k + c_2 = 0 \end{cases}$$

的解. 则 $\mathrm{d}x = \mathrm{d}X, \mathrm{d}y = \mathrm{d}Y$, 代入原方程，得

$$\frac{\mathrm{d}Y}{\mathrm{d}X} = \frac{a_1 X + b_1 Y + a_1 h + b_1 k + c_1}{a_2 X + b_2 Y + a_2 h + b_2 k + c_2}.$$

于是

$$\frac{\mathrm{d}Y}{\mathrm{d}X} = \frac{a_1 X + b_1 Y}{a_2 X + b_2 Y}$$

为齐次方程，即可求解.

当 $\dfrac{a_1}{a_2} = \dfrac{b_1}{b_2}$ 时，设 $\dfrac{a_1}{a_2} = \dfrac{b_1}{b_2} = \dfrac{1}{\lambda}$. 作变换 $v = a_1 x + b_1 y$, 则

$$\frac{\mathrm{d}v}{\mathrm{d}x} = a_1 + b_1 \frac{\mathrm{d}y}{\mathrm{d}x}, \qquad \frac{\mathrm{d}y}{\mathrm{d}x} = \frac{1}{b_1}\left(\frac{\mathrm{d}v}{\mathrm{d}x} - a_1\right).$$

代入原方程得

$$\frac{1}{b_1}\left(\frac{\mathrm{d}v}{\mathrm{d}x} - a_1\right) = \frac{v + c_1}{\lambda v + c_2}.$$

这是可分离变量的方程.

以上方法可以应用于更一般的方程

$$\frac{\mathrm{d}y}{\mathrm{d}x} = f\left(\frac{a_1 x + b_1 y + c_1}{a_2 x + b_2 y + c_2}\right).$$

例 10 解方程

$$(x + y + 4)\mathrm{d}x - (x - y - 6)\mathrm{d}y = 0.$$

解 原方程化为 $\dfrac{\mathrm{d}y}{\mathrm{d}x} = \dfrac{x + y + 4}{x - y - 6}$, 即为方程(8.1.5)的类型. 由

$$\begin{cases} h + k + 4 = 0, \\ h - k - 6 = 0, \end{cases}$$

解得 $h=1,k=-5.$ 令 $x=X+1,y=Y-5.$ 则 $\mathrm{d}x=\mathrm{d}X,\mathrm{d}y=\mathrm{d}Y,$ 代入原方程得

$$\frac{\mathrm{d}Y}{\mathrm{d}X}=\frac{X+Y}{X-Y}=\frac{1+\dfrac{Y}{X}}{1-\dfrac{Y}{X}}.$$

令 $\dfrac{Y}{X}=u,$ 则 $Y=uX,\dfrac{\mathrm{d}Y}{\mathrm{d}X}=u+X\dfrac{\mathrm{d}u}{\mathrm{d}X},$ 于是方程变为

$$u+X\frac{\mathrm{d}u}{\mathrm{d}X}=\frac{1+u}{1-u},$$

即

$$X\frac{\mathrm{d}u}{\mathrm{d}X}=\frac{1+u^2}{1-u}.$$

分离变量得

$$\frac{1-u}{1+u^2}\mathrm{d}u=\frac{\mathrm{d}X}{X}.$$

积分得

$$\arctan u-\frac{1}{2}\ln(1+u^2)=\ln X+C.$$

于是

$$\arctan u=\ln(X\sqrt{1+u^2})+C,$$

即

$$\arctan\frac{Y}{X}=\ln\left[X\sqrt{1+\frac{Y^2}{X^2}}\right]+C.$$

以 $X=x-1,Y=y+5$ 代入,得原方程通解

$$\arctan\frac{y+5}{x-1}=\ln\sqrt{(x-1)^2+(y+5)^2}+C.$$

习题 8.1

1. 指出下列微分方程的阶数.

(1) $x\left(\dfrac{\mathrm{d}y}{\mathrm{d}x}\right)^2+2y\dfrac{\mathrm{d}y}{\mathrm{d}x}=-x;$ (2) $(u^2-v^2)\mathrm{d}u+(u^2-v^2)\mathrm{d}v=0;$

(3) $y'y'' - x^2 y = 1$; （4）$\sqrt{(y')^2 - 4x} = 1$.

2. 验证下列各题中的函数是否为所给微分方程的解.

(1) $xy' = 2y$, $y = 5x^2$;

(2) $y'' + y = 0$, $y = C_1 \sin x + C_2 \sin x$ （C_1，C_2 为任意常数）.

3. 验证 $y = Cx^3$ 是方程 $3y - xy' = 0$ 的通解（C 为任意常数），并求满足初始条件 $y(1) = \dfrac{1}{3}$ 的特解.

4. 设曲线上任一点处的切线斜率与切点的横坐标成反比，且曲线过点 $(1,2)$，求该曲线的方程.

5. 求下列微分方程的通解.

(1) $y' = \sin x$;

(2) $\sqrt{x+1}\, y' = 1$;

(3) $(y+3)\mathrm{d}x + \cot x \mathrm{d}y = 0$;

(4) $x^3 - 6x + 2yy' = 0$;

(5) $xy\mathrm{d}x = -\sqrt{1-x^2}\,\mathrm{d}y$;

(6) $(1+y^2)\mathrm{d}x - (1+x^2)\mathrm{d}y = 0$;

(7) $(xy^2 + x)\mathrm{d}x + (y - x^2 y)\mathrm{d}y = 0$;

(8) $(x+y)y' + (x-y) = 0$;

(9) $xy' - y - \sqrt{y^2 - x^2} = 0$;

(10) $(x^2 + y^2)\mathrm{d}x - xy\mathrm{d}y = 0$.

6. 求下列微分方程满足所给初始条件的特解.

(1) $y' = \csc y$, $y\big|_{x=0} = \pi$;

(2) $y' = \sqrt{2t-1}$, $y\big|_{t=\frac{1}{2}} = -1$;

(3) $\cos x \sin y \mathrm{d}y = \cos y \sin x \mathrm{d}x$, $y\big|_{x=0} = \dfrac{\pi}{4}$;

(4) $y' = \dfrac{x}{y} + \dfrac{y}{x}$, $y\big|_{x=1} = 2$.

7. 化下列方程为齐次方程，并求出通解.

(1) $(2x - 5y + 3)\mathrm{d}x - (2x + 4y - 6)\mathrm{d}y = 0$;

(2) $(2x - 2y + 1)\mathrm{d}x - (x - y)\mathrm{d}y = 0$.

8.2　一阶微分方程

8.2.1　一阶线性微分方程

如果一个微分方程中仅含有未知函数及其各阶导数的一次幂，则称它为**线性微分方程**.

例如，$y' + 4x^2 y = x, x^4 y''' + y'' \cos x - y' + 3y = 0$ 都是线性微分方程，而 $(y')^2 + xy' - y = 2$ 不是线性微分方程，因为它含有 $(y')^2$ 项.

1. 一阶线性微分方程

形如

$$\frac{\mathrm{d}y}{\mathrm{d}x} + P(x)y = Q(x) \tag{8.2.1}$$

的方程称为**一阶线性微分方程**.

若 $Q(x) \equiv 0$，则方程成为

$$\frac{\mathrm{d}y}{\mathrm{d}x} + P(x)y = 0, \tag{8.2.2}$$

称为**一阶齐次线性微分方程**.

若 $Q(x) \neq 0$，则称方程(8.2.1)为一阶非齐次线性微分方程. 称方程(8.2.2)为方程(8.2.1)对应的齐次线性方程.

方程(8.2.2)是可分离变量的，分离变量得

$$\frac{\mathrm{d}y}{y} = -P(x)\mathrm{d}x,$$

两端积分得

$$\ln|y| = -\int P(x)\mathrm{d}x + C_1,$$

所以，方程(8.2.2)的通解为

$$y = C\mathrm{e}^{-\int P(x)\mathrm{d}x} \quad (C = \pm\,\mathrm{e}^{C_1}).$$

齐次方程(8.2.2)与非齐次方程(8.2.1)的差异仅是方程右边的项 $Q(x)$. 而齐次方程(8.2.2)的通解为 $y = C\mathrm{e}^{-\int P(x)\mathrm{d}x}$，由导数的运算，可以推测非齐次方程(8.2.1)的解形如

$$y = u(x)\mathrm{e}^{-\int P(x)\mathrm{d}x}. \tag{8.2.3}$$

于是

$$\frac{\mathrm{d}y}{\mathrm{d}x} = u'\mathrm{e}^{-\int P(x)\mathrm{d}x} - uP(x)\mathrm{e}^{-\int P(x)\mathrm{d}x}. \tag{8.2.4}$$

将式(8.2.3)和式(8.2.4)代入方程(8.2.1)，得

$$u'\mathrm{e}^{-\int P(x)\mathrm{d}x} - uP(x)\mathrm{e}^{-\int P(x)\mathrm{d}x} + P(x)u\mathrm{e}^{-\int P(x)\mathrm{d}x} = Q(x),$$

即 $\qquad u'\mathrm{e}^{-\int P(x)\mathrm{d}x} = Q(x), \quad u' = Q(x)\mathrm{e}^{\int P(x)\mathrm{d}x}.$

两端积分得

$$u = \int Q(x)\mathrm{e}^{\int P(x)\mathrm{d}x}\mathrm{d}x + C.$$

把上式代入式(8.2.3)，便得非齐次线性方程(8.2.1)的通解

$$y = \mathrm{e}^{-\int P(x)\mathrm{d}x}\left(\int Q(x)\mathrm{e}^{\int P(x)\mathrm{d}x}\mathrm{d}x + C\right), \tag{8.2.5}$$

或

$$y = Ce^{-\int P(x)dx} + e^{-\int P(x)dx}\int Q(x)e^{\int P(x)dx}dx. \tag{8.2.6}$$

上面的解法是,将非齐次线性方程对应的齐次线性方程的通解中的常数 C 变易为待定函数 $u(x)$,而后再去确定 $u(x)$,从而得到非齐次线性方程的通解. 这种解法称为"**常数变易法**".

上面式(8.2.6)右端第一项是对应的齐次线性方程(8.2.2)的通解,第二项是非齐次线性方程(8.2.1)的一个特解. 在式(8.2.1)的通解(8.2.5)中取 $C = 0$ 便得到这个特解. 因此,一阶非齐次线性方程的通解等于对应的齐次方程的通解与非齐次方程的一个特解之和.

按照上面的讨论,求解一阶非齐次线性方程,可用常数变易法,也可直接用通解公式(8.2.5)求解.

例 1　求方程

$$\frac{dy}{dx} - 3y = xe^{3x}$$

的通解.

解　这是一个非齐次线性方程. 先求对应的齐次线性方程的通解.

$$\frac{dy}{dx} - 3y = 0,$$

$$\frac{dy}{3y} = dx,$$

$$\frac{1}{3}\ln |y| = x + C_1,$$

$$y = Ce^{3x}. \tag{1}$$

用常数变易法,令

$$y = u(x)e^{3x},$$

代入原方程得

$$u' = x,$$

两端积分得

$$u = \frac{1}{2}x^2 + C.$$

把上式代入式(1),得到所求方程的通解

$$y = e^{3x}\left(\frac{1}{2}x^2 + C\right).$$

也可以直接利用公式(8.2.5)求解. 此时

$$P(x) = -3, \quad Q(x) = xe^{3x},$$

代入公式得

$$y = e^{\int 3dx}\left(\int xe^{3x}e^{-\int 3dx}dx + C\right) = e^{3x}\left(\int xe^{3x}e^{-3x}dx + C\right)$$

$$= e^{3x}\left(\int xdx + C\right) = e^{3x}\left(\frac{1}{2}x^2 + C\right).$$

例 2 有一个电路如图 8.1 所示,其中电源电压为
$E = 12\,\text{V}$,电阻 $R = 6\,\Omega$,电感 $L = 2\,\text{H}$,设 $t = 0$ 时合上
开关,求电流 $I(t)$.

解 由电学知识知道,当电流变化时,L 上有感应电
压 $-L\dfrac{dI}{dt}$,由回路电压定律得

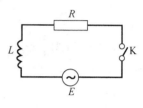

图 8.1

$$E - L\frac{dI}{dt} - RI = 0,$$

即

$$L\frac{dI}{dt} + RI = E.$$

把 $E = 12\,\text{V}, R = 6\,\Omega, L = 2\,\text{H}$ 代入上式得

$$2\frac{dI}{dt} + 6I = 12,$$

或

$$\frac{dI}{dt} + 3I = 6, \tag{1}$$

其中,函数还应满足初始条件

$$I\big|_{t=0} = 0. \tag{2}$$

方程(1)是一个非齐次线性微分方程,其中,$P(t) = 3, Q(t) = 6$,代入通解公式得

$$I(t) = e^{-\int 3dt}\left(\int 6e^{\int 3dt}dt + C\right) = e^{-3t}(2e^{3t} + C) = 2 + Ce^{-3t}.$$

将初始条件(2)代入上式得

$$I(t) = 2 - 2e^{-3t}.$$

2. 伯努利方程

形如

$$\frac{\mathrm{d}y}{\mathrm{d}x} + P(x)y = Q(x)y^n \quad (n \neq 0,1) \tag{8.2.7}$$

的微分方程称为**伯努利方程**. 当 $n = 0$ 或 1 时,这是线性微分方程. 当 $n \neq 0, n \neq 1$ 时,该方程不是线性的,但通过适当变换,可将它化为线性方程. 将方程(8.2.7)两边同时除以 y^n,得

$$y^{-n}\frac{\mathrm{d}y}{\mathrm{d}x} + P(x)y^{1-n} = Q(x).$$

令 $z = y^{1-n}$,则 $\dfrac{\mathrm{d}z}{\mathrm{d}x} = (1-n)y^{-n}\dfrac{\mathrm{d}y}{\mathrm{d}x}$,方程(8.2.7)化为一阶线性微分方程

$$\frac{\mathrm{d}z}{\mathrm{d}x} + (1-n)P(x)z = (1-n)Q(x).$$

求出方程的通解后,以 y^{1-n} 代替 z,便得到伯努利方程的通解.

例 3 求方程

$$\frac{\mathrm{d}y}{\mathrm{d}x} = y - \frac{2x}{y}$$

的通解.

解 方程两边同乘以 y,得

$$y\frac{\mathrm{d}y}{\mathrm{d}x} = y^2 - 2x,$$

即

$$\frac{\mathrm{d}y^2}{\mathrm{d}x} - 2y^2 = -4x.$$

令 $y^2 = z$,则上述方程成为

$$\frac{\mathrm{d}z}{\mathrm{d}x} - 2z = -4x.$$

这是一个线性方程,它的通解为

$$z = 2x + 1 + Ce^{2x}.$$

以 y^2 替换 z,得所求方程的通解

$$y^2 = 2x + 1 + Ce^{2x}.$$

8.2.2 全微分方程

一个一阶微分方程写成

$$P(x,y)\mathrm{d}x + Q(x,y)\mathrm{d}y = 0 \qquad (8.2.8)$$

形式后,若它的左端恰好是某一个函数 $u = u(x,y)$ 的全微分,即

$$\mathrm{d}u(x,y) = P(x,y)\mathrm{d}x + Q(x,y)\mathrm{d}y,$$

那么,方程(8.2.8)就叫做**全微分方程**. 称 $u(x,y)$ 为 $P(x,y)\mathrm{d}x + Q(x,y)\mathrm{d}y$ 的一个原函数,这里

$$\frac{\partial u}{\partial x} = P(x,y), \quad \frac{\partial u}{\partial y} = Q(x,y).$$

而方程(8.2.8)就是

$$\mathrm{d}u(x,y) = 0.$$

所以,方程(8.2.8)的通解就是 $u(x,y) = C$.

当 $P(x,y),Q(x,y)$ 在单连通区域 G 内具有一阶连续偏导数时,要使方程(8.2.8)是全微分方程,其充分必要条件是

$$\frac{\partial P}{\partial y} = \frac{\partial Q}{\partial x} \qquad (8.2.9)$$

在区域 G 内恒成立,且当此条件满足时,全微分方程(8.2.8)的通解为

$$u(x,y) \equiv \int_{x_0}^{x} P(x,y_0)\mathrm{d}x + \int_{y_0}^{y} Q(x,y)\mathrm{d}y = C, \qquad (8.2.10)$$

式中,(x_0,y_0) 是区域 G 内适当选定的点 M_0 的坐标.

例 4 求解 $(1+x)\mathrm{d}y + (y+x^2+x^3)\mathrm{d}x = 0$.

解
$$\frac{\partial P}{\partial y} = 1 = \frac{\partial Q}{\partial x},$$

所以原方程是全微分方程. 可取 $x_0 = 0, y_0 = 0$, 根据公式(8.2.10)有

$$u(x,y) = \int_0^x (0+x^2+x^3)\mathrm{d}x + \int_0^y (1+x)\mathrm{d}y$$

$$= \frac{1}{3}x^3 + \frac{1}{4}x^4 + (1+x)y.$$

原方程的通解为

$$\frac{1}{3}x^3 + \frac{1}{4}x^4 + (1+x)y = C.$$

若方程(8.2.8)不是全微分方程,但存在函数 $u(x,y) \neq 0$, 使得方程

$$uP\,\mathrm{d}x + uQ\,\mathrm{d}y = 0$$

是全微分方程. 则函数 $u(x,y)$ 叫做方程的**积分因子**. 一阶微分方程的积分因子不唯一.

积分因子不容易求,在较简单的情形下,可以观察得到.

例如,方程

$$y\,\mathrm{d}x - x\,\mathrm{d}y = 0$$

不是全微分方程,但是由于 $\mathrm{d}\left(\dfrac{x}{y}\right) = \dfrac{y\,\mathrm{d}x - x\,\mathrm{d}y}{y^2}$, 可知 $\dfrac{1}{y^2}$ 是一个积分因子. 另外, $\dfrac{1}{xy}, \dfrac{1}{x^2}$ 也是它的积分因子.

又如,方程

$$(1 + xy)y\,\mathrm{d}x + (1 - xy)x\,\mathrm{d}y = 0$$

也不是全微分方程,但将它的各项重新合并,得

$$(y\,\mathrm{d}x + x\,\mathrm{d}y) + xy(y\,\mathrm{d}x - x\,\mathrm{d}y) = 0,$$

再把它改写成

$$\mathrm{d}(xy) + (x^2 y^2)\left(\frac{\mathrm{d}x}{x} - \frac{\mathrm{d}y}{y}\right) = 0,$$

容易看出 $\dfrac{1}{x^2 y^2}$ 是积分因子,乘上该积分因子后,方程变为

$$\frac{\mathrm{d}(xy)}{x^2 y^2} + \frac{\mathrm{d}x}{x} - \frac{\mathrm{d}y}{y} = 0.$$

积分得通解

$$-\frac{1}{xy} + \ln\left|\frac{x}{y}\right| = C_1,$$

即

$$\frac{x}{y} = C\mathrm{e}^{\frac{1}{xy}} \quad (C = \pm\,\mathrm{e}^{C_1}).$$

我们也可用积分因子的方法来解一阶线性方程

$$y' + P(x)y = Q(x).$$

方程两边同乘以积分因子 $u(x) = \mathrm{e}^{\int P(x)\mathrm{d}x}$，得

$$y'\mathrm{e}^{\int P(x)\mathrm{d}x} + yP(x)\mathrm{e}^{\int P(x)\mathrm{d}x} = Q(x)\mathrm{e}^{\int P(x)\mathrm{d}x},$$

即

$$y'\mathrm{e}^{\int P(x)\mathrm{d}x} + y\big[\mathrm{e}^{\int P(x)\mathrm{d}x}\big]' = Q(x)\mathrm{e}^{\int P(x)\mathrm{d}x},$$

亦即

$$\big[y\mathrm{e}^{\int P(x)\mathrm{d}x}\big]' = Q(x)\mathrm{e}^{\int P(x)\mathrm{d}x}.$$

两端积分得通解

$$y\mathrm{e}^{\int P(x)\mathrm{d}x} = \int Q(x)\mathrm{e}^{\int P(x)\mathrm{d}x}\mathrm{d}x + C,$$

或

$$y = \mathrm{e}^{-\int P(x)\mathrm{d}x}\left(\int Q(x)\mathrm{e}^{\int P(x)\mathrm{d}x}\mathrm{d}x + C\right).$$

习题 8.2

1. 求下列微分方程的通解.

(1) $\dfrac{\mathrm{d}y}{\mathrm{d}x} = \mathrm{e}^{-x}$；

(2) $(x+1)\dfrac{\mathrm{d}y}{\mathrm{d}x} + y = x^2 - 1$；

(3) $(1-x^2)\dfrac{\mathrm{d}y}{\mathrm{d}x} + xy = ax$，$|x|<1$；

(4) $y' + y\tan x = \sec x$；

(5) $\dfrac{\mathrm{d}y}{\mathrm{d}x} - \dfrac{y}{x} = x\mathrm{e}^x$；

(6) $y' - ay = f(x)$；

(7) $\dfrac{\mathrm{d}y}{\mathrm{d}x} + \dfrac{y}{x} = \dfrac{1}{x}$；

(8) $y' + \dfrac{2y}{x+1} = (x+1)^3$；

(9) $y' + yf(x) = f(x)$；

(10) $\dfrac{\mathrm{d}y}{\mathrm{d}x} + 2y = x$；

(11) $\dfrac{\mathrm{d}y}{\mathrm{d}x} + y = y^2(\cos x - \sin x)$；

(12) $\dfrac{\mathrm{d}y}{\mathrm{d}x} = xy + x^3 y^2$；

(13) $\dfrac{\mathrm{d}y}{\mathrm{d}x} = \dfrac{\ln x}{x}y^2 - \dfrac{1}{x}y$；

(14) $\dfrac{\mathrm{d}y}{\mathrm{d}x} - xy = -\mathrm{e}^{-x^2}y^3$；

(15) $(3x^2 + 6xy^2)\mathrm{d}x + (6x^2 y + 4y^3)\mathrm{d}y = 0$；

(16) $(x^2 y^2 + x)\mathrm{d}x + (x^3 y + x + xy^2)\mathrm{d}y = 0$；

(17) $(a^2 - 2xy - y^2)\mathrm{d}x - (x+y)^2\mathrm{d}y = 0$；

(18) $\left(\dfrac{1}{y}\sin\dfrac{x}{y} - \dfrac{y}{x^2}\cos\dfrac{y}{x} + 1\right)\mathrm{d}x + \left(\dfrac{1}{x}\cos\dfrac{y}{x} - \dfrac{x}{y^2}\sin\dfrac{x}{y} + \dfrac{1}{y^2}\right)\mathrm{d}y = 0$.

2. 求下列微分方程满足所给初始条件的特解.

(1) $\dfrac{\mathrm{d}y}{\mathrm{d}x} - \dfrac{y}{x} = 3x^3$，$y\big|_{x=1} = 3$；

(2) $\dfrac{\mathrm{d}y}{\mathrm{d}x} = \mathrm{e}^{2x} - 3y,\quad y\big|_{x=0} = 1;$

(3) $xy' + (1+x)y = \mathrm{e}^{-x},\quad y\big|_{x=1} = 0;$

(4) $\sin x \dfrac{\mathrm{d}y}{\mathrm{d}x} + 2y\cos x = \sin 2x,\quad y\big|_{x=\frac{\pi}{6}} = 2.$

3. 设有一个由电阻 $R = 10\,\Omega$、电感 $L = 2\,\mathrm{H}$(亨)和电源电压 $E = 20\sin 5t\,\mathrm{V}$(伏)串联组成的电路. 开关 K 合上后,电路中有电流通过. 求电流 I 与时间 t 的函数关系.

8.3 二阶微分方程

本节主要介绍几类微分方程的解法.

8.3.1 可降阶的二阶微分方程

以二阶微分方程

$$y'' = f(x, y, y')$$

而论,如果能设法作代换把它从二阶降至一阶,那么就有可能用前面的方法来求解.

下面介绍三种容易降阶的二阶微分方程的求解方法.

1. $y'' = f(x)$ 型的微分方程

微分方程

$$y'' = f(x)$$

的右端只含有自变量 x,将两端积分一次,就可得到一个一阶微分方程

$$y' = \int f(x)\,\mathrm{d}x + C_1,$$

再积分一次,即可得原方程的通解

$$y = \int\left[\int f(x)\,\mathrm{d}x + C_1\right]\mathrm{d}x + C_2.$$

例 1 求微分方程

$$y'' = x + \sin x$$

的通解.

解 对所给方程积分两次得

$$y' = \frac{1}{2}x^2 - \cos x + C_1,$$

$$y = \frac{1}{6}x^3 - \sin x + C_1 x + C_2 .$$

2. $y'' = f(x, y')$ 型的微分方程

这类二阶方程,其特点为右端不显含未知函数 y. 可令 $y' = p$,则 $y'' = p'$,于是原方程化为以 p 为未知函数的一阶方程

$$p' = f(x, p) .$$

设其通解为

$$p = \varphi(x, C_1) ,$$

由于 $p = \dfrac{\mathrm{d}y}{\mathrm{d}x} = \varphi(x, C_1)$,因此

$$\frac{\mathrm{d}y}{\mathrm{d}x} = \varphi(x, C_1) .$$

积分得

$$y = \int \varphi(x, C_1) \mathrm{d}x + C_2 .$$

例 2 求方程

$$y'' = y' + x$$

满足初始条件

$$y\big|_{x=0} = 0 , \quad y'\big|_{x=0} = 0$$

的特解.

解 所给方程是 $y'' = f(x, y')$ 型的,设 $y' = p$,则 $y'' = p'$. 代入方程得

$$p' = p + x ,$$

即

$$p' - p = x .$$

由一阶线性方程的通解公式得

$$p = \mathrm{e}^{-\int -\mathrm{d}x} \left(\int x \mathrm{e}^{\int -\mathrm{d}x} \mathrm{d}x + C_1 \right) = \mathrm{e}^x \left(\int x \mathrm{e}^{-x} \mathrm{d}x + C_1 \right)$$

$$= \mathrm{e}^x (- x \mathrm{e}^{-x} - \mathrm{e}^{-x} + C_1) = C_1 \mathrm{e}^x - x - 1 .$$

所以

$$y' = p = C_1 \mathrm{e}^x - x - 1 .$$

由初始条件 $y'|_{x=0} = 0$，得 $C_1 = 1$，因此

$$y' = e^x - x - 1.$$

两边再积分得

$$y = e^x - \frac{1}{2}x^2 - x + C.$$

由条件 $y|_{x=0} = 0$，知 $C = -1$．于是原方程解为 $y = e^x - \frac{1}{2}x^2 - x - 1$．

3. $y'' = f(y, y')$ 型的微分方程

这类二阶方程的特点是右端不显含自变量 x，可令 $y' = p$．由于

$$y'' = \frac{\mathrm{d}p}{\mathrm{d}x} = \frac{\mathrm{d}p}{\mathrm{d}y} \cdot \frac{\mathrm{d}y}{\mathrm{d}x} = p\frac{\mathrm{d}p}{\mathrm{d}y},$$

则原方程化为

$$p\frac{\mathrm{d}p}{\mathrm{d}y} = f(y, p).$$

这是一个以 y, p 为变量的一阶微分方程，设它的通解为

$$y' = p = \varphi(y, C_1).$$

分离变量并积分，得原方程通解为

$$\int \frac{\mathrm{d}y}{\varphi(y, C_1)} = x + C_2.$$

例 3　求微分方程

$$yy'' - y'^2 = 0 \tag{1}$$

的通解．

解　方程 (1) 不显含自变量 x，设 $y' = p$，则 $y'' = p\dfrac{\mathrm{d}p}{\mathrm{d}y}$．

代入方程 (1) 得

$$yp\frac{\mathrm{d}p}{\mathrm{d}y} - p^2 = 0.$$

若 $p \neq 0$，那么，消去 p 并分离变量得

$$\frac{\mathrm{d}p}{p} = \frac{\mathrm{d}y}{y}.$$

两边积分得 $\ln p = \ln y + \ln C_1$，即

$$p = C_1 y, \qquad \frac{\mathrm{d}y}{\mathrm{d}x} = C_1 y.$$

再分离变量并积分得 $\ln y = C_1 x + \ln C_2$,

即

$$y = C_2 \mathrm{e}^{C_1 x}.$$

若 $p = 0$, 则 $y' = 0$, 即 $y = C$. 此解包含于上述解中.

8.3.2　二阶线性微分方程的结构

未知函数及其各阶导数都是一次的微分方程, 称为线性微分方程. n 阶线性微分方程的一般形式为

$$y^{(n)} + p_1(x) y^{(n-1)} + p_2(x) y^{(n-2)} + \cdots + p_{n-1}(x) y' + p_n(x) y = f(x).$$

若 $f(x) = 0$, 则方程称为齐次线性微分方程.

若 $f(x) \neq 0$, 则方程称为非齐次线性微分方程.

1. 二阶齐次线性微分方程

二阶齐次线性微分方程的一般形式为

$$y'' + P(x) y' + Q(x) y = 0. \tag{8.3.1}$$

定理 8.3.1　如果函数 $y_1(x)$ 与 $y_2(x)$ 是微分方程 (8.3.1) 的两个解, 则

$$y = C_1 y_1(x) + C_2 y_2(x) \tag{8.3.2}$$

也是方程 (8.3.1) 的解, 其中, C_1, C_2 是任意常数.

证明　将式 (8.3.2) 代入式 (8.3.1) 左端得

$$\left[C_1 y_1'' + C_2 y_2''\right] + P(x)\left[C_1 y_1' + C_2 y_2'\right] + Q(x)\left[C_1 y_1 + C_2 y_2\right]$$

$$= C_1\left[y_1'' + P(x) y_1' + Q(x) y_1\right] + C_2\left[y_2'' + p(x) y_2' + Q(x) y_2\right]. \tag{8.3.3}$$

由于 y_1, y_2 是方程 (8.3.1) 的解, 因此

$$y_1'' + P(x) y_1' + Q(x) y_1 = 0,$$

$$y_2'' + P(x) y_2' + Q(x) y_2 = 0.$$

所以式 (8.3.3) 恒等于零, 式 (8.3.2) 是方程 (8.3.1) 的解.

定理 8.3.1 表明, 齐次线性方程的解具有叠加性, 从解 (8.3.2) 的形式看含有两个任意常数, 但是, 它不一定是方程 (8.3.1) 的通解. 例如, $y_1(x)$ 是方程 (8.3.1) 的一个解, $2y_1(x)$ 也是方程 (8.3.1) 的一个解. 这时式 (8.3.2) 成为 $y = C_1 y_1(x) + 2C_2 y_1(x)$. 令 $C = C_1 + 2C_2$, 则 $y = C y_1(x)$. 这表明此时 C_1, C_2 并不是独立的两个任意常数. 因此式 (8.3.2) 不是通解. 什么情况下式 (8.3.2) 为方程 (8.3.1) 的通解

呢？要解决这个问题，现引进一个新概念，即所谓函数的线性相关与线性无关.

设 $y_1(x), y_2(x), \cdots, y_n(n)$ 为定义在区间 I 内的 n 个函数，如果存在 n 个不全为零的常数 $k_1, k_2, \cdots, k_n$，使得当 $x \in I$ 时，有恒等式

$$k_1 y_1 + k_2 y_2 + \cdots + k_n y_n \equiv 0$$

成立，那么，称这 n 个函数在区间内**线性相关**；否则，称为**线性无关**.

例如，函数 $1, \cos^2 x, \sin^2 x$ 在 $(-\infty, +\infty)$ 内线性相关，因为存在 $k_1 = 1, k_2 = k_3 = -1$，使

$$1 + (-1)\cos^2 x + (-1)\sin^2 x = 0.$$

而 $\cos^2 x, \sin^2 x$ 在 $(-\infty, +\infty)$ 内线性无关，因为

$$k_1 \cos^2 x + k_2 \sin^2 x = 0,$$

则必有 $k_1 = k_2 = 0$.

易知，两个函数线性相关与否，只要看它们的比是否为常数：如果比为常数，那么它们线性相关；否则，就线性无关.

定理 8.3.2 $y_1(x)$ 与 $y_2(x)$ 是方程 (8.3.1) 的两个线性无关的特解（即 $y_1(x)/y_2(x)$ 不是常数），那么

$$y = C_1 y_1(x) + C_2 y_2(x)$$

是方程 (8.3.1) 的通解，其中，C_1, C_2 为任意常数.

例如，$y_1 = \mathrm{e}^x$ 与 $y_2 = \mathrm{e}^{-x}$ 是二阶齐次线性方程 $y'' - y = 0$（这里 $P(x) \equiv 0$，$Q(x) \equiv -1$）的两个特解，且 $\dfrac{y_1(x)}{y_2(x)} = \mathrm{e}^x$ 不是常数，即它们线性无关. 所以

$$y = C_1 \mathrm{e}^x + C_2 \mathrm{e}^{-x}$$

是方程 $y'' - y = 0$ 的通解.

2. 二阶非齐次线性微分方程

二阶线性非齐次微分方程一般形式为

$$y'' + P(x)y' + Q(x)y = f(x). \tag{8.3.4}$$

定理 8.3.3 设 y^* 是方程 (8.3.4) 的特解，$Y = C_1 y_1 + C_2 y_2$ 是方程 (8.3.4) 对应的齐次线性方程 (8.3.1) 的通解，那么

$$y = Y + y^* \tag{8.3.5}$$

是二阶非齐次线性微分方程 (8.3.4) 的通解.

易证式 (8.3.5) 是式 (8.3.4) 的解，而式 (8.3.5) 中包含两个独立的任意常数，故式 (8.3.5) 是方程 (8.3.4) 的通解.

由此,二阶非齐次线性微分方程与一阶非齐次线性方程具有相同的通解结构,即它们的通解都为两部分之和:一部分是对应的齐次线性微分方程的通解;另一部分是非齐次线性微分方程本身的一个特解.实际上,更高阶的非齐次线性微分方程的通解也具有这样的结构.

定理 8.3.4 如果 $y_1^*(x)$ 与 $y_2^*(x)$ 分别是微分方程

$$y'' + P(x)y' + Q(x)y = f_1(x)$$

与

$$y'' + P(x)y' + Q(x)y = f_2(x)$$

的特解,则 $y^* = y_1^*(x) + y_2^*(x)$ 是微分方程

$$y'' + P(x)y' + Q(x)y = f_1(x) + f_2(x)$$

的特解.

这一定理称为非齐次线性微分方程的解的叠加原理.定理 8.3.3 和定理 8.3.4 都可推广到 n 阶非齐次线性方程的情形.

8.3.3 二阶常系数齐次线性微分方程的解法

形如

$$y'' + py' + qy = 0 \tag{8.3.6}$$

的线性微分方程,称为**二阶常系数齐次线性微分方程**.其中 p, q 为常数.

由二阶齐次线性微分方程有关解的定理知,要求方程(8.3.6)的通解,只要求出方程(8.3.6)的两个线性无关的解.

由于 p, q 均为常数,可以猜想,方程(8.3.6)具有 $y = e^{rx}$ 形式的解.将 $y = e^{rx}$, $y' = re^{rx}$, $y'' = r^2 e^{rx}$ 代入方程(8.3.6)得

$$e^{rx}(r^2 + px + q) = 0,$$

$$r^2 + pr + q = 0. \tag{8.3.7}$$

由此可见,只要 r 满足方程(8.3.7),$y = e^{rx}$ 就是微分方程(8.3.6)的解.方程(8.3.7)称为方程(8.3.6)的**特征方程**,特征方程的根称为**特征根**.

下面讨论特征根的情况.

(1) 特征方程有两个不相等实根($r_1 \neq r_2$)

由上面讨论知,$y_1 = e^{r_1 x}$,$y_2 = e^{r_2 x}$ 是微分方程(8.3.6)的两个解.并且 $\dfrac{y_2}{y_1} = e^{(r_1 - r_2)x} \neq$ 常数,因此 y_1, y_2 线性无关,所以微分方程(8.3.6)的通解为

$$y = C_1 e^{r_1 x} + C_2 e^{r_2 x}.$$

（2）特征方程有两个相等的实根（$r_1 = r_2$）

这时，只得到微分方程（8.3.6）的一个解

$$y_1 = e^{r_1 x},$$

还需得到方程（8.3.6）与 y_1 线性无关的特解 y_2，即 $\dfrac{y_2}{y_1}$ 不是常数.

设 $\dfrac{y_2}{y_1} = u(x)$，即 $y_2 = u(x)e^{r_1 x}$，对 y_2 求导得 $y_2' = e^{r_1 x}(u' + r_1 u)$，

$$y_2'' = e^{r_1 x}(u'' + 2r_1 u' + r_1^2 u).$$

将 y_2, y_2', y_2'' 代入方程（8.3.6）得

$$e^{r_1 x}\left[u'' + (2r_1 + p)u' + (r_1^2 + pr_1 + q)u\right] = 0.$$

由于 r_1 是特征方程（8.3.7）的重根，所以 $r_1^2 + pr_1 + q = 0$ 且 $2r_1 + p = 0$. 于是有

$$u'' = 0.$$

又 $u \neq$ 常数，故只要取 $u = x$，得微分方程（8.3.6）的另一解

$$y_2 = xe^{r_1 x},$$

从而微分方程（8.3.6）的通解为

$$y = C_1 e^{r_1 x} + C_2 x e^{r_1 x} = (C_1 + C_2 x)e^{r_1 x}.$$

（3）特征方程有一对共轭复根（$r_1 = \alpha + i\beta, r_2 = \alpha - i\beta, \beta \neq 0$）

这时，$y_1 = e^{(\alpha + i\beta)x}$，$y_2 = e^{(\alpha - i\beta)x}$ 是微分方程（8.3.6）的两个解，但它们是复值函数形式，为了得出实值函数形式，可以利用欧拉公式 $e^{ix} = \cos x + i\sin x$ 将 y_1, y_2 改写为

$$y_1 = e^{\alpha x}(\cos \beta x + i\sin \beta x),$$

$$y_2 = e^{\alpha x}(\cos \beta x - i\sin \beta x).$$

于是，有

$$\frac{1}{2}(y_1 + y_2) = e^{\alpha x}\cos \beta x,$$

$$\frac{1}{2i}(y_1 - y_2) = e^{\alpha x}\sin \beta x.$$

由 8.2 节定理知，以上两个实值函数 $e^{\alpha x}\cos \beta x$ 与 $e^{\alpha x}\sin \beta x$ 均为方程（8.3.6）的解，且它们线性无关. 因此，微分方程（8.3.6）的通解为

$$y = \mathrm{e}^{\alpha x}(C_1 \cos \beta x + C_2 \sin \beta x).$$

综上所述,求二阶常系数齐次线性微分方程(8.3.6)的通解步骤如下:

(1) 写出所给方程的特征方程,求出特征根;

(2) 根据特征根的三种不同情况,按照表 8.1,写出微分方程的通解.

表 8.1   特征方程的根与微分方程的通解

特征方程 $r^2 + pr + q = 0$ 的两个根 r_1, r_2	微分方程 $y'' + py' + qy = 0$ 的通解
两个不相等的实根 r_1, r_2	$y = C_1 \mathrm{e}^{r_1 x} + C_2 \mathrm{e}^{r_2 x}$
两个相等的实根 $r_1 = r_2$	$y = (C_1 + C_2 x)\mathrm{e}^{r_1 x}$
一对共轭复根 $r_{1,2} = \alpha \pm \mathrm{i}\beta$	$y = \mathrm{e}^{\alpha x}(C_1 \cos \beta x + C_2 \sin \beta x)$

例 4   求微分方程 $y'' - 5y' + 6y = 0$ 的通解.

解   所给微分方程对应的特征方程为

$$r^2 - 5r + 6 = 0.$$

它有两个不相等实根 $r_1 = 2, r_2 = 3$,因此所求通解为

$$y = C_1 \mathrm{e}^{2x} + C_2 \mathrm{e}^{3x}.$$

例 5   求方程 $y'' - 4y' + 4y = 0$ 满足初始条件 $y(0) = 1, y'(0) = 4$ 的特解.

解   所给方程的特征方程为

$$r^2 - 4r + 4 = 0.$$

其根 $r_1 = r_2 = 2$ 是两个相等的实根,因此所求通解为

$$y = (C_1 + C_2 x)\mathrm{e}^{2x}.$$

而

$$y' = C_2 \mathrm{e}^{2x} + 2(C_1 + C_2 x)\mathrm{e}^{2x},$$

将 $y(0) = 1, y'(0) = 4$ 代入以上两式,得 $C_1 = 1, C_2 = 2$. 因此,所求特解为

$$y = (1 + 2x)\mathrm{e}^{2x}.$$

例 6   求微分方程 $y'' - 4y' + 5y = 0$ 的通解.

解   所给方程的特征方程为

$$r^2 - 4r + 5 = 0.$$

其根 $r_{1,2} = 2 \pm \mathrm{i}$,为一对共轭复根,因此所求通解为

$$y = \mathrm{e}^{2x}(C_1 \cos x + C_2 \sin x).$$

8.3.4 高阶常系数齐次线性微分方程

n 阶常系数齐次线性微分方程的一般形式是

$$y^{(n)} + p_1 y^{(n-1)} + p_2 y^{(n-2)} + \cdots + p_{n-1} y' + p_n y = 0.$$

式中，$p_1, p_2, \cdots, p_n$ 都是常数，它的特征方程为

$$r^n + p_1 r^{n-1} + \cdots + p_{n-1} r + p_n = 0.$$

根据特征方程的根的不同情况，按照表 8.2，可得 n 阶常系数齐次线性微分方程的解.

表 8.2　　　　　　　特征方程的根与微分方程通解中的对应项

特征方程的根	微分方程通解中的对应项
单实根 r	给出一项：Ce^{rx}
k 重实根 r	给出 k 项：$e^{rx}(C_1 + C_2 x + \cdots + C_k x^{k-1})$
一对单复根 $r_{1,2} = \alpha \pm \mathrm{i}\beta$	给出两项： $e^{\alpha x}[c_1 \cos \beta x + c_2 \sin \beta x]$
一对 k 重复根 $r_{1,2} = \alpha \pm \mathrm{i}\beta$	给出 $2k$ 项： $e^{\alpha x}[(C_1 + C_2 x + \cdots + C_k x^{k-1})\cos \beta x + (D_1 + D_2 x + \cdots + D_k x^{k-1})\sin \beta x]$

由代数学知，n 次代数方程有 n 个根（重根按重数计算），而特征方程的每一个根都对应着通解的一项，且每一项各含一个任意常数，这样就得到 n 阶常系数齐次线性微分方程的通解

$$y = C_1 y_1 + C_2 y_2 + \cdots + C_n y_n.$$

例 7　求微分方程 $y^{(4)} + 2y'' + y = 0$ 的通解.

解　微分方程的特征方程为

$$r^4 + 2r^2 + 1 = 0,$$

其特征根为 $r_1 = r_2 = \mathrm{i}, r_3 = r_4 = -\mathrm{i}$.

因此，所给微分方程的通解为

$$y = (C_1 + C_2 x)\cos x + (C_3 + C_4 x)\sin x.$$

8.3.5 二阶常系数非齐次线性微分方程

二阶常系数非齐次线性微分方程的一般形式是

$$y'' + py' + qy = f(x), \tag{8.3.8}$$

式中，p,q 是常数.

由定理 8.3.3 可知，二阶常系数非齐次线性微分方程的通解是对应的齐次方程的通解与其自身的一个特解之和，而求二阶常系数齐次线性方程的通解问题已经解决，所以，求二阶非齐次线性微分方程的通解，关键在于求其一个特解 y^*.

以下介绍方程 (8.3.8) 中，自由项 $f(x)$ 取两种常见形式时，如何用待定系数法求出该方程的一个特殊解 y^*.

1. $f(x) = \mathrm{e}^{\lambda x} P_m(x)$ 型

此时，方程 (8.3.8) 为

$$y'' + py' + qy = \mathrm{e}^{\lambda x} P_m(x). \tag{8.3.9}$$

方程 (8.3.9) 的右边是 m 次多项式与 $\mathrm{e}^{\lambda x}$ 的乘积，而多项式与指数函数乘积的导数仍是多项式与指数函数的乘积. 因此，可以推测方程 (8.3.9) 的一个特解是某个多项式 $Q(x)$ 与 $\mathrm{e}^{\lambda x}$ 的乘积，不妨设

$$y^* = Q(x)\mathrm{e}^{\lambda x}.$$

将 y^* 求导，代入方程 (8.3.9) 得

$$\left[Q''(x)\mathrm{e}^{\lambda x} + 2\lambda Q'(x)\mathrm{e}^{\lambda x} + \lambda^2 Q(x)\mathrm{e}^{\lambda x}\right] +$$

$$p\left[Q'(x)\mathrm{e}^{\lambda x} + \lambda Q(x)\mathrm{e}^{\lambda x}\right] + qQ(x)\mathrm{e}^{\lambda x} = \mathrm{e}^{\lambda x} P_m(x),$$

即
$$(\lambda^2 + p\lambda + q)Q(x) + (2\lambda + p)Q'(x) + Q''(x) = P_m(x). \tag{8.3.10}$$

(1) 当 λ 不是特征方程的特征根，即 $\lambda^2 + p\lambda + q \neq 0$ 时，则 $Q(x)$ 必是一个 m 次多项式，即

$$Q(x) = Q_m(x) = b_0 x^m + b_1 x^{m-1} + \cdots + b_{m-1} x + b_m.$$

代入式 (8.3.10)，比较系数可求 $b_0, \cdots, b_m$，从而得到所求特解：$y^* = Q_m(x)\mathrm{e}^{\lambda x}$.

(2) 当 λ 是特征方程的单根，即 $\lambda^2 + p\lambda + q = 0$ 时，而 $2\lambda + p \neq 0$. 则 $Q'(x)$ 应是一个 m 次多项式. 此时可设

$$Q(x) = xQ_m(x) = x(b_0 x^m + b_1 x^{m-1} + \cdots + b_{m-1} x + b_m),$$

并可用同样的方法确定 $Q_m(x)$ 的系数 $b_0, b_1, \cdots, b_m$.

(3) 当 λ 是特征方程的重根，即 $\lambda^2 + p\lambda + q = 0$ 且 $2\lambda + p = 0$ 时，则 $Q''(x)$ 应是一个 m 次多项式. 此时可设

$$Q(x) = x^2 Q_m(x) = x^2(b_0 x^m + b_1 x^{m-1} + \cdots + b_{m-1} x + b_m),$$

并可用同样的方法确定 $Q_m(x)$ 的系数 $b_0, b_1, \cdots, b_m$.

综上所述,方程(8.3.9)的特解具有形式

$$y^* = x^k Q_m(x) e^{\lambda x},$$

式中,$Q_m(x)$ 是与 $P_m(x)$ 同次的多项式,而 k 按 λ 不是特征方程的根、是特征方程的单根或是特征方程的重根,依次取值 $0, 1$ 或 2.

例 8 求方程 $y'' - 2y' - 3y = x e^{2x}$ 的通解.

解 与所给方程对应的齐次方程为

$$y'' - 2y' - 3y = 0,$$

特征方程

$$r^2 - 2r - 3 = 0$$

有两个实根 $r_1 = -1, r_2 = 3$. 于是,与所给方程对应的齐次方程的通解为

$$y = C_1 e^{-x} + C_2 e^{3x}.$$

由于 $\lambda = 2$ 不是特征方程的根,所以应设 y^* 为

$$y^* = (b_0 x + b_1) e^{2x}.$$

把它代入所给方程得

$$-3b_0 x + 2b_0 - 3b_1 = x.$$

比较上式两端同次幂的系数得

$$\begin{cases} -3b_0 = 1, \\ 2b_0 - 3b_1 = 0. \end{cases}$$

解方程组得 $b_0 = -\dfrac{1}{3}, b_1 = -\dfrac{2}{9}$. 于是,所求原方程的一个特解为

$$y^* = \left(-\frac{1}{3} x - \frac{2}{9}\right) e^{2x}.$$

从而所求通解为

$$y = C_1 e^{-x} + C_2 e^{3x} + \left(-\frac{1}{3} x - \frac{2}{9}\right) e^{2x}.$$

2. $f(x) = e^{\lambda x} [P_l(x) \cos \omega x + P_n(x) \sin \omega x]$ 型

此时,方程的特解可设为

$$y^* = x^k e^{\lambda x} [Q_m(x) \cos \omega x + R_m(x) \sin \omega x],$$

式中,$Q_m(x)$,$R_m(x)$是 m 次多项式,$m=\max\{l,n\}$,而 k 按 $\lambda+\mathrm{i}\omega$(或 $\lambda-\mathrm{i}\omega$)不是特征方程的根、是特征方程的单根,依次取值 0 或 1,证明从略.

例 9 求微分方程 $y''+4y=x\cos x$ 的一个特解.

解 所给方程是二阶常系数非齐次线性方程,且 $f(x)$ 属于 $\mathrm{e}^{\lambda x}[P_l(x)\cos\omega x+P_n(x)\sin(x)]$ 型,其中 $\lambda=0,\omega=1,P_l(x)=x,P_n(x)=0$.

原方程对应的齐次方程为

$$y''+4y=0,$$

它的特征方程为

$$r^2+4=0.$$

由于这里 $\lambda+\mathrm{i}\omega=\mathrm{i}$ 不是特征方程的根,所以可设特解为

$$y=(ax+b)\cos x+(cx+d)\sin x.$$

代入原方程得

$$(3ax+3b+2c)\cos x+(3cx-2a+3d)\sin x=x\cos x.$$

比较两端同类项系数得

$$\begin{cases}3a=1,\\3b+2c=0,\\3c=0,\\-2a+3d=0.\end{cases}$$

解得

$$a=\frac{1}{3},\quad b=c=0,\quad d=\frac{2}{9}.$$

于是,求得一个特解为

$$y=\frac{1}{3}x\cos x+\frac{2}{9}\sin x.$$

习题 8.3

1. 求下列微分方程的通解.

(1) $y''+5y'-6y=0$;

(2) $y''-4y'+13y=0$;

(3) $y''+7y'+12y=0$;

(4) $y''+10y'+25y=0$;

(5) $y''-4y'+y=0$;

(6) $y''+2y'+2y=0$;

(7) $y''+y'+y=0$;

(8) $y^{(4)}+3y'''-4y''=0$;

(9) $y^{(4)}-y'''-20y''=0$;

(10) $y''-2y'-3y=8\mathrm{e}^{3x}$;

(11) $y'' - 2y' + y = x^2 + x$;   (12) $y'' - y' - 2y = 2\sin x$;

(13) $y'' + 9y = \sin x + e^{2x}$.

2. 求下列微分方程满足所给初始条件的特解.

(1) $y'' + 4y = 0, y\big|_{x=0} = 2, \quad y'\big|_{x=\frac{\pi}{4}} = 3$;

(2) $y'' + 9y = 0, y\big|_{x=\frac{\pi}{3}} = 3, \quad y'\big|_{x=\frac{\pi}{3}} = 3$;

(3) $y'' - 5y' + 6y = 2e^x, y\big|_{x=0} = 1, \quad y'\big|_{x=0} = 0$;

(4) $y'' - 4y = 4\sin x, y\big|_{x=0} = 4, \quad y'\big|_{x=0} = 0$.

*8.4　微分方程组与欧拉方程

8.4.1　常系数线性微分方程组

由几个关于同一自变量的微分方程联系起来的方程组,称为微分方程组. 若微分方程组中每一个微分方程都是常系数线性方程,则称为**常系数线性微分方程组**.

解常系数线性方程组,可用以下方法:

第一步　从方程组中消去一些未知函数及其各阶导数,得到只含有一个未知函数的高阶常系数线性微分方程.

第二步　解此高阶微分方程,求出未知函数.

第三步　把已求出的函数代入原方程组,求出其余的未知函数.

例 1　解微分方程组

$$\begin{cases} \dfrac{\mathrm{d}y}{\mathrm{d}x} = z, & (1) \\[2mm] \dfrac{\mathrm{d}z}{\mathrm{d}x} = -y. & (2) \end{cases}$$

解　设法消去未知函数 y. 由式(2)得

$$y = -\frac{\mathrm{d}z}{\mathrm{d}x}, \tag{3}$$

两边求导得

$$\frac{\mathrm{d}y}{\mathrm{d}x} = -\frac{\mathrm{d}^2 z}{\mathrm{d}x^2}. \tag{4}$$

将式(4)代入式(1)并整理得

$$\frac{\mathrm{d}^2 z}{\mathrm{d}x^2} + z = 0.$$

这是一个二阶常系数线性微分方程,它的通解是

$$z = C_1 \cos x + C_2 \sin x. \tag{5}$$

把式(5)代入式(3)得

$$y = C_1 \sin x - C_2 \cos x.$$

于是,所给方程组通解为

$$\begin{cases} y = C_1 \sin x - C_2 \cos x, \\ z = C_1 \cos x + C_2 \sin x. \end{cases}$$

为求方程组满足初始条件

$$y\big|_{x=0} = 0, \quad z\big|_{x=0} = 1.$$

的特解,只需将此条件代入通解,得

$$\begin{cases} 0 = -C_2, \\ 1 = C_1. \end{cases}$$

即

$$C_1 = 1, \quad C_2 = 0.$$

于是,方程组满足上述初始条件的特解为

$$\begin{cases} y = \sin x, \\ z = \cos x. \end{cases}$$

8.4.2 欧拉方程

形如

$$x^n y^{(n)} + p_1 x^{n-1} y^{(n-1)} + \cdots + p_{n-1} x y' + p_n y = f(x) \tag{8.4.1}$$

的线性微分方程(其中 $p_1, p_2, \cdots, p_n$ 为常数),叫做**欧拉方程**.

可以通过变量代换,将欧拉方程化为常系数线性微分方程,从而求解.

作变换 $x = e^t$ 或 $t = \ln x$,则

$$\frac{dy}{dx} = \frac{1}{x}\frac{dy}{dt},$$

$$\frac{d^2 y}{dx^2} = \frac{1}{x^2}\left(\frac{d^2 y}{dt^2} - \frac{dy}{dt}\right),$$

$$\frac{d^3 y}{dx^3} = \frac{1}{x^3}\left(\frac{d^3 y}{dt^3} - 3\frac{d^2 y}{dt^2} + 2\frac{dy}{dt}\right).$$

用 D 表示对 t 求导的运算 $\dfrac{\mathrm{d}}{\mathrm{d}t}$，则上述结果可写成

$$x\,\frac{\mathrm{d}y}{\mathrm{d}x} = Dy,$$

$$x^2\,\frac{\mathrm{d}^2y}{\mathrm{d}x^2} = D(D-1)y,$$

$$x^3\,\frac{\mathrm{d}^3y}{\mathrm{d}x^3} = D(D-1)(D-2)y.$$

一般地，有

$$x^k\,\frac{\mathrm{d}^ky}{\mathrm{d}x^k} = D(D-1)(D-2)\cdots(D-k+1)y.$$

将它们代入欧拉方程(8.4.1)，便得到一个以 t 为自变量的常系数线性微分方程，求出它的解后，用 $t = \ln x$ 代入，即得原方程的通解.

例 2　求欧拉方程 $x^2y'' + xy' - 4y = x^3$ 的通解.

解　作变换 $x = \mathrm{e}^t$ 或 $t = \ln x$，原方程化为

$$D(D-1)y + Dy - 4y = \mathrm{e}^{3t},$$

即

$$D^2y - 4y = \mathrm{e}^{3t},$$

$$\frac{\mathrm{d}^2y}{\mathrm{d}t^2} - 4y = \mathrm{e}^{3t}. \tag{1}$$

方程(1)所对应的齐次方程为

$$\frac{\mathrm{d}^2y}{\mathrm{d}t^2} - 4y = 0, \tag{2}$$

其特征方程为

$$r^2 - 4 = 0,$$

它有两个根 $r_1 = -2, r_2 = 2$. 于是方程(2)的通解为

$$Y = C_1\mathrm{e}^{-2t} + C_2\mathrm{e}^{2t} = C_1x^{-2} + C_2x^2.$$

非齐次方程特解的形式为

$$y^* = b\mathrm{e}^{3t} = bx^3.$$

代入原方程，求得 $b = \dfrac{1}{5}$.

于是,原方程通解为

$$y = C_1 x^{-2} + C_2 x^2 + \frac{1}{5} x^3.$$

习题 8.4

1. 求下列欧拉方程的通解.

(1) $x^3 y''' + 3x^2 y'' - 2xy' + 2y = 0$;

(2) $x^2 y'' - 3xy' + 4y = x + x^2 \ln x$;

(3) $x^3 y'' + 2xy' - 2y = x^2 \ln x + 3x$.

2. 求下列微分方程组的解.

$(1) \begin{cases} \dfrac{\mathrm{d}x}{\mathrm{d}t} + y = e^t, \\ \dfrac{\mathrm{d}y}{\mathrm{d}t} - x = -t; \end{cases}$ $(2) \begin{cases} \dfrac{\mathrm{d}x}{\mathrm{d}t} = 3x + y, \\ \dfrac{\mathrm{d}y}{\mathrm{d}t} = x - y, \\ x(0) = y(0) = 1. \end{cases}$

复 习 题 8

1. 单项选择题.

(1) 方程 $(y - \ln x)\mathrm{d}x + x\mathrm{d}y = 0$ 是( ).

A. 可分离变量方程   B. 齐次方程

C. 一阶非齐次线性方程   D. 一阶齐次线性方程

(2) 已知 $y_1 = \cos \omega x, y_2 = 3\sin \omega x$ 是方程 $y'' + \omega^2 y = 0$ 的解,则 $y = C_1 y_1 + C_2 y_2 (C_1, C_2$ 为任意常数)( ).

A. 是方程的通解   B. 是方程的解,但不是通解

C. 是方程的一个特解   D. 不一定是方程的解

2. 填空题.

(1) $xy''' + 2x^2 y'^2 + x^3 y = x^4 + 1$ 是_____阶微分方程.

(2) 与积分方程 $y = \displaystyle\int_{x_0}^{x} f(x, y)\mathrm{d}x$ 等价的微分方程的初值问题是_____.

(3) 已知 $y = 1, y = x, y = x^2$ 是某二阶非齐次线性微分方程的三个解,则该方程的通解为_____.

3. 求下列微分方程的通解.

(1) $y' - xy' = a(y^2 + y')$;   (2) $(x + 1) \dfrac{\mathrm{d}y}{\mathrm{d}x} - y = e^x (x + 1)^2$;

(3) $(y^2 - x) \dfrac{\mathrm{d}y}{\mathrm{d}x} = y$;   (4) $xy' + y = 2\sqrt{xy}$;

(5) $y'' + 4y' + 4y = xe^{2x}$.

4. 求下列微分方程满足所给初始条件的特解.

(1) $y^3 dx + 2(x^2 - xy^2)dy = 0, x = 1$ 时, $y = 1$;

(2) $y'' = 2y, x = 0$ 时, $y = -1, y' = -1$;

(3) $y'' + 2y' + y = \cos x, x = 0$ 时, $y = 0, y' = \dfrac{3}{2}$.

5. 设 $f(x) = \sin x - \displaystyle\int_0^x (x - t)f(t)dt$, 其中 $f(x)$ 为连续函数, 求 $f(x)$.

6. 设 $f(x)$ 具有二阶连续导数, $[xy(x + y) - f(x)y]dx + [f'(x) + x^2 y]dy = 0$ 为全微分方程, 且 $f(0) = 0, f'(0) = 1$, 求 $f(x)$ 及此全微分方程的解.

附　　录

附录 A　数学建模

A1　预测一商店某个月某种商品的销售量

一商店有两种酒,一种来自贵州,另一种来自四川.以往的销售图表表明,两种酒每瓶的定价对它们的销售情况有影响.如果川酒每瓶售价为 x 元,同时贵酒每瓶 y 元,则川酒的销售量(瓶)将为

$$Q(x,y) = 300 - 20x^2 + 30y.$$

预计从现在起 t 个月后,川酒的价格(元/瓶)将为

$$x = 2 + 0.05t,$$

同时,贵酒的价格(元/瓶)将为

$$y = 2 + 0.1\sqrt{t}.$$

问从现在起 4 个月后的一个月里,川酒的销售量将增加(或减少)多少瓶?

解　目标是求第 4 个月的川酒的销售量 Q 对时间 t 的变化率 $\dfrac{\mathrm{d}Q}{\mathrm{d}t}\Big|_{t=4}$.

$$\frac{\mathrm{d}Q}{\mathrm{d}t} = \frac{\partial Q}{\partial x}\frac{\mathrm{d}x}{\mathrm{d}t} + \frac{\partial Q}{\partial y}\frac{\mathrm{d}y}{\mathrm{d}t} = -40x \times 0.05 + 30 \times 0.05t^{-1/2}.$$

当 $t = 4$ 时,

$$x = 2 + 0.05 \times 4 = 2.2,$$

所以

$$\frac{\mathrm{d}Q}{\mathrm{d}t}\Big|_{t=4} = -3.65.$$

这就是说,从现在起 4 个月后的一个月里,川酒的销售量将减少 3.65 瓶.

A2　广告的费用及其效应

某装饰公司欲以每桶 2 元的价格购进一批彩漆.为了尽快收回资金并获得较多的盈利,公司张经理打算做广告,于是找到广告公司的李先生进行咨询.张经理认为,随着彩漆售价的提高,预期销售量将减少,并对此作了估算(表 A.1).他问李先生广告有多大的效应.李先生说:"投入一定的广告费后,销售量将有一定增长,这由销售增长因子来表示.例如,投入 3 万元的广告费,销售增长因子为 1.85,即销售量将是预期销售量的 1.85 倍.根据经验,广告费与销售增长

因子的关系见表 A.1."张经理听后,迫切想知道最佳广告费和售价为多少时,预期的利润最大.
李先生经过计算,给出了下面的解答.

表 A.1 广告费与销售因子的关系

售价与预期销售量		广告费与销售增长因子	
售价(元)	预期销售量(千桶)	广告费(元)	销售增长因子
2.00	41	0	1.00
2.50	38	10 000	1.40
3.00	34	20 000	1.70
3.50	32	30 000	1.85
4.00	29	40 000	1.95
4.50	28	50 000	2.00
5.00	25	60 000	1.95
5.50	22	70 000	1.80
6.00	20		

解 分别将表 A.1 中的数据绘成图 A.1 和图 A.2.从图 A.1 可以看出,数据点近似于一条
直线;从图 A.2 中可以看出,数据点近似于一条二次曲线.

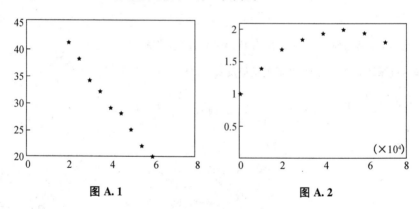

图 A.1　　　　　　　　　　　图 A.2

设 x 为预期销售量,y 为售价,z 为广告费,k 为销售增长因子,c 为每一桶彩漆的价钱.由图
A.1 和图 A.2,令

$$x = ay + b, \tag{1}$$

$$k = dz^2 + ez + f, \tag{2}$$

系数 a, b, d, e, f 待定(若 a, d 是负的,则式(1)和式(2)分别反映了图 A.1 和图 A.2 的数量关
系).

投入广告费后,实际销售量 s 等于预期销售量乘以销售增长因子,即 $s = kx$,所获得利润

$$P = 收入 - 支出 = 销售收入 - 购进彩漆的费用 - 广告费$$
$$= sy - sc - z = s(y-c) - z = kx(y-c) - z$$
$$= (dz^2 + ez + f)(ay+b)(y-c) - z.$$

即 P 是 y,z 的函数 $P(y,z)$. 要求利润 P 的最大值, 也就是要求 $P = P(y,z)$ 的极值. 根据多元函数的极值定理, 令 $\dfrac{\partial P}{\partial y} = 0, \dfrac{\partial P}{\partial z} = 0$, 则得方程组

$$\begin{cases} \dfrac{\partial P}{\partial y} = (dz^2 + ez + f)(2ay + b - ac) = 0, \\ \dfrac{\partial P}{\partial z} = (2dz + e)(ay + b)(y-c) - 1 = 0. \end{cases} \tag{3}$$

由方程组(3)中第一式, 得 $dz^2 + ez + f = 0$ 或 $2ay + b - ac = 0$. 由于 $dz^2 + ez + f = 0$ 等价于 $k = 0$, 此种情况不在考虑范围内, 舍去. 因此, 有 $2ay + b - ac = 0$, 即

$$y = \frac{ac - b}{2a}. \tag{4}$$

将 $y = \dfrac{ac - b}{2a}$ 代入方程组(3)式中的第二式, 得到

$$s = \frac{1}{2d(ay + b)(y - c)} - \frac{e}{2d}. \tag{5}$$

用最小二乘法对表 A.1 中的左边两列数据做直线拟合. MATLAB 程序如下:

$$x = [41\ 38\ 34\ 32\ 29\ 28\ 25\ 22\ 20];$$

$$y = [2\ 2.5\ 3\ 3.5\ 4\ 4.5\ 5\ 5.5\ 6];$$

$$\mathrm{polyfit}(y, x, 1)$$

得到 $a = -5.1333, b = 50.4222$. 对表 A.1 中的右边两列数据做二次曲线拟合. MATLAB 程序如下:

$$z = [0\ 10\,000\ 20\,000\ 30\,000\ 40\,000\ 50\,000\ 60\,000\ 70\,000];$$

$$k = [1\ 1.4\ 1.7\ 1.85\ 1.95\ 2\ 1.95\ 1.8]; \mathrm{format\ long}$$

$$\mathrm{polyfit}(z, k, 2)$$

得到 $d = -4.256 \times 10^{-10}, e = 4.092 \times 10^{-5}, f = 1.019$.

将 a,b,c,d,e,f 的值代入式(4)和式(5), 得 $y = 5.91, z = 33\,113$; 将 a,b,y 的值代入式(1), 得到 $x = 20\,084$; 将 d,e,f,z 的值代入式(2), 得 $k = 1.91$.

从上面的计算可知, 投入 33 113 元的广告费后, 实际销售量为 $kx = 38\,360$ 元, 利润为 115 875 元.

A3　如何购物最满意

在日常生活中, 人们常常碰到如何分配定量的钱来购买两种物品的问题. 由于钱数固定, 则如果购买其中一种物品较多, 那么势必要少买(甚至不能买)另一种物品, 这样就不可能令人非

常满意. 如何花费给定量的钱,才能达到最满意的效果呢? 经济学家试图借助"效用函数"来解决这一问题. 所谓效用函数,就是描述人们同时购买两种产品各 x 单位、y 单位时的满意程度的量. 常见的形式有

$$U(x,y) = x + y, \quad U(x,y) = \ln x + \ln y$$

等,而当效用函数达到最大值时,人们购物分配的方案最佳.

例 小孙有 200 元钱,他决定用来购买两种急需物品:计算机磁盘和录音磁带,且设他购买 x 张磁盘、y 盒录音磁带的效用函数为

$$U(x,y) = \ln x + \ln y.$$

设每张磁盘 8 元,每盒磁带 10 元,问他如何分配他的 200 元钱,才能达到最满意的效果?

解 这是一个条件极值问题,即求 $U(x,y) = \ln x + \ln y$ 在约束条件 $8x + 10y = 200$ 之下的极值点,应用拉格朗日乘数法,定义拉格朗日函数

$$L(x,y,\lambda) = \ln x + \ln y + \lambda(8x + 10y - 200),$$

则

$$\begin{cases} L_x(x,y,\lambda) = \dfrac{1}{x} + 8\lambda = 0, \\ L_y(x,y,\lambda) = \dfrac{1}{y} + 10\lambda = 0, \\ L_\lambda(x,y,\lambda) = 8x + 10y - 200 = 0. \end{cases}$$

解得 $x_0 = 12.5, y_0 = 10, (x_0, y_0)$ 为最大值点.

根据 (x,y) 的实际含义,取 $x_0 = 12, y_0 = 10$,即如果买 12 张磁盘和 10 盒磁带的话,小孙最满意.

拓展 在上例中,若小孙购买这两种物品的效用函数为

$$U(x,y) = 3\ln x + \ln y,$$

那么,他的 200 元又该如何分配?

A4 登山问题

有一座小山,取它的底部所在平面为 xOy 平面,底部区域为 $D: x^2 + y^2 - xy \leqslant 75$,小山高度函数为 $h(x,y) = 75 - x^2 - y^2 + xy$.

(1) 设 $M(x_0, y_0) \in D$,问 $h(x,y)$ 在 M 点沿什么方向的方向导数最大?

(2) 在山脚下寻找山坡度最大的点作为攀登起点.

解 (1) 由梯度的几何意义知,$h(x,y)$ 在 $M(x_0, y_0)$ 处沿梯度

$$\mathbf{grad}\, h(x,y)\big|_{(x_0,y_0)} = (y_0 - 2x_0)\mathbf{i} + (x_0 - 2y_0)\mathbf{j}$$

方向的方向导数最大,方向导数的最大值为该梯度的模,所以

$$\left| \mathbf{grad}\, h(x,y) \right| = \sqrt{(y_0 - 2x_0)^2 + (x_0 - 2y_0)^2} = \sqrt{5x_0^2 + 5y_0^2 - 8x_0 y_0}.$$

(2) 所谓在山脚下每一点 $M(x_0, y_0)$ 处的最大坡度,即为 $h(x,y)$ 在该点的最大方向导数值,

也就是梯度的长度. 然后, 再比较哪点的梯度之模最大, 即为攀登点.

令 $f(x,y) = | \mathbf{grad}h(x,y) |^2 = 5x^2 + 5y^2 - 8xy$. 由题意, 只需求 $f(x,y)$ 在约束条件 $75 - x^2 - y^2 + xy = 0$ 下的最大点. 利用拉格朗日乘数法, 令

$$L(x,y,\lambda) = 5x^2 + 5y^2 - 8xy + \lambda(75 - x^2 - y^2 + xy),$$

则

$$\begin{cases} L_x(x,y,\lambda) = 10x - 8y + \lambda(y - 2x) = 0, \\ L_y(x,y,\lambda) = 10y - 8x + \lambda(x - 2y) = 0, \\ L_\lambda(x,y,\lambda) = 75 - x^2 - y^2 + xy = 0. \end{cases}$$

解得 $x = y = \pm 5\sqrt{3}, \lambda = 2$ 或 $x = -y = \pm 5, \lambda = 6$, 于是得到四个极值点. 容易验证, 前者为最小值点, 后者为最大值点. 故所求的攀登起点为 $(5,-5)$ 或 $(-5,5)$.

A5 如何计算水桶的最大容量

某仪器上有一只圆柱形的无盖水桶, 桶高 6 cm, 半径为 1 cm, 在桶壁上钻有两个小孔用于安装支架, 使水桶可以自由倾斜. 两个小孔距桶底 2 cm, 且两孔连线恰好是直径, 水可以从两个小孔向外流出. 当水桶以不同角度倾斜放置且没有水漏出时, 这只水桶最多可以装多少水?

解 如图 A.3 建立直角坐标系. 设 $M(0,1,t)$ 为圆柱母线 CD 上任一点, 两孔位置分别为 $A(1,0,2)$, $B(-1,0,2)$.

设当水桶倾斜时, 水平面恰好通过 A,B,M 三点, 此平面方程为

$$\begin{vmatrix} x-1 & y-0 & z-2 \\ -2 & 0 & 0 \\ -1 & 1 & t-2 \end{vmatrix} = 0.$$

整理可得, $z = (t-2)y + 2$.

由 $z \geqslant 0$ 知, $y \geqslant \dfrac{-2}{t-2}$.

设 $D: x^2 + y^2 \leqslant 1, y \geqslant \dfrac{-2}{t-2}$.

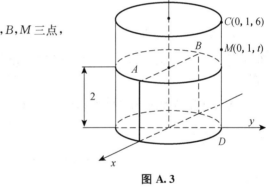

图 A.3

水桶容量为圆柱位于水平面下方的体积. 故

$$
\begin{aligned}
V &= \iint\limits_{D} [(t-2)y+2] \mathrm{d}x\mathrm{d}y = \int_{\frac{-2}{t-2}}^{1} \mathrm{d}y \int_{-\sqrt{1-y^2}}^{\sqrt{1-y^2}} [(t-2)y+2] \mathrm{d}x\mathrm{d}y \\
&= 2\int_{\frac{-2}{t-2}}^{1} [(t-2)y+2] \sqrt{1-y^2} \mathrm{d}y \\
&= 2t\int_{\frac{-2}{t-2}}^{1} y \sqrt{1-y^2} \mathrm{d}y + 4\int_{\frac{-2}{t-2}}^{1} (1-y) \sqrt{1-y^2} \mathrm{d}y.
\end{aligned}
$$

于是, 有

$$\frac{\mathrm{d}V}{\mathrm{d}t} = 2\int_{\frac{-2}{t-2}}^{1} y \sqrt{1-y^2}\,\mathrm{d}y - 2t\,\frac{-2}{t-2}\sqrt{1-\frac{4}{(t-2)^2}}\,\frac{2}{(t-2)^2} -$$

$$4\left(1+\frac{2}{t-2}\right)\sqrt{1-\frac{4}{(t-2)^2}}\,\frac{2}{(t-2)^2}$$

$$= 2\int_{\frac{-2}{t-2}}^{1} y \sqrt{1-y^2}\,\mathrm{d}y = -\frac{2}{3}(1-y^2)^{\frac{3}{2}}\Big|_{-\frac{2}{t-2}}^{1} = \frac{2}{3}\left[1-\frac{4}{t-2}\right]^{\frac{3}{2}}$$

$$= \frac{2}{3}\,\frac{[t(t-4)]^{\frac{3}{2}}}{(t-2)^3} \quad (2 \leqslant t \leqslant 6).$$

由于 $2 < t < 4$ 时，$\dfrac{\mathrm{d}V}{\mathrm{d}t} < 0$，$4 < t \leqslant 6$ 时，$\dfrac{\mathrm{d}V}{\mathrm{d}t} > 0$，可知在驻点 $t = 4$ 处，$V(t)$ 取得极小值，因此最大值只能在 $t = 2$ 或 $t = 6$ 处取到. 经计算可知

$$V(2) = \pi r^2 h,$$

$$V(6) = \iint\limits_{D}(4y+2)\,\mathrm{d}x\mathrm{d}y = \frac{3\sqrt{3}}{2} + \frac{4}{3}\pi.$$

所以，水桶的最大容水量 $V_{\max} = \dfrac{3\sqrt{3}}{2} + \dfrac{4}{3}\pi$.

A6 小岛在涨潮与落潮之间的面积变化

设在海湾中，海潮的高潮与低潮之间的差是 $2\,\mathrm{m}$，一个小岛的陆地高度 $z = 30\left(1-\dfrac{x^2+y^2}{10^6}\right)$（单位为 m）. 并设水平面 $z = 0$ 对应于低潮的位置. 求分别在高潮与低潮时小岛露出水面的面积之比.

解 本题是求曲面面积问题. 由题设知，曲面方程是 $z = 30\left(1-\dfrac{x^2+y^2}{10^6}\right)$. 根据求曲面面积的公式

$$S = \iint\limits_{D_{xy}} \sqrt{1+z_x^2+z_y^2}\,\mathrm{d}x\mathrm{d}y,$$

关键是找出高潮与低潮时的 D_{xy}. 低潮时，$z = 0$，有

$$30\left(1-\frac{x^2+y^2}{10^6}\right) = 0.$$

故 $\qquad\qquad\qquad\qquad D_{xy(\text{low})} : x^2 + y^2 \leqslant 10^6.$

在高潮时 ，$z = 2$，$2 = 30\left(1-\dfrac{x^2+y^2}{10^6}\right)$，

故 $\qquad\qquad\qquad\qquad D_{xy(\text{high})} : x^2 + y^2 \leqslant 10^6\,\dfrac{14}{15}.$

计算 $\sqrt{1+z_x^2+z_y^2} = \sqrt{1+36\,\dfrac{x^2+y^2}{10^6}}$，

用极坐标计算低潮时的面积

$$S_{\text{low}} = \iint_{Dxy(\text{low})} \sqrt{1 + 36 \frac{x^2 + y^2}{10^6}} \, dxdy = \int_0^{2\pi} d\theta \int_0^{10^3} \sqrt{1 + 36 \frac{r^2}{10^6}} \, r dr$$

$$= 2\pi \frac{10^6}{72} \int_0^{10^3} \left(1 + \frac{36r^2}{10^6}\right)^{1/2} d\left(1 + \frac{36r^2}{10^6}\right) = \frac{10^{10}}{36} \pi \frac{2}{3} \left(1 + \frac{36r^2}{10^6}\right)^{3/2} \Big|_0^{10^3}$$

$$= \frac{10^4}{54} \pi \times 5\,404.857 .$$

同样可算得

$$S_{\text{high}} = \int_0^{2\pi} d\theta \int_0^{10\sqrt[3]{\frac{14}{15}}} \sqrt{1 + \frac{36r^2}{10^6}} \, r dr = \frac{10^6}{54} \pi \left(1 + \frac{36r^2}{10^6}\right)^{3/2} \Big|_0^{10\sqrt[3]{\frac{14}{15}}}$$

$$\approx \frac{10^4}{54} \pi \times 5\,044.231\,3 .$$

所以面积比为 $\dfrac{S_{\text{high}}}{S_{\text{low}}} = 0.933\,3 .$

A7　芝诺悖论

公元前 5 世纪,哲学家和数学家芝诺(Zeno)提出了四个问题,这些问题后来被公认为芝诺悖论. 在其中的第二个问题中,芝诺辩解说,传说中的希腊英雄阿基里斯(Achilles)无论如何也赶不上一只乌龟:假设一开始乌龟在前 100 m 处,阿基里斯的速度是乌龟的 10 倍. 当阿基里斯跑完了这 100 m 时,乌龟向前跑了 10 m;当阿基里斯再跑完了这 10 m 时,乌龟又向前跑了 1 m…… 如此下去,阿基里斯永远也跑不过这只乌龟.

现在我们换一种方式来叙述和讨论这个表面上的悖论,其结论当然也是和常识相矛盾的.

假定一个人在门外距离门只有 $2T = 10$ m 远,如图 A.4 所示,利用芝诺的推理,我们可以宣称:此人永远走不到门内. 理由如下:

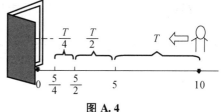

图 A.4

他要走完这段路,首先要走完该路程的一半 $\left(\frac{1}{2} \times 2T = T = 5 \text{ m}\right)$,然后他又必须走完剩下的一半 $\left(\frac{1}{4} \times 2T = \frac{T}{2} = \frac{5}{2} \text{ m}\right)$,……,如此继续下去,那么不管此人离门已经多近,在他前面总有剩下的路程的一半还未走完,他还要将剩下路程一半一半地走下去,永无止境.

尽管连小孩都不会相信芝诺的诡辩,但是要彻底驳倒他,却要用到两千多年后的极限理论. 下面可以用级数知识证明,实际上,这个人可以在有限的时间内达到屋门.

假定此人以 0.5 m/s 的固定速度开始向屋门走去,现在可以用芝诺的论证方法来算算他到达屋门所需要的时间. 由 $t = \dfrac{s}{v}$,此人走到离屋门 5 m 远这一点(从距离屋门 10 m 远处开始走),要用 $t_0 = \dfrac{5}{0.5} = 10$ s;走到离屋门 $\dfrac{5}{2}$ m 处,要用 $t_1 = \dfrac{\frac{5}{2}}{0.5} = 5$ s;再走到下一点处,要用 $t_2 =$

$$\frac{\frac{5}{4}}{0.5}=2.5\,\text{s}.$$ 由于从这一点走到下一点的距离是这一点到屋门距离的一半,所以,很显然接下去所用的时间应依次为 $\frac{10}{8}\,\text{s}, \frac{10}{16}\,\text{s}, \frac{10}{32}\,\text{s}, \cdots, \frac{10}{2^n}\,\text{s}\cdots$. 这样他走到屋门所用的总时间是

$$
\begin{aligned}
t &= 10+5+\frac{10}{4}+\frac{10}{8}+\frac{10}{16}+\cdots+\frac{10}{2^n}+\cdots\\
&= 10\left(1+\frac{1}{2}+\frac{1}{4}+\frac{1}{8}+\cdots+\frac{1}{2^n}+\cdots\right)\\
&= 10\left(1+\frac{1}{1-\frac{1}{2}}\right)\\
&= 20\,\text{s}.
\end{aligned}
$$

由此可见,所谓芝诺悖论实际上根本不能称为悖论.

A8 如何稳定堆放调和堆

现在要堆一堆多米诺骨牌,使得最上面的一块多米诺骨牌超出最底下的一块尽可能长的长度. 在图 A.5 中显示了一些可能的方案. 利用你的经验或直觉,判断在图 A.5 中哪些多米诺骨牌堆是平衡的(不会倒塌),哪些是不平衡的?

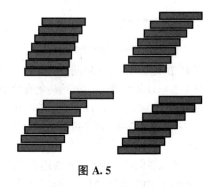

图 A.5

这里,我们首先介绍一下多米诺骨牌堆平衡所满足的条件. 假设有 n 个质量为 m_i、坐标为 x_i、悬挂在 x 轴上方的质点,则系统重力的中心或平衡点坐标 $\bar{x}$ 满足下列方程

$$\sum_{i=1}^{n} m_i(\bar{x}-x_i)=0 .$$

如果每个质点质量都相同,则有 $\bar{x}=\dfrac{1}{n}\sum_{i=1}^{n} x_i$.

为了实现前面所提出的目标,按图 A.6 所示建造一个多米诺骨牌堆,此堆称为调和堆. 假设每个多米诺骨牌宽度为两个单位长度,且调度都是相等的(高度与长度无关),质量相同.

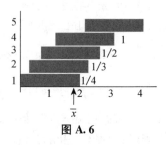

图 A.6

考虑问题的基本想法是:最上面的多米诺骨牌超出其下方相邻的多米诺骨牌 1 个单位,第二块多米诺骨牌超出其下方相邻的多米诺骨牌 $1/2$ 个单位,第三块多米诺骨牌超出其相邻的多米诺骨牌 $1/3$ 个单位……如此下去,就得到一个包含 $n+1$ 块多米诺骨牌的堆,最上面的一块超出最底下的那块 $1+\dfrac{1}{2}+\dfrac{1}{3}+\cdots+\dfrac{1}{n}$ 个单位. 下面我们将讨论,如此想法能否实现,也即如此堆放是否会平衡?

最底下一块显然是稳定的,要考虑的是上面 n 块骨牌. 如果上面 n 块多米诺骨牌的平衡点

坐标不要超出最底下一块的范围，即 $0 \leqslant \bar{x} \leqslant 2$，当然最好 $0 < \bar{x} < 2$，那么，上面这些多米诺骨牌应该是平衡稳定的，不会倒塌. 通过计算可以知道

上面堆放 1 块时，$\bar{x} = 1 + 1 = 2$；

上面堆放 2 块时，$\bar{x} = \dfrac{1}{2}\left[\left(\dfrac{1}{2} + 1\right) + \left(\dfrac{1}{2} + 1 + 1\right)\right] = 2$；

上面堆放 3 块时，$\bar{x} = \dfrac{1}{3}\left[\left(\dfrac{1}{3} + 1\right) + \left(\dfrac{1}{3} + \dfrac{1}{2} + 1\right) + \left(\dfrac{1}{3} + \dfrac{1}{2} + 1 + 1\right)\right] = 2$；

……

上面堆放 n 块时，

$$\bar{x} = \dfrac{1}{n}\left[\left(\dfrac{1}{n} + 1\right) + \left(\dfrac{1}{n} + \dfrac{1}{n-1} + 1\right) + \cdots + \left(\dfrac{1}{n} + \dfrac{1}{n-2} + \cdots + \dfrac{1}{2} + 1\right)\right.$$
$$\left. + \left(\dfrac{1}{n} + \dfrac{1}{n-1} + \cdots + \dfrac{1}{2} + 1 + 1\right)\right] = 2；$$

请你用数学归纳法严格证明之.

为了使上面 n 块多米诺骨牌堆放得更稳定，只要将最上面的那一块移出的距离小于 1，则必有平衡点坐标 $0 < \bar{x} < 2$.

从上面还可以发现，最上面的多米诺骨牌超出最下面多米诺骨牌的长度是 $1 + \dfrac{1}{2} + \dfrac{1}{3} + \cdots + \dfrac{1}{n}$ 个单位，而众所周知，调和级数 $\displaystyle\sum_{n=1}^{\infty} \dfrac{1}{n}$ 发散于无穷大，这就说明，最上面的多米诺骨牌超出最下面多米诺骨牌任意长度的多米诺骨牌堆是可以实现的！

拓展 如果多米诺骨牌调和堆放，试求至少需多少块多米诺骨牌，才能实现最上面的一块超出最下面的一块 3 个多米诺骨牌长度.

A9 分形几何中的 Koch 雪花

大家对于雪花应该是不陌生的，但若问起雪花的形状是怎样的，能真正回答上来的不一定有很多. 也许有人会说，雪花是六角形的，这既对，但又不完全对. 雪花到底是什么形状呢？1904 年瑞典数学家科赫(Koch)讲述了一种描述雪花的方法，它可以用递归的方法生成，如图 A.7—图 A.12 所示. 这就是在分形学(Fractal)中常常提到的 Koch 雪花.

图 A.7　　　　　　图 A.8　　　　　　图 A.9

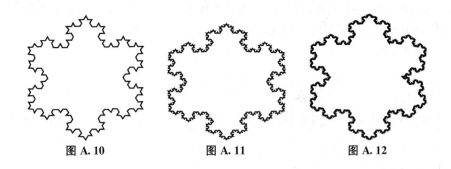

| 图 A.10 | 图 A.11 | 图 A.12 |

设有单位边长正三角形,如图 A.7 所示,则其周长为 $P_1 = 3$,面积为 $A_1 = \dfrac{\sqrt{3}}{4}$. 将每一边三等分,以中间 $\dfrac{1}{3}$ 段为边向外作正三角形,如图 A.8 所示,每一条边生成 4 条新边,每条新边长为原来的 $\dfrac{1}{3}$. 同时,生成的 3 个新三角形,每个新三角形的面积为原三角形面积的 $\dfrac{1}{9}$,故总周长 $P_2 = \dfrac{4}{3}P_1$,总面积 $A_2 = A_1 + 3 \times \dfrac{1}{9} \cdot A_1$ 依次进行下去,得

$$P_3 = \frac{4}{3}P_2 = \left(\frac{4}{3}\right)^2 P_1,$$

$$A_3 = A_2 + 3\left\{4\left[\left(\frac{1}{9}\right)^2 A_1\right]\right\},$$

……

现在讨论,当 $n \to \infty$ 时周长 P_n 和面积 A_n 的极限.

在递推中注意到:

(1) 每一条边生成 4 条新边,且新边长缩小率为 $\dfrac{1}{3}$;

(2) 只有第一次分叉后生成 3 个新三角形. 从第二次分叉开始,4 条新边共生成 4 个新三角形,且面积缩小率为 $\dfrac{1}{9}$.

$$P_n = \frac{4}{3}P_{n-1} = \cdots = \left(\frac{4}{3}\right)^{n-1} P_1, \quad n = 2, 3, \cdots,$$

$$A_n = A_{n-1} + 3\left\{4^{n-2}\left[\left(\frac{1}{9}\right)^{n-1} A_1\right]\right\}$$

$$= A_1 + 3 \times \frac{1}{9} A_1 + 3 \times 4 \times \left(\frac{1}{9}\right)^2 A_1 + \cdots + 3 \times 4^{n-2} \times \left(\frac{1}{9}\right)^{n-1} A_1$$

$$= A_1\left\{1 + \left[\frac{1}{3} + \frac{1}{3}\left(\frac{4}{9}\right) + \frac{1}{3}\left(\frac{4}{9}\right)^2 + \cdots + \frac{1}{3}\left(\frac{4}{9}\right)^{n-2}\right]\right\}$$

$$= A_1\left[1 + \frac{1}{3}\sum_{k=0}^{n-2}\left(\frac{4}{9}\right)^k\right], \quad n = 2, 3, \cdots.$$

于是，

$$\lim_{n \to \infty} P_n = +\infty,$$

$$\lim_{n \to \infty} A_n = A_1 \left(1 + \frac{\frac{1}{3}}{1 - \frac{4}{9}} \right) = A_1 \left(1 + \frac{3}{5} \right) = \frac{2\sqrt{3}}{5}.$$

拓展 （1）从上面看出,科赫曲线是一条连续的环,绝不自身相交;每次变换都会使科赫曲线围成的"科赫岛"的面积稍有增加,但总面积永远是有限的,并不比原三角形的面积大很多(小于原三角形的外接圆);但科赫曲线长度的总和却是无穷长的.这似乎是一个矛盾的结果:岛的面积有限,但周长无穷大;或者说一条无限长又绝不自交的曲线围成了一个有限的面积.

（2）1975 年,曼德勃罗(Mandelbrot)出版了法文专著《分形对象:形、机遇与维数》(*Les Objects Fractals*: *Forme*, *Hazard et Dimension*),标志着分形理论正式诞生.分形的定义为:组成部分与整体以某种方式相似的形即具有自相似性.分形往往在任何区间内都不具有光滑性,层次是无限的,分形往往可以从局部"看出"或得到整体的信息和分形图形,虽然看上去十分复杂,但其背后的规则却是相当简单的.

（3）分数维.k 为边长缩小的倍数,N 为边长缩小 k 倍后新形体的个数,D 为形体所具有的维数,则 $D = \ln N / \ln k$.例如 Koch 曲线,其维数 $D = \ln 4 / \ln 3 = 1.261\,86$.

（4）将平面单位边长正三角形推广到空间中单位棱长正四面体.开始时,四面体面积 $S_1 = \sqrt{3}$,体积 $V_1 = \sqrt{2}/12$,之后,在四面体的每个面上三条中位线构成小正三角形,以这样的小正三角形为底向外做小正四面体,于是

$$S_2 = \frac{2}{3} S_1, \quad V_2 = V_1 + 4 \times \left(\frac{1}{8} \right) \times V_1.$$

依次进行下去,试讨论当 $n \to +\infty$ 时面积 S_n 和体积 V_n 的极限.

$$\left[\text{答案}: S_n = \left(\frac{3}{2} \right)^{n-1} S_1 \to \infty; \text{体积} V = V_1 \left[1 + \frac{1}{2} \sum_{n=0}^{\infty} \left(\frac{3}{4} \right)^n \right] = \frac{\sqrt{3}}{4}. \right]$$

A10 如何用比较简单的方法计算椭圆周长

众所周知,半径为 r 的圆的周长为 $2\pi r$.现在设有一个椭圆 $x = a\cos\theta, y = b\sin\theta, 0 \leqslant \theta \leqslant 2\pi$, $0 < b \leqslant a$.

（1）如何计算椭圆的周长 s?

（2）若以 $e = \frac{1}{a} \sqrt{a^2 - b^2}$ 表示椭圆的离心率,试证明对椭圆周长有如下的近似公式

$$s \approx 2\pi a \left(1 - \frac{e^2}{4} \right).$$

解 （1）利用曲线弧长积分公式计算椭圆的周长.椭圆在第一象限的参数方程为

$$x = a\cos\theta, y = b\sin\theta, \quad 0 \leqslant \theta \leqslant \frac{\pi}{2}.$$

于是，$x'_\theta = -a\sin\theta, y'_\theta = b\cos\theta$，椭圆的弧长元素为

$$ds = \sqrt{x'^2_\theta + y'^2_\theta}\,d\theta = \sqrt{(a\sin\theta)^2 + (b\cos\theta)^2}\,d\theta = a\sqrt{1 - e^2\cos^2\theta}\,d\theta.$$

椭圆在第一象限部分的长度为

$$s_1 = \int_0^{\frac{\pi}{2}} ds = a\int_0^{\frac{\pi}{2}} \sqrt{1 - e^2\cos^2\theta}\,d\theta.$$

由对称性，椭圆周长 s 为第一象限部分长度的 4 倍，即

$$s = 4s_1 = 4a\int_0^{\frac{\pi}{2}} \sqrt{1 - e^2\cos^2\theta}\,d\theta,$$

这就是计算椭圆周长的公式.

（2）由于上式中被积函数 $\sqrt{1 - e^2\cos^2\theta}$ 的原函数不是初等函数，因此不能直接积分得到结果. 称 $\int_0^{\frac{\pi}{2}} \sqrt{1 - e^2\cos^2\theta}\,d\theta$ 为完全椭圆积分.

下面用函数的幂级数展开式推导椭圆周长的近似公式. 因为有熟知的幂级数展开式

$$\sqrt{1+x} = 1 + \frac{1}{2}x - \frac{1}{2\times4}x^2 + \frac{1\times3}{2\times4\times6}x^3 - \cdots, \quad -1 \leqslant x \leqslant 1,$$

又因为 $0 \leqslant e < 1$，从而 $0 \leqslant e\cos\theta < 1 \left(0 \leqslant \theta \leqslant \dfrac{\pi}{2}\right)$，由上式得

$$\sqrt{1 - e^2\cos^2\theta} \approx 1 - \frac{1}{2}e^2\cos^2\theta,$$

所以有椭圆周长近似公式

$$s \approx 4a\int_0^{\frac{\pi}{2}} \sqrt{1 - e^2\cos^2\theta}\,d\theta = 4a\left(1 - \frac{e^2}{4}\right)\frac{\pi}{2} = 2\pi a\left(1 - \frac{e^2}{4}\right).$$

这就是所要证明的近似计算公式.

特别地，对于椭圆的特殊情形——圆，$a = b, e = 0$，由上面公式得 $2\pi a\left(1 - \dfrac{1}{4} \times 0^2\right) = 2\pi a$，精确等于圆周长.

拓展 在这个问题中，试用上述方法得出椭圆周长的幂级数展开式，并由此得出更精确的近似计算公式.

$$\left(\text{答案：} s = 2\pi a\left\{1 - \frac{e^2}{4} - \sum_{n=2}^{\infty}\left[\frac{(2n)!}{(2^n n!)^2}\right]^2\frac{n^{2n}}{2n-1}\right\} \approx 2\pi a\left(1 - \frac{e^2}{4} - \frac{3e^4}{64}\right).\right)$$

A11 他是嫌疑犯吗？

受害者的尸体于晚上 19:30 被发现. 法医于晚上 20:20 赶到凶案现场，测得尸体的温度为 32.6℃；1 h 后，尸体即将被抬走时，测得尸体体温为 31.4℃，室温在几小时内始终保持在 21.1℃. 此案最大的嫌疑犯是张某，但张某声称自己无罪，并有证人说："下午张某在办公室，17:00 时打了一个电话，打完电话就离开办公室." 从张某的办公室到受害者家（凶案现场）步行需要 5 min，现在的问题是：张某不在凶案现场的证言能否使他被排除在嫌疑犯之外？

解 设 $T(t)$ 表示 t 时刻尸体的温度,并记晚 20:20 为 $t=0$,则 $T(0)=32.6℃$, $T(1)=31.4℃$.

假设受害者死亡时体温是正常的,即 $T=37℃$. 要确定受害者死亡时间,也就是求 $T(t)=$ $37℃$ 的时刻 T_d. 如果此时张某在办公室,则他可被排除在嫌疑犯之外;否则,张某不能被排除在嫌疑犯之外.

人体体温受大脑神经中枢调节,人死后体温调节功能消失,尸体的温度受外界环境温度的影响. 假设尸体温度的变化率服从牛顿冷却定律,即尸体温度的变化率正比于尸体温度与室温的差,或 $\dfrac{\mathrm{d}T}{\mathrm{d}t}=-k(T-21.1)$, k 是常数. 该微分方程的通解为

$$T(t)=21.1+a\mathrm{e}^{-kt}.$$

因为 $\quad T(0)=21.1+a\mathrm{e}^{-k\times 0}=32.6$, 所以 $\quad a=11.5$.

而由 $\quad T(1)=21.1+11.5\mathrm{e}^{-k\times 1}=31.4$, 有 $\quad \mathrm{e}^k=115/103$.

又因 $\quad k=\ln 115-\ln 103\approx 0.110$,

有 $\quad T(t)=21.1+11.5\mathrm{e}^{-0.110\times t}$.

当 $T=37℃$ 时,$21.1+11.5\mathrm{e}^{-0.110\times t}=37$,

所以 $\quad t\approx -2.95\,\mathrm{h}\approx -2\,\mathrm{h}57\,\mathrm{min}$.

于是 $\quad T_d=8\,\mathrm{h}20\,\mathrm{min}-2\,\mathrm{h}57\,\mathrm{min}=5\,\mathrm{h}23\,\mathrm{min}$,

即死亡时间大约在下午 17:23. 因此张某不能被排除在嫌疑犯之外.

拓展 张某的律师发现受害者在死亡的当天去医院看过病. 病历记载:发烧 38.3℃. 假设受害者死时的体温为 38.3℃,试问张某能被排除在嫌疑犯之外吗?

注 死者体内没有发现服用过阿司匹林或类似药物的迹象.(答案:死亡时间大约在下午 16:40,此时张某正在办公室上班,因此可以被排除在嫌疑犯之外.)

A12　游船上的传染病人数

一艘游船上有 800 人,一名游客患了某种传染病,该病人上船 12 h 后,船上有 3 人发病. 由于这种传染病没有早期症状,故感染者不能被早期发现并及时隔离. 直升机将在 60~72 h 内将疫苗送到,试估计疫苗送到时患此传染病的人数.

解 设 $y(t)$ 表示发现首例病人后 t h 时刻的感染人数,则 $800-y(t)$ 表示 t 时刻未受感染的人数. 由题意知 $y(0)=1$,$y(12)=3$.

当感染人数 $y(t)$ 很小时,传染病的传播速度较慢,因为只有很少的游客能接触到感染者;当感染者人数 $y(t)$ 很大时,未受感染的人数 $800-y(t)$ 很小,即只有很少的游客被传染,所以此时传染病的传播速度也很慢. 排除上述两种极端的情况,当有很多的感染者以及很多的未感染者时,传染病的传播速度很快. 因此,传染病的发病率,一方面受感染者人数的影响,另一方面也受未感染者人数的制约.

根据上面的分析,可以建立微分方程

$$\frac{\mathrm{d}y}{\mathrm{d}t}=ky(800-y), \quad k\text{ 是比例常数}.$$

其通解为

$$y(t)=\frac{800}{1+C\mathrm{e}^{-800kt}}.$$

因 $y(0)=1$, 有 $1=\dfrac{800}{1+C}$, 即 $C=799$.

又 $y(12)=3$, 有 $3=\dfrac{800}{1+799\mathrm{e}^{-800\times k\times 12}}$,

$$\mathrm{e}^{-12\times 800k}=\frac{\dfrac{800}{3}-1}{799}=\frac{797}{799\times 3},$$

$$800k=-\frac{1}{12}\ln\frac{797}{799\times 3}\approx 0.091\,76,$$

所以
$$y(t)=\frac{800}{1+799\mathrm{e}^{-0.091\,76t}}.$$

下面计算 $t=60\,\mathrm{h}$ 和 $72\,\mathrm{h}$ 时,感染者的人数.

$$y(60)=\frac{800}{1+799\mathrm{e}^{-0.091\,76\times 60}}\approx 188,$$

$$y(72)=\frac{800}{1+799\mathrm{e}^{-0.091\,76\times 72}}\approx 385.$$

注 从上面的数字可以看出,在 $72\,\mathrm{h}$ 疫苗被送到时感染者的人数将是在 $60\,\mathrm{h}$ 时感染者人数的近 2 倍.可见在传染病流行时,及时采取措施是至关重要的.

附录 B 数 学 实 验

B1 多元函数微分学

B1.1 多元函数极限
一般来说,多元函数沿不同路径趋于某一个点时,其极限可能会出现不同的结果.反过来,如果极限存在,则沿任何函数路径的极限均存在.基于这一点,这里是对极限存在的函数,求沿坐标轴方向的极限,即将求多元函数极限问题,化成求多次单极限的问题.

例 1 求 $\lim\limits_{\substack{x\to 0\\ y\to \pi}}\dfrac{x^2+y^2}{\sin x+\cos y}$, $\lim\limits_{\substack{x\to 0\\ y\to 0}}\dfrac{1-\cos(x^2+y^2)}{(x^2+y^2)\mathrm{e}^{x^2y^2}}$.

解

```
>> syms x y
limit(limit((x^2+y^2)/(sin(x)+cos(y)),0),pi),
limit(limit((1-cos(x^2+y^2)/((x^2+y^2)*exp(x^2*y^2)),0),0),
ans =
-pi^2
ans =
0
```

注 在 MATLAB 中却不能求出类似

$$\lim_{\substack{x \to 0 \\ y \to 0}} \frac{2 - \sqrt{xy+4}}{xy}$$

的极限,其原因是,第一次令 x 趋于 0 时消掉了 y,因而第二次就无法再对 y 求极限了.

拓展 试着用 MATLAB 求解教材中的对应问题.

B1.2 多元函数偏导数及全微分

多元函数对某一变量的偏导数,可以利用一元函数导数的命令.

例2 $z = a\tan(x^2 y)$,求 z 对 x, y 的一阶偏导数和全微分以及 $\dfrac{\partial^2 z}{\partial x^2}, \dfrac{\partial^2 z}{\partial x \partial y}$.

解

```
>>clear; syms x y z dx dy dz zx zy zxx zxy
z = atan(x^2 * y)
zx = diff(z,x),zy = diff(z,y),
dz = zx * dx + zy * dy,
zxx = diff(zx,x),  zxy = diff(zx,y)
```

运行结果省略. 说明两点:

1. zxx＝diff(z,x,2)也是准确的.

2. 如果想令复杂的结果表达式看上去与平时书写的效果一样,可以用 pretty 命令,比如上例中的 pretty(zxx).

拓展 试着用 MATLAB 求解教材中的对应问题.

B1.3 微分法在几何上的应用

(1) 法线

在 MATLAB 中,计算和绘制曲面法线的指令是:

surfnorm(X,Y,Z)   %绘制(X,Y,Z)所表示曲面的法线

[Nx,Ny,Nz] = surfnorm(X,Y,Z)   %给出(X,Y,Z)所表示曲面的法线数据

例3 观察半个椭圆 $x^2 + 4y^2 = 4$ 绕 x 轴旋转一周得到的曲面的法线. 如图 B.1 所示.

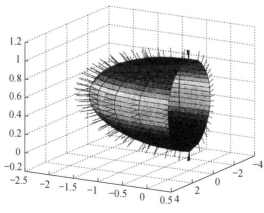

图 B.1

237

解

```
y=-1:0.1:1;x=2*cos(asin(y))      % 旋转曲面的"母线"
[X,Y,Z]=cylinder(x,20)      % 形成旋转曲面
surfnorm(X(:,11:21),Y(:,11:21),Z(:,11:21))      % 在曲面上画法线
view([120,18])      % 控制观察角
```

(2) 切线与法平面

空间曲线 $L:x=x(t),y=(t),z=z(t)(a\leqslant t\leqslant b)$ 在点 $M(x,y,z)$ 处的切线的方向向量为

$$s=\{x'(t),y'(t),z'(t)\}$$
$$=\mathrm{jacobian}([x,y,z],t).$$

过点 $M_0(x_0,y_0,z_0)(t=t_0)$ 的切线方程 F 为

$$x=x_0+x'(t_0),$$
$$y=y_0+y_0'(t_0),$$
$$z=z_0+z_0'(t_0),$$

即

$$F=-[x;y;z]+[x_0;y_0;z_0]+v_0\cdot t=0.$$

过点 $M_0(x_0,y_0,z_0)(t=t_0)$ 的法平面方程 G 为

$$(x-x_0)x'(t_0)+(y-y_0)y_0'(t_0)+(z-z_0)z_0'(t_0)=0,$$

即

$$G=[x-x_0;y-y_0;z-z_0]'\cdot v_0=0.$$

例 4 空间曲线 $L:x=3\sin t,y=3\cos t,z=5t$,求在 $t=\dfrac{\pi}{4}$ 处的切线方程和法平面方程,并画图显示.

解 输入程序:

```
>>syms t x y z
x1=3*sin(t);y1=3*cos(t);z1=5*t;
S1=jacobian([x1,y1,z1],t);
t=pi/4;
x0=3*sin(t);y0=3*cos(t);z0=5*t;
v0=subs(S1);
syms t
F=-[x;y;z]+[x0;y0;z0]+v0*t,
G=[x-x0;y-y0;z-z0].'*v0
```

运行结果为:

```
F=
```

$$[-x+3/2*2\hat{}(1/2)+3/2*t*2\hat{}(1/2)]$$
$$[-y+3/2*2\hat{}(1/2)-3/2*t*2\hat{}(1/2)]$$
$$[\qquad\qquad -z+5/4*pi+5*t]$$

G =
$$3/2*(x-3/2*2\hat{}(1/2))*2\hat{}(1/2)-3/2*(y-3/2*2\hat{}(1/2))*2\hat{}(1/2)+5*z-25/4*pi$$

可以使用命令 pretty(G) 来观看平面方程. 得到切线方程

$$\begin{cases} x = \dfrac{3\sqrt{2}}{2} + \dfrac{3\sqrt{2}}{2}t, \\[2mm] y = \dfrac{3\sqrt{2}}{2} - \dfrac{3\sqrt{2}}{2}t, \\[2mm] z = \dfrac{5}{4}\pi + 5t \end{cases}$$

和法平面方程

$$\frac{2}{3}\left(x - \frac{3\sqrt{2}}{2}\right)\sqrt{2} - \frac{3}{2}\left(y - \frac{3\sqrt{2}}{2}\right)\sqrt{2} + 5z - \frac{25\pi}{4} = 0,$$

再整理可得

$$\frac{3}{2}\sqrt{2}x - \frac{3}{2}\sqrt{2}y + 5z + \frac{3}{2} - \frac{25\pi}{4} = 0.$$

画图结果, 如图 B.2 所示.

t=0 : 0.1 : 12 * pi; [x,y] = meshgrid(-3 : 0.2 : 3); tt = -1.5 : 0.1 : 1.5;

x1 = 3 * sin(t); y1 = 3 * cos(t); z1 = 5 * t; x2 = 3/2 * 2^(1/2) + 3/2 * tt * 2^(1/2);

y2 = 3/2 * 2^(1/2) - 3/2 * tt * 2^(1/2); z2 = 5/4 * pi + 5 * tt;

z = (3/2 * (x - 3/2 * 2^(1/2)) * 2^(1/2) - 3/2 * (y - 3/2 * 2^(1/2)) * 2^(1/2) - 25/4 * pi)/(-5);

plot3(x0,y0,z0,'ro'),hold on

plot3(x1,y1,z1),hold on

plot3(x2,y2,z2),hold on

mesh(x,y,z).

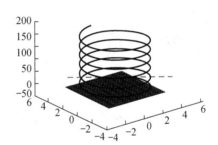

图 B.2

(3) 切平面与法线

空间曲面 Σ: $F(x,y,z)=0$, $z=z(x,y)$, $(x,y)\in D$ 在点 $M_0(x_0,y_0,z_0)$ 处的切平面法向量为

$$\boldsymbol{n} = \{F_x'(x_0,y_0,z_0), F_y'(x_0,y_0,z_0), F_z'(x_0,y_0,z_0)\} = \text{jacobian}(F,[x,y,z]).$$

过点 $M_0(x_0,y_0,z_0)$ 的切平面方程 F 为

239

$$F'_x(x_0, y_0, z_0)(x - x_0) + F'_y(x_0, y_0, z_0)(y - y_0) + F'_z(x_0, y_0, z_0)(z - z_0) = 0,$$

即

$$F = [x - x_0; y - y_0; z - z_0] \cdot \boldsymbol{n}' = 0.$$

过点 $M_0(x_0, y_0, z_0)$ 的法线方程 G 为

$$G = -[x; y; z] + [x_0; y_0; z_0] + \boldsymbol{n}' \cdot t = 0.$$

例5 设曲面方程 $S: z = 3x^2 + y^2$，求在点 $(1, 1, 4)$ 处的切平面方程和法线方程.

解 输入程序：

```
>>syms t x y z
F=3*x^2+y^2-z;x0=1;y0=1;z0=4;w=[x,y,z];s1=jacobian(F,w);
v1=subs(s1,x,x0);z2=subs(v1,y,y0);n=subs(z2,z,z0);
F=[x-x0,y-y0,z-z0]*n',G=-[x;y;z]+[x0;y0;z0]+n'.*t
```

运行结果如下：

```
F=
6*x-4+2*y-z
G=
[-x+1+6*t]
[-y+1+2*t]
[  -z+4-t]
```

得到所求切平面方程为

$$6x + 2y - z - 4 = 0,$$

法线方程为

$$x = 1 + 6t, \quad y = 1 + 2t, \quad z = 4 - t.$$

运行程序画图,结果如图 B.3 所示.

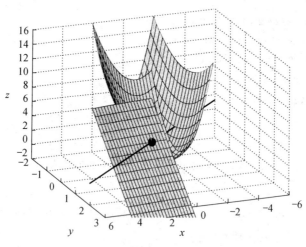

图 B.3

```
[x1,y1]=meshgrid(-2:0.2:2,-2:0.2:2);
z1=3*x1.^2+y1.^2;t=-1:0.1:1;
x2=1+6*t;y2=1+2*t;z2=4-t;
z3=6*x1+2*y1-4;
mesh(x1,y1,z1),hold on,
plot3(x0,y0,z0,'ro'),hold on,
plot3(x2,y2,z2),hold on
mesh(x1,y1,z3),view(158,26)
```

（4）数值梯度

二元函数的梯度 gradient(F,h)=[FX,FY]，FX，FY 为 F 沿 x,y 方向的数值导数．

例 6 已知二元函数 $z=x\mathrm{e}^{-x^2-y^2}$ 与区域 $-2\leqslant x,y\leqslant 2$，步长为 0.2，试求梯度向量并画图.

解

```
v=-2:0.2:2;
[x,y]=meshgrid(v);
z=x.*exp(-x.^2-y.^2);
[px,py]=gradient(z,0.2,0.2);
contour(v,v,z),hold on   % 曲面的等高线在 xOy 上的投影
quiver(v,v,px,py),hold off   % quiver 为二维向量场的可视化函数
```

结果如图 B.4 所示．

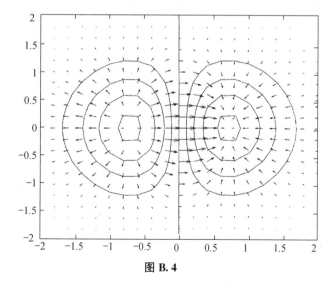

图 B.4

拓展 试着用 MATLAB 求解教材中的对应问题．

B1.4 多元函数的极值与零点

（1）多元函数的极值

在求多元函数极小值点的数值方法中，最常见的两种方法如下

```
x = fminsearch(ff,x0)          %单纯形法求多元函数的极小值点最简格式
x = fminunc(ff,x0)             %拟牛顿法求多元函数的极小值点最简格式
```

说明:fun 是被解函数,要写成向量变量形式;x0 是一个点向量,表示对极值点位置的初始猜测.

例 7 求二元函数 $f(x,y) = 5 - x^4 - y^4 + 4xy$ 在原点附近的极大值.

解 问题等价于求$-f(x,y)$的极小值.

```
>>fun = inline('x(1)^(4) + x(2)^4' - 4 * x(1) * x(2) - 5');
[x,g] = fminsearch(fun,[0,0]),
x =
   1.0000 1.0000   %极大值点 x = 1,y = 1
g =
   -7.0000   %极大值 f = 7
```

也可以用$[y,h]=$fminunc(fun,$[0.1,0.1])$得到同样的结论.

(2) 多元函数的零点

在解条件极值时,有时会遇上解非线性方程组,可以用到下面命令.

例 8 求解下面二元函数方程组的零点.

$$\begin{cases} \sin(x-y) = 0, \\ \cos(x+y) = 0. \end{cases}$$

解 $[x \ y] = $solve('sin(x-y) = 0','cos(x+y) = 0')
```
x =
   [1/4 * pi]
   [-1/4 * pi]
y =
   [1/4 * pi]
   [-1/4 * pi]
```

有时方程组没有解析解,也可以像一元函数一样先获知零点的大致位置,再求出零点的精确值. 对于上例也可以这样做:

```
clear;fun = '[sin(x(1) - x(2)),cos(x(1) + x(2))]';
[x y] = fsolve(fun,[0.1,0.1])
```

可以得到一个零点,答案与上面相同.

注 在(1)和(2)的例子中,方程组中的 x,y 都要写成向量 $x(1),x(2)$ 的形式.

拓展 试着用 MATLAB 求解教材中的对应问题.

B2 多元函数积分学

B2.1 二重积分

由于二重积分可以转化为二次积分运算,即

242

$$\iint\limits_{D_{xy}} f(x,y)\mathrm{d}\sigma = \int_a^b \mathrm{d}x \int_{y_1(x)}^{y_2(x)} f(x,y)\mathrm{d}y,$$

或

$$\iint\limits_{D_{xy}} f(x,y)\mathrm{d}\sigma = \int_c^d \mathrm{d}y \int_{x_1(y)}^{x_2(y)} f(x,y)\mathrm{d}x.$$

所以,可以用 MATLAB 函数 int 来计算两个定积分,还可以使用 dblquad 进行数值计算.

(1) 积分限为常数

例 9 计算 $s = \int_1^2 \mathrm{d}y \int_x^1 x^y \mathrm{d}x$.

① 符号法

```
syms x y
s = vpa(int(int(x^y,x,0,1),y,1,2))
Warning:Explicit integral could not be found.
>In D:MATLAB6P5\\toolbox\symbolic\@sym\int.m at line 58
s =
    .40546510810816438197801311546435
```

② 数值法

```
zz = inline('x.^y','x','y');
s = dblquad(zz,0,1,1,2)
s =
    0.4055
```

(2) 内积分限为函数

这种情况解起来比较麻烦.

例 10 $\iint\limits_{D_{xy}} \mathrm{e}^{-x^2-y^2}\mathrm{d}\sigma$,其中 D_{xy} 是由曲线 $2xy = 1, y = \sqrt{2x}, x = 2.5$ 所围成的平面区域.

解 ① 画出积分区域草图,输入程序

```
>>x = 0.001 : 0.001 : 3;y1 = 1./(2 *
x);y2 = sqrt(2 * x);
   plot(x,y1,x,y2,2.5, - 0.5 : 0.01 : 3);
   axis([ - 0.5 3  - 0.5 3])
```

结果如图 B.5 所示.

② 确定积分限. 输入程序

```
syms x y
y1 = ('2 * x * y = 1');y2 = ('y - sqrt(2 * x) = 0');
[x,y] = solve(y1,y2,x,y)
```

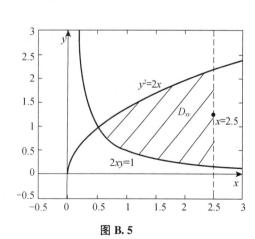

图 B.5

得到交点 $x = 1/2, y = 1$.

③ 输入程序

```
>> syms x y
f = exp( - x^2 - y^2);y1 = 1/(2 * x);y2 = sqrt(2 * x);
jfy = int(f,y,y1,y2);jfx = int(jfy,x,0.5,2.5);
jf2 = vpa(jfx)
Warning:Explicit integral could not be found.
>In C:\MATLAB6p5toolbox\symbolic\@sym\int.m at line 58
jf2 =
.124127988087258338671501082822287
```

因此, $\displaystyle\iint\limits_{D_{xy}} e^{-x^2-y^2} d\sigma$ 近似值为 $0.124\ 127\ 988\ 087\ 258\ 338\ 671\ 501\ 082\ 822\ 87$.

B2. 2 三重积分

与二重积分类似,三重积分可以转化为三次积分运算,即

$$\iiint\limits_{V} f(x,y,z)dx\,dy\,dz = \int_a^b dx \int_{y_1(x)}^{y_2(x)} dy \int_{z_1(x,y)}^{z_2(x,y)} f(x,y,z)dz .$$

然后,用 MATLAB 函数 int 来依次计算三个定积分,还可以使用 triplequad 进行数值计算.

（1）积分限为常数

例 11　计算 $s = \displaystyle\int_2^3 dz \int_1^2 dy \int_0^1 xyz\ dx$.

解　① 符号法

```
syms x y z
s = vpa(int(int(int(x * y * z,x,0,1),y,1,2),z,2,3))
s =
1.8750000000000000000000000000000000
```

② 数值法

```
w = inline('x * y * z','x','y','z');
s = triplequad(w,0,1,1,2,2,3)
s =
    1.8750
```

（2）内积分限为函数

例 12　计算 $\displaystyle\iiint\limits_{V}(x+e^y+\sin z)dxdydz$,其中积分区域 V 是由旋转抛物面 $z = 8-x^2-y^2$、圆柱 $x^2 + y^2 = 4$ 和 $z = 0$ 所围成的空间闭区域.

解　① 画出积分区域草图,输入程序

```
>>[x,y] = meshgrid( - 2:0.01:2);z1 = 8 - x.^2 - y.^2;
meshc(x,y,z1),hold on,
```

```
x = −2:0.01:2;r=2;[x,y,z] = cylinder(r,30);
mesh(x,y,z)
```

结果如图 B.6 所示.

② 确定积分限. 输入程序

```
>>syms x y z
f1 = ('z = 8 − x^2 − y^2'); f2 = ('x^2 + y^2
= 4');
[x,y,z] = solve(f1,f2,x,y,z)
```

得到交线结果为

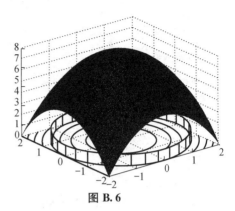

x =	y =	z =
[(4 − y^2)^(1/2)]	[y]	[4]
[− (4 − y^2)^(1/2)]	[y]	[4]

图 B.6

③ 输入程序

```
>>clear;syms x y z
f = x + exp(y) + sin(z);z1 = 0;z2 = 8 − x^2 − y^2;x1 = − sqrt(4 − y^2);x2 = sqrt(4 − y^2);
jfz = int(f,z,z1,z2);jfx = int(jfz,x,x1,x2);jfy = int(jfx,y, −2,2);
vpa(jfy)
Warning:Explicit integral could not be found.
>In C:\MATLAB6p5\toolbox\symbolic\@sym\int.m at line 58
ans =
121.66509988032497313042932633484
```

因此，$\iiint\limits_{V}(x + e^y + \sin z)dxdydz$ 近似值为 121.665 099 880 324 973 130 429 326 334 84.

拓展 试着用 MATLAB 求解教材中的对应问题.

B3 无穷级数

B3.1 部分和以及级数和

MATLAB 中对于级数部分和或级数和,可以调用 symsum 函数. 它既可以用于求出级数
$\sum\limits_{k=1}^{n} u_k$ 的部分和,也可以用于判断级数 $\sum\limits_{k=1}^{n} u_k$ 的收敛性. 其调用格式为

$$\text{symsum}(S,v,a,b),$$

其中,S 是级数的通项表达式;v 是求和变量;a,b 是求和的上下限,b 既可以是有限数,也可以取
无穷.

（1）部分和

例 13 求下列级数的部分和.

① $\sum\limits_{n=1}^{30} \dfrac{(-1)^{n+1}x}{n(n+2)}$;   ② $\sum\limits_{k=0}^{n-1}(-1)^k a\sin(k)(a > 0)$.

解 ① 输入程序

```
＞＞syms n x
s1 = symsum((－1)^(n+1) * x/(n * (n+2)),n,1,30)
s1 =
495/1984 * x
```

② 输入程序

```
syms n a
s2 = symsum((－1)^n * a * sin(n),n,0,n－1)
s2 =
－1/2 * (－1)^n * a * sin(n) + 1/2 * a * sin(1)/(cos(1) + 1) * (－1)^n * cos(n) － 1/2 *
a * sin(1)/(cos(1) + 1)
```

（2）级数和

例 14 讨论下列级数的敛散性：

① $\sum\limits_{n=1}^{\infty} \dfrac{1}{n^2}$；　② $\sum\limits_{n=1}^{\infty} \dfrac{1}{n}$．

解 ① 输入程序

```
＞＞syms n
s3 = symsum(1/n^2,n,1,inf)
s3 =
1/6 * pi^2
```

② 输入程序

```
syms n
s4 = symsum(1/n,n,1,inf)
s4 =
inf
```

显然,第一个级数收敛,收敛于 $\dfrac{\pi^2}{6}$；第二个级数发散.

例 15 讨论下列级数的敛散性. 如果收敛,是绝对收敛还是条件收敛？

① $\sum\limits_{n=1}^{\infty} \dfrac{(-1)^n n}{3^{(n-1)}}$；　② $\sum\limits_{n=1}^{\infty} \dfrac{(-1)^n}{n}$．

解 ① 输入程序

```
＞＞syms n
s5 = symsum((－1)^n * n/3^(n－1),n,1,inf)
s6 = symsum(n/3^(n－1),n,1,inf)
s5 =
－9/16
s6 =
```

9/4

② 输入程序

```
>>syms n
s7 = symsum((-1)^n/n,n,1,inf)
s8 = symsum(1/n,n,1,inf)
s7 =
-log(2)
s8 =
inf
```

显然,第一个式子是绝对收敛,分别收敛于 $\dfrac{-9}{16}$ 和 $\dfrac{9}{4}$;第二个式子是条件收敛,收敛于 $-\ln 2$.

注 MATLAB 不提供阶乘算子或函数,所以像 $\displaystyle\sum_{n=1}^{\infty}\dfrac{1}{n!}$ 这样的级数和在 MATLAB 中是无法求出的.还有某些像三角函数或对数函数的级数和在 MATLAB 中有时也无法算出,而不是发散,但部分和还是可以算出的.

(3) 欧拉常数

例 16 调和级数实验.

解 在例 14 中自然数的倒数的和 $\displaystyle\sum_{n=1}^{\infty}\dfrac{1}{n}$ 称为调和级数.从例 14 知道,该级数发散.令级数前 n 项和为 $H(n)$.我们可以画出它的图形,仔细观察,认真思考,发现它的图像和我们已知的哪种函数图像很近似?是否和对数函数 $y=\ln x$ 的图像很相似?好,将它们画在一起比较一下,输入程序,得到图像,如图 B.7 所示.

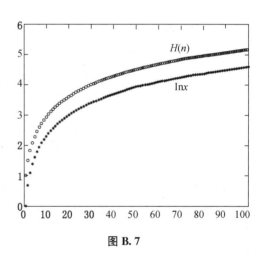

图 B.7

```
syms k
for n = 1:100
x(n) = n;y(n) = log(n);
h(n) = double(symsum(1/k,k,1,n));
end
plot(x,h,'0',x,y,'*')
```

根据图像比较的结果可以看出,当 n 很大时,$H(n)$ 的图像与 $\ln(x)$ 的图像非常相似,可以这样认为,只要将 $\ln(x)$ 的图像向上平移 C 个单位即可.那么这个 C 存在吗?如果存在的话,是多少?

为了研究这个 C,试着计算

$$C(n) = H(n) - \ln n = 1 + \frac{1}{2} + \frac{1}{3} + \cdots + \frac{1}{n} - \ln n.$$

不妨取 $n = 100^i, i = 1, 2, 3, 4, 5$，计算 $C(n)$，输入程序

```
syms k
for i = 1 : 5
h(i) = double(symsum(1/k,k,1,100^i));
c(i) = h(i) − log(100^i);
end
format long;c
c =
```

　　0.58220733165153　　0.57726566406820　　0.57721616490145　　0.57721566990153
0.57721566495153

看完这些数据，同学们有什么感觉？对！单调递减，趋向一个常数 $0.577\,215\,66\cdots$. 干脆输入程序，求极限

$$\lim_{n \to \infty}\left(1 + \frac{1}{2} + \frac{1}{3} + \cdots + \frac{1}{n} - \ln n\right).$$

```
syms k n
limit(symsum(1/k,k,1,n) − log(n),n,inf)
ans =
eulergamma
```

结果是 **eulergamma**！什么意思？求出它的 32 位精度数值：输入 vpa(ans) 得到

```
ans =
.57721566490153286554942724251305
```

由上面的结果可以得到 $C(n)$ 确实有极限，并且极限是一个常数，显然是个无理数，还有一个名字为欧拉(Euler)常数！祝贺你又发现了一个重要常数！但是实验还没有结束. 请你理论证明你的实验结论：$C(n)$ 极限存在，而且极限是一个无理常数.

提示：利用 $\dfrac{1}{n} > \ln\left(1 + \dfrac{1}{n}\right) = \ln(n+1) - \ln(n)$，直接得到 $C(n)$ 单调递减，再通过累加得到 $C(n)$ 有下界. 请你接着证明它的极限是无理数. 整理一下就可以完成一份漂亮的数学实验报告.

B3. 2　幂级数

（1）泰勒展开

在 MATLAB 中将一个函数展开成幂级数，要用到泰勒函数，具体调用格式如下：

taylor(f,n,a,x)　　表示自变量为 x 的函数 f 在 a 点展开为 $n-1$ 阶的幂级数.

注　a 不写默认为零点，x 常常省略，如果不小心将 n 写成 0，则 a 就表示阶数.

例 17　研究 $f = x\cos x$ 的麦克劳林级数的前几项.

解　限于篇幅只研究前六项，相应的 MATLAB 命令如下

```
>>clear;syms x;f = x * cos(x);
t1 = taylor(f,1)
t2 = taylor(f,2)
```

```
t3 = taylor(f,3)
t4 = taylor(f,4)
t5 = taylor(f,5)
t6 = taylor(f,6)
```

运行结果为

```
t1 = 0
t2 = x
t3 = x
t4 = x − 1/2 * x^3
t5 = x − 1/2 * x^3
t6 = x − 1/2 * x^3 + 1/24 * x^5
```

然后在同一个坐标系中绘出 $f = x\cos x$ 及其泰勒展开式的前几项构成的多项式函数

$$t_2 = x, \quad t_4 = x - \frac{x^3}{2}, \quad t_6 = x - \frac{x^3}{2} + \frac{x^5}{24}.$$

的图形. 观察这些多项式函数图形向 $f = x\cos x$ 图形逼近情况. 输入程序

```
clear;x = −4:0.1:4;f = x.*cos(x);t2 = x;t4 = x − 1/2 * x.^3;t6 = x − 1/2 * x.^3 + 1/
24 * x.^5;
plot(x,f,x,t2,':',x,t4,':',x,t6,':')
```

运行结果如图 B.8 所示,实线表示 $f = x\cos x$ 的图形.

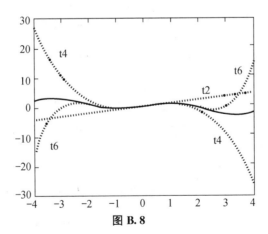

图 B.8

我们还可以通过计算,得到它们的逼近程度. 例如,在 $x = 1$ 点处分别计算 f, t_2, t_4, t_6 的值,得到

```
clear;x = 1;f = x*cos(x),t2 = x,t4 = x − 1/2 * x^3,t6 = x − 1/2* x^3 + 1/24 * x^5,
f = 0.5403   t2 = 1   t4 = 0.5000   t6 = 0.5417
```

可以看出,阶数越高,逼近程度越好.

（2）泰勒级数逼近分析界面

在 MATLAB 指令窗中运行 taylortool，将引出如图 B.9 所示的泰勒级数逼近分析界面，相当人性化，易于操作.

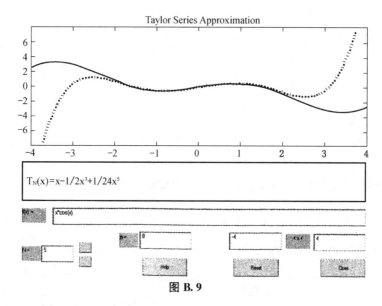

图 B.9

说明：① 该界面用于观察函数 $f(x)$ 在给定区间上被 N 阶泰勒多项式 $T_N(x)$ 逼近的情况.

② 可以在界面的白框中直接输入表达式、阶数、展开点和观察区间，输入后一定要按回车键！

③ 缺省状态下阶数为 7，展开点为 0，观察区间为 $(-2\pi, 2\pi)$.

B3.3 傅里叶级数

例18 设周期为 2π 的周期函数 $f(x)$ 在一个周期内的表达式为

$$f(x) = \begin{cases} 0, & -\pi \leqslant x < 0, \\ 1, & 0 \leqslant x < \pi, \end{cases}$$

试生成 $f(x)$ 的傅里叶级数，并从图上观察级数的部分和在 $[-\pi, \pi)$ 上逼近 $f(x)$ 的情况.

解 根据傅里叶系数公式可得：

$$\frac{a_0}{2} = \frac{1}{2\pi} \int_{-\pi}^{\pi} f(x) \mathrm{d}x = \frac{1}{2},$$

$$a_n = \frac{1}{\pi} \int_{-\pi}^{\pi} f(x) \cos nx \mathrm{d}x = \frac{1}{\pi} \int_0^{\pi} \cos nx \mathrm{d}x = 0,$$

$$b_n = \frac{1}{\pi} \int_{-\pi}^{\pi} f(x) \sin nx \mathrm{d}x = \frac{1}{\pi} \int_0^{\pi} \sin nx \mathrm{d}x = \frac{1}{n\pi}[1 - (-1)^n],$$

$$f_n(x) = \frac{1}{2} + \frac{2}{\pi} \sin x + \frac{2}{3\pi} \sin 3x + \frac{2}{5\pi} \sin 5x + \cdots + \frac{1}{n\pi}[1 - (-1)^n] \sin nx.$$

先写出分段函数的 M 文件

```
function y = fenduan(x),

y = (x>=2*pi&x<3*pi)+(x>=0&x<pi).
```

为了对比更加明显以及显示变化情况,我们选取了 $f_1(x)$, $f_7(x)$, $f_{13}(x)$, $f_{19}(x)$ 四个函数,分别将这四个函数和原函数 $f(x)$ 的图像画在一起加以比较. 以 f_{19} 为例,函数和程序如下:

$$f_{19}(x) = \frac{1}{2} + \frac{2}{\pi}\sin x + \frac{2}{3\pi}\sin 3x + \frac{2}{5\pi}\sin 5x + \frac{2}{7\pi}\sin 7x + \frac{2}{9\pi}\sin 9x + \frac{2}{11\pi}\sin 11x$$

$$+ \frac{2}{13\pi}\sin 13x + \frac{2}{15\pi}\sin 15x + \frac{2}{17\pi}\sin 17x + \frac{2}{19\pi}\sin 19x.$$

```
clear;x=-pi:0.1:3*pi;y=fenduan(x);
f19=1/2+2*sin(x)/pi+2*sin(3*x)/(3*pi)+2*sin(5*x)/(5*pi)+2*sin(7*x)/(7
*pi)+2*sin(9*x)/(9*pi)+...
2*sin(11*x)/(11*pi)+2*sin(13*x)/(13*pi)+2*sin(15*x)/(15*pi)+2*sin(17*
x)/(17*pi)+2*sin(19*x)/(19*pi);
plot(x,f19,x,y)
```

输入后,运行如图 B.10、图 B.11、图 B.12、图 B.13 所示.

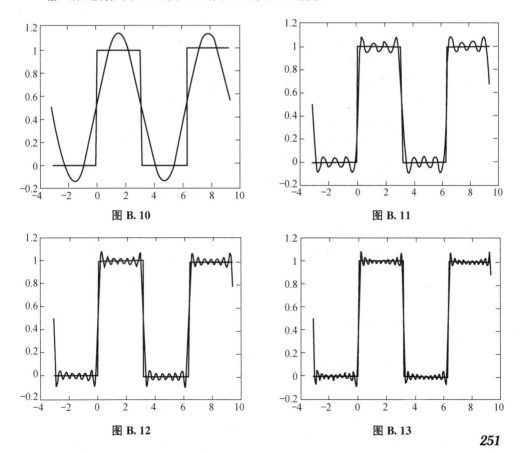

图 B.10　　　　　　　　　　　　　　　　图 B.11

图 B.12　　　　　　　　　　　　　　　　图 B.13

这四幅图分别是傅里叶级数的前 $n(n=1,7,13,19)$ 项部分和函数的图形. 可以看出,当 n 越大时,逼近函数的效果越好. 从图中可以看出,傅里叶多项式的逼近是整体性逼近,这与泰勒多项式逼近函数的情况是不相同的,请加以体会.

B4 微分方程

微分方程是自然科学和社会科学研究中非常重要且十分实用的一种数学工具. 常微分方程有解析解法和数值解法两种. 解析解法能够通过表达式让我们更清楚地理解解的性态,但其求解过程各式各样,没有规范可言,而且十分复杂,因而只能对某些特殊类型的方程求解,对于多数方程则不易或不能求解;而数值解法的求解已有一些常用解法,如 Eular 法、Runge-Kutta 法等,它们能求出一般常微分方程在某一指定区间满足一定精度的数值解.

B4.1 常微分方程(组)符号求解

(1) 常微分方程(组)的通解

在 MATLAB 中,可用函数 dsolve 求常微分方程

$$F(x, y', y'', \cdots, y^{(n)}) = 0$$

的通解,包括可分离变量微分方程,齐次微分方程,一阶、二阶、n 阶线性齐次和非齐次微分方程,可降阶的高阶微分方程等. 其主要调用格式有

```
sdolve('eqn','var')        % eqn 是常微分方程,var 是变量,默认是 t.
sdolve('eqn1','eqn2',...,'eqnm','var')        % 有 m 个方程,var 是变量,默认是 t.
```

例 19 求下列常微分方程的通解.

(1) $xy'\ln x + y = ax(\ln x + 1)$;
(2) $y'' + 2y' + 5y = \sin 2x$;
(3) $(y^4 - 3x^2)dy + xydx = 0$;
(4) $y''' + y'' - 2y' = x(e^x + 4)$.

解 输入程序:

```
>>y1 = dsolve('x * Dy * log(x) + y = a * x * (log(x) + 1)', 'x')
y2 = dsolve('D2y + 2 * Dy + 5 * y = sin(2 * x)', 'x')
y3 = dsolve('x * y + (y^4 - 3 * x^2) * Dy', 'x')
y4 = dsolve('D3y + D2y - 2 * Dy = x * (exp(x) + 4)', 'x')
```

运行结果为

```
y1 = a * x + 1/log(x) * C1
y2 = - 1/17 * sin(2 * x) * cos(4 * x) + 1/68 * sin(2 * x) * sin(4 * x) - 1/4 * cos(2 * x) +
1/68 * cos(2 * x) * cos(4 * x)
     + 1/17 * cos(2 * x) * sin(4 * x) + C1 * exp( - x) * sin(2 * x) + C2 * exp( - x) * cos(2 * x)
y3 =
log(x) - C1 + 6 * log(y/x^(1/2)) - log((y - x^(1/2))1x^(1/2)) - log((y + x^(1/2))/x^(1/2))
 - log((y^2 + x)/x) = 0
     y4 = - 1/54 * exp(x) * (24 * x - 26 + 54 * x^2 * exp( - x) - 9 * x^2 + 54 * exp( - x) * x +
81 * exp( - x)) + C1 + C2 * exp(x) + C3 * exp( - 2 * x)
```

常微分方程要变换形式输入,同时,由于它的显式解没有被找到,所以返回隐式解.

例 20 求下列常微分方程组的通解.

$$\begin{cases} \dfrac{\mathrm{d}x}{\mathrm{d}t} = y, \\[2mm] \dfrac{\mathrm{d}y}{\mathrm{d}t} = -x. \end{cases}$$

解 输入程序：

$>>$s＝dsolve($'$Dx＝y$'$,$'$Dy＝－x$'$),y＝s.y,x＝s.x

s＝

    x:[1x1 sym]

    y:[1x1 sym]

y＝

－sin(t)＊C1＋cos(t)＊C2

x＝

cos(t)＊C1＋sin(t)＊C2

（2）常微分方程的特解

如果给定微分方程

$$F(x, y', y'', \cdots, y^{(n)}) = 0,$$

满足初始条件

$$y(x_0) = a_0, y'(x_0) = a_1, \cdots, y^{(n)}(x_0) = a_n,$$

则求方程的特解的调用格式为

sdolve($'$eqn$'$,$'$condition1$'$,$\cdots$,$'$condition n',$'$var$'$)

eqn 是常微分方程，condition 是初始条件，var 是变量.

例 21 求下列常微分方程在给定初始条件下的特解.

$$y'' = \cos 2x - y, \quad y(0) = 1, \quad y'(0) = 0.$$

解 输入程序：

$>>$y＝dsolve($'$D2y＝cos(2＊x)－y$'$,$'$y(0)＝1$'$,$'$Dy(0)＝0$'$,$'$x$'$),

simplify(y)

y＝

(1/2＊sin(x)＋1/6＊sin(3＊x))＊sin(x)＋(1/6＊cos(3＊x)－1/2＊cos(x))＊cos(x)

＋4/3＊cos(x)

ans＝

－2/3＊cos(x)^2＋4/3＊cos(x)＋1/3

拓展 试着用 MATLAB 求解教材中的对应问题.

B4. 2 常微分方程的数值求解

常微分方程的解析解只能对某些特殊类型的方程求解，对于多数方程则不易或不能求解.

当对于某些常微分方程,得不到符号解时,可转而去求它的数值解. 也就是说,给出某一个指定区间一系列的自变量的数值,可以得到对应的满足方程的一系列函数值. 数值求解已有一些常用解法,如 Eular 法、Runge-Kutta 法等,它们能求出一般常微分方程在某一指定区间满足一定精度的数值解. 初值问题数值求解的 MATLAB 常用格式为

$$[\mathrm{t},\mathrm{y}] = \mathrm{ode45}(\mathrm{odefun},\mathrm{tspan},\mathrm{y0})$$

ode45:运用组合的 4/5 阶龙格-库塔-芬尔格算法. 类似的算法还有 ode113,ode23,ode15s,ode23s,ode23t,ode23tb,ode45 最常用;

odefun:表示 $f(t,y)$ 的函数句柄或 Inline 函数,t 是标量,y 是标量或向量;

tspan:若为 $[t_0,t_f]$,表示自变量初值 t_0 和终值 t_f,若为 $(t_0,t_1,\cdots,t_n)$,表示输出节点列向量;

y0:表示初值向量 $\boldsymbol{y}_0$;

t:输出表示节点列向量 $(t_0,t_1,\cdots,t_n)^{\mathrm{T}}$;

y:输出数值解矩阵,每一列对应 y 的一个分量;

常用输出的参数 t 和 y 画出图形.

例 22 解析解和数值解微分方程

$$y' = y - 2x/y, \quad y(0) = 1, \quad 0 < x < 4,$$

并画出对应的图进行比较.

解 先求解析解,输入程序

```
>>dsolve('Dy = y - 2 * x/y','y(0) = 1','x')
ans =
(2 * x + 1)^(1/2)
```

得到原方程的准确解 $y = \sqrt{1 + 2x}$,现在求出方程的数值解加以比较. 输入程序

```
clear;x = 0 : 0.1 : 4;y = sqrt(1 + 2 * x);
odefun = inline('s - 2 * t/s','t','s');
[t,s] = ode45(odefun,[0,4],1);
plot(x,y,'o-',t,s,'* -')
```

运行后得到图形,如图 B.14 所示. 从图中可以看到它们几乎重合. 事实上,将它们放大,点击图上方的放大键,就可以发现它们还是有误差的. 如图 B.15 所示.

还可以从数值上直接看出,输入 [t,s] 得到

```
ans =
     0    1.0000
0.0502    1.0490
0.1005    1.0959
......
3.9005    2.9672
```

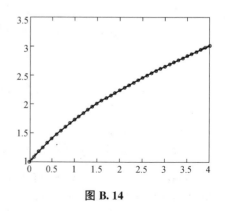

图 B.14

3.9502   2.9839

4.0000   3.0006

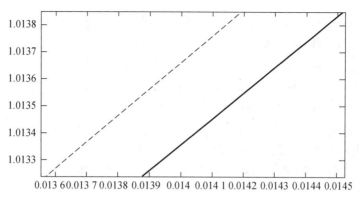

图 B.15

显然,当 $t = 4$ 时,$s = 3.006$,与准确值 3 存在误差.

例 23 导弹系统实验

目前的电子系统能迅速测出敌舰的种类、位置以及敌舰行驶速度和方向,导弹自动制导系统能保证在发射后任一时刻都对准目标.根据情报,这种敌舰能在我军舰发射导弹后 Tmin 后作出反应并摧毁导弹.现在要求:改进电子导弹系统,使其能自动计算出敌舰是否在有效打击范围之内.

解 设我舰发射导弹时位置在坐标原点,敌舰在 x 轴正向 d km 处,其行驶速度为 a km/h,方向与 x 轴夹角为 θ,导弹飞行线速度 b km/h. 设 t 时刻时导弹位置为 $(x(t),y(t))$,则

$$\sqrt{\left(\frac{\mathrm{d}x}{\mathrm{d}t}\right)^2 + \left(\frac{\mathrm{d}y}{\mathrm{d}t}\right)^2} = b, \tag{1}$$

易知,t 时刻敌舰位置为 $(d+at\cos\theta, at\sin\theta)$. 为了保持对准目标,导弹轨迹切线方向应为

$$\frac{\mathrm{d}y}{\mathrm{d}x} = \frac{at\sin\theta - y(t)}{d + at\cos\theta - x(t)}, \tag{2}$$

由上面两个方程得下列微分方程

$$\frac{\mathrm{d}x}{\mathrm{d}t} = \frac{b}{\sqrt{1 + \left(\frac{\mathrm{d}y}{\mathrm{d}x}\right)^2}} = \frac{b}{\sqrt{1 + \left(\dfrac{at\sin\theta - y(t)}{d + at\cos\theta - x(t)}\right)^2}}, \tag{3}$$

$$\frac{\mathrm{d}y}{\mathrm{d}t} = \frac{b}{\sqrt{1 + \left(\frac{\mathrm{d}x}{\mathrm{d}y}\right)^2}} = \frac{b}{\sqrt{1 + \left(\dfrac{d + at\cos\theta - x(t)}{at\sin\theta - y(t)}\right)^2}}. \tag{4}$$

初始条件为 $x(0)=0, y(0)=0$，对于给定的 a,b,d,θ 进行计算. 当 $x(t)$ 满足

$$x(t) \geqslant d + at\cos\theta$$

时，则认为已击中目标. 如果 $t < T$，则敌舰在打击范围内，可以发射. 由于式(3)与式(4)非常有用，编程保存为 fangcheng. m 文件，内容如下

```
function dy = missilefun(t,y,a,b,d,theta)
dydx = (a * t * sin(theta) - y(2) + 1e-8)/(abs(d + a * t * cos(theta) - y(1)) + 1e-8);
dy(1) = b/(1 + dydx^2)^0.5; dy(2) = b/(1 + dydx^(-2))^0.5; dy = dy(:);
```

现在导弹系统中设 $a=90\,\text{km/h}, b=450\,\text{km/h}, T=0.1\,\text{h}$. 那么，$d,\theta$ 的有效范围是多少? 可以考虑两种特殊情况: $d=50, \theta=\pi/2$ 和 $d=30, \theta=3\pi/10$.

有两个极端情形容易算出. 若 $\theta=0$，即敌舰正好背向行驶，也即 x 轴正向. 那么导弹直线飞行，击中时间为

$$t = d/(b-a) < T,$$

得 $d=T(b-a)=36\,\text{km}$. 若 $\theta=\pi$，即迎面驶来，类似有 $d=T(a+b)=54\,\text{km}$. 一般地，有 $36 < d < 54$.

方法 1 根据所给的参数，算出 $t, x(t)$，分析是否有 $x(t) \geqslant d + at\cos\theta$ 的值. 以 $d=50, \theta=\pi/2$ 为例，编写程序保存为 fangfa1. m 文件，内容如下

```
clear; close;
a = 90; b = 450; d = 50; theta = pi/2;
[t,y] = ode45(@ fangcheng, [0,0.1],
[0 0],[],a,b,d,theta);
plot(y(:,1),y(:,2)); max(y(:,1) - d -
a * t * cos(theta))
```

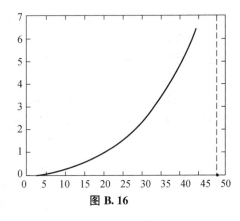

图 B.16

在指令窗口直接运行，得到数值为 -5.7410，不能击中敌舰. 在 $0.1\,\text{h}$ 内达不到敌舰的位置，如图 B.16 所示.

方法 2 首先对于所有可能的 d,θ，计算击中时所需时间，从而对不同的 θ，得到 d 的临界值，并画出临界曲线，看看初始条件是属于何种情况. 编写程序保存为 fangfa2. m 文件，内容为:

```
clear; close; a = 90; b = 450; d = 50; theta = pi/2; i = 1;
for d = 54 : -1 : 36
    for theta = 0 : 0.1 : pi,
        [t,y] = ode45(@ fangcheng, [0,0.1], [0 0],[],a,b,d,theta);
        if max(y(:,1) - d - a * t * cos(theta)) > 0,
            range(i,:) = [d, theta];
            i = i + 1;
            break;
```

```
            end
        end
    end
figure;
plot(range(:,1),range(:,2));hold on
plot(50,pi/2,'o');xlabel('d');ylabel('theta');
```

运行得到临界曲线,如图 B.17 所示.

曲线上方为打击范围,初始条件在曲线下方,这样即为无法打击到敌舰.

方法3 $d=30, \theta=3\pi/10$,通过计算机模拟和动画显示,有兴趣的同学可以运行体会.程序保存为 fangfa3.m 文件,内容如下

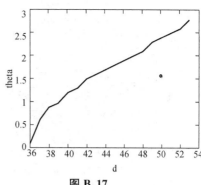

图 B.17

```
function m = fangfa3(a,b,d,theta,T)
[t,y] = ode45(@fangcheng,[0,T],[0 0],[],a,b,d,theta);
x = [d+a*t*cos(theta),a*t*sin(theta)];
n = length(t);j = n;
for i = 1:n
  plot(x(i,1),x(i,2),'o',y(i,1),y(i,2),'r.');
axis([0 max(x(:,1))0 max(x(:,2))]);hold on;
m(i) = getframe;
if y(i,1)>=x(i,1),
        j = i;
        break;
    end
end
hold off;movie(m);
legend('enemy','missile',2);
if j<n,
hold on;
plot(y(j,1),y(j,2),'rh','markersize',18);
hold off;
title('Goal at',mum2str(t(j)),'h']);
else
title('lose in',num2str(T),]);
end
```

在指令窗口运行
>>clear;fangfa3(90,450,30,0.3*pi,0.1)得到如图 B.18 所示的图形.

257

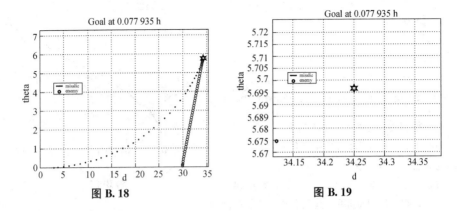

图 B.18   图 B.19

放大图形如图 B.19 所示,可知:导弹大约在 $t=0.078$ 时击中敌舰,位置大约为(34.25,5.7).

参 考 答 案

习题 5.1

1. (1) 内点:$\{(x,y) \mid y < x^2\}$;外点:$\{(x,y) \mid y > x^2\}$;边界点:$\{(x,y) \mid y = x^2\}$.

   (2) 内点:$\left\{(x,y) \mid 1 < x^2 + \dfrac{y^2}{4} < 4\right\}$;

       外点:$\left\{(x,y) \mid x^2 + \dfrac{y^2}{4} < 1 \text{ 或 } x^2 + \dfrac{y^2}{4} > 4\right\}$;

       边界点:$\left\{(x,y) \mid x^2 + \dfrac{y^2}{4} = 1 \text{ 或 } x^2 + \dfrac{y^2}{4} = 4\right\}$.

   (3) 内点:$\{(x,y) \mid 0 < x^2 + y^2 < 1\}$;外点:$\{(x,y) \mid x^2 + y^2 > 1\}$;

       边界点:$\{(x,y) \mid x^2 + y^2 = 1, \text{或} x^2 + y^2 = 0\}$.

   (4) 内点:$\{(x,y) \mid |x| < 1, |y-1| < 2\}$;外点:$\{(x,y) \mid |x| > 1, |y-1| > 2\}$;

       边界点:$\{(x,y) \mid |x| = 1 \text{ 或 } |y-1| = 2\}$.

2. (1) $\{(x,y) \mid x+y > 0, x-y > 0\}$; (2) $\{(x,y) \mid y^2 - 2x + 1 > 0\}$;

  ·(3) $\{(x,y) \mid x^2 \geqslant y, y \geqslant 0, x > 0\}$; (4) $\{(x,y) \mid x^2 - y^2 \neq 0\}$;

   (5) $\{(x,y) \mid r^2 < x^2 + y^2 + z^2 \leqslant R^2\}$; (6) $\left\{(x,y) \mid y - x > 0, -1 \leqslant \dfrac{y}{x} \leqslant 1\right\}$.

3. $f(tx, ty) = t^2 f(x,y)$.

4. $-3, \dfrac{x^2(1-y)}{1+y}, \dfrac{(x+h)^2(1-y)}{1+y}$.

5. (1) $5, 0$; (2) $1, 1, \dfrac{1}{5}$; (3) $\dfrac{2xy}{x^2+y^2}$. 6. 略.

7. $f(x) = x^2 - x$, $z = (x-y)^2 + 2y$.

8. (1) 1; (2) 2; (3) 0; (4) 1; (5) $-\dfrac{1}{4}$; (6) $-\infty$. 9. 略.

10. (1) 0; (2) 不存在; (3) 不存在.

11. (1) $\{(x,y) \mid y^2 = 2x\}$; (2) $\left\{(x,y) \mid x^2 + y^2 = k\pi + \dfrac{\pi}{2} (k = 0, 1, 2, \cdots)\right\}$.

12. 在 $O(0,0)$ 处不连续.

习题 5.2

1. (1) $\dfrac{\partial z}{\partial x} = -\dfrac{y}{x^2+y^2}, \dfrac{\partial z}{\partial y} = \dfrac{x}{x^2+y^2}$; (2) $\dfrac{\partial z}{\partial x} = \dfrac{e^y}{y^2}, \dfrac{\partial z}{\partial y} = \dfrac{x(y-2)e^y}{y^3}$;

   (3) $\dfrac{\partial z}{\partial x} = -\dfrac{1}{2x\sqrt{\ln(xy)}}, \dfrac{\partial z}{\partial y} = \dfrac{1}{2y\sqrt{\ln(xy)}}$;

(4) $\dfrac{\partial z}{\partial x} = y^2(1+xy)^{y-1}, \dfrac{\partial z}{\partial y} = (1+xy)^y\left[\ln(1+xy)+\dfrac{xy}{1+xy}\right]$;

(5) $f_x = \mathrm{e}^{x^2}, f_y = -\mathrm{e}^{y^2}$;　(6) $\dfrac{\partial z}{\partial x} = yz(xy)^{z-1}, \dfrac{\partial u}{\partial y} = xz(xy)^{z-1}, \dfrac{\partial u}{\partial z} = (xy)^z\ln(xy)$;

(7) $\dfrac{\partial u}{\partial x} = \dfrac{z(x-y)^{z-1}}{1+(x-y)^{2z}}, \dfrac{\partial u}{\partial y} = -\dfrac{z(x-y)^{z-1}}{1+(x-y)^{2z}}, \dfrac{\partial u}{\partial z} = \dfrac{(x-y)^z\ln(x-y)}{1+(x-y)^{2z}}$;

(8) $u_{x_i} = i\cos(x_1+2x_2+\cdots+nx_n)$.

2. (1) $f_x(x,y) = \dfrac{x-y}{x^2+y^2}, f_y(1,1) = 1$;　(2) $f_x(1,0) = 1, f_y(1,0) = \dfrac{1}{2}$;

(3) $f_x(x,y) = \mathrm{e}^{-x^2}, f_y(x,y) = -\mathrm{e}^{-y^2}$;

(4) $f_x(2,1,0) = \dfrac{1}{2}, f_y(2,1,0) = 1, f_z(2,1,0) = \dfrac{1}{2}$.

3. 略.　4. 略.

5. (1) $z_{xx} = -\sin(x+y)-\cos(x-y), z_{yy} = -\sin(x+y)-\cos(x-y), z_{xy} = z_{yx} = -\sin(x+y)+\cos(x-y)$;

(2) $z_{xx} = \ln y(\ln y-1)x^{\ln y-2}, z_{yy} = x^{\ln y}\ln x\cdot\dfrac{\ln x-1}{y^2}, z_{xy} = x^{\ln y-1}\cdot\dfrac{1+\ln x\ln y}{y}$;

(3) $\dfrac{\partial^2 z}{\partial x^2} = \dfrac{2xy}{(x^2+y^2)^2}, \dfrac{\partial^2 z}{\partial y^2} = -\dfrac{2xy}{(x^2+y^2)^2}, \dfrac{\partial^2 z}{\partial x\partial y} = \dfrac{y^2-x^2}{(x^2+y^2)^2}$;

(4) $f_{xx} = \dfrac{1}{x}, f_{yy} = -\dfrac{x}{y^2}, f_{xy} = f_{yx} = \dfrac{1}{y}$.

6. 略.

7. $\left.\dfrac{\partial^2 z}{\partial x^2}\right|_{(0,\frac{\pi}{2})} = 2, \left.\dfrac{\partial^2 z}{\partial x\partial y}\right|_{(0,\frac{\pi}{2})} = -1, \left.\dfrac{\partial^2 z}{\partial y^2}\right|_{(0,\frac{\pi}{2})} = 0$.

8. 略.

9. (1) $\mathrm{d}z = (3x^2-3y)\mathrm{d}x+(3y^2-3x)\mathrm{d}y$; (2) $\mathrm{d}z = 2xy^3\mathrm{d}x+3x^2y^2\mathrm{d}y$;

(3) $\mathrm{d}z = (yx^y\ln x+xy)\mathrm{d}y+y^2x^{y-1}\mathrm{d}x$;

(4) $\mathrm{d}z = -\dfrac{x}{(x^2+y^2)^{\frac{3}{2}}}(y\mathrm{d}x-x\mathrm{d}y)$;

(5) $\mathrm{d}z = \mathrm{e}^x(\cos xy-y\sin xy)\mathrm{d}x-(x\mathrm{e}^x\sin xy)\mathrm{d}y$;

(6) $\mathrm{d}z = \mathrm{e}^{\frac{x^2+y^2}{xy}}\left[\left(2x+\dfrac{x^4-y^4}{x^2y}\right)\mathrm{d}x+\left(2y+\dfrac{y^4-x^4}{xy^2}\right)\mathrm{d}y\right]$;

(7) $\mathrm{d}u = x^{yz-1}(yz\mathrm{d}x+xz\ln x\mathrm{d}y+xy\ln x\mathrm{d}z)$;

(8) $\mathrm{d}u = \tan yz\mathrm{d}x+xz\sec^2 yz\mathrm{d}y+xy\sec^2 yz\mathrm{d}z$.

10. $\mathrm{d}z = 0.027\,777, \Delta z = 0.028\,252, \Delta z-\mathrm{d}z = 0.000\,475$.

11. (1) 2.039, (2) 5.98.

12. $\Delta v \approx -200\pi\mathrm{cm}^3$.

13. $73.33, 4.92, 6.7\%$.

14. 略.

15. (1) $\dfrac{\mathrm{d}z}{\mathrm{d}t} = 5t^4\mathrm{e}^{t^5}$; (2) $\dfrac{\mathrm{d}z}{\mathrm{d}t} = \dfrac{3-12t^2}{1+(x-y)^2}$;

(3) $\dfrac{\mathrm{d}z}{\mathrm{d}t} = -(2t+1)\mathrm{e}^{-t^2-t}$；(4) $\dfrac{\mathrm{d}z}{\mathrm{d}t} = \dfrac{2x}{x^2+y^2}\left(1-\dfrac{1}{t^2}\right)+\dfrac{2y}{x^2+y^2}(2t-1)$；

(5) $\dfrac{\mathrm{d}z}{\mathrm{d}t} = 2t+(3t^2+2t^4)\mathrm{e}^{t^2}+4t^3\cos t^4$；(6) $\dfrac{\mathrm{d}z}{\mathrm{d}t} = 3\sin^2 t\cos^3 t - 2\sin^4 t\cos t + \mathrm{e}^t$．

16. $\dfrac{\partial z}{\partial x} = 3x^2\sin y\cos y(\cos y-\sin y)$, $\dfrac{\partial z}{\partial y} = x^3(\sin^3 y - 2\sin^2 y\cos y + \cos^3 y - 2\cos^2 y\sin y)$.

17. $\dfrac{\partial z}{\partial x} = 2xf_1 + y\mathrm{e}^{xy}f_2$, $\dfrac{\partial z}{\partial y} = -2yf_1 + x\mathrm{e}^{xy}f_2$.

18. 略.

19. (1) $\dfrac{\partial^2 z}{\partial x^2} = y^2 f_{11}$, $\dfrac{\partial^2 z}{\partial x\partial y} = f_1 + y(xf_{11}+f_{12})$, $\dfrac{\partial^2 z}{\partial y^2} = x^2 f_{11} + 2xf_{12} + f_{22}$；

(2) $\dfrac{\partial^2 z}{\partial x^2} = f_{11} + \dfrac{2}{y}f_{12} + \dfrac{1}{y^2}f_{22}$, $\dfrac{\partial^2 z}{\partial x\partial y} = -\dfrac{x}{y^2}\left(f_{12}+\dfrac{1}{y}f_{22}\right) - \dfrac{1}{y^2}f_2$,

$\dfrac{\partial^2 z}{\partial y^2} = \dfrac{2x}{y^3}f_2 + \dfrac{x^2}{y^4}f_{22}$；

(3) $\dfrac{\partial^2 z}{\partial x^2} = 2yf_2 + y^4 f_{11} + 4xy^3 f_{12} + 4x^2 y^2 f_{22}$,

$\dfrac{\partial^2 z}{\partial x\partial y} = (2yf_1 + 2xf_2 + 2xy^3 f_{11} + 2x^3 yf_{22}) + 5x^2 y^2 f_{12}$,

$\dfrac{\partial^2 z}{\partial y^2} = 2xf_1 + 4x^2 y^2 f_{11} + 4x^3 yf_{12} + x^4 f_{22}$；

(4) $\dfrac{\partial^2 z}{\partial x^2} = \mathrm{e}^{x+y}f_3 - \sin xf_1 + \cos^2 xf_{11} + 2\mathrm{e}^{x+y}\cos xf_{13} + \mathrm{e}^{2(x+y)}f_{33}$,

$\dfrac{\partial^2 z}{\partial x\partial y} = \mathrm{e}^{x+y}f_3 - \cos x\sin yf_{12} + \mathrm{e}^{x+y}\cos xf_{13} - \mathrm{e}^{x+y}\sin yf_{32} + \mathrm{e}^{2(x+y)}f_{33}$,

$\dfrac{\partial^2 z}{\partial y^2} = \mathrm{e}^{x+y}f_3 - \cos yf_2 + \sin^2 yf_{22} - 2\mathrm{e}^{x+y}\sin yf_{23} + \mathrm{e}^{2(x+y)}f_{33}$.

20. $f_{11} + (x+y)f_{12} + xyf_{22} + f_2$.

21. (1) $\dfrac{y-2x}{3y^2-x}$；(2) $\dfrac{y\sin x-\cos y}{\cos x-x\sin y}$；(3) $\dfrac{y^2-\mathrm{e}^x}{\cos y-2xy}$；(4) $\dfrac{x+y}{x-y}$；(5) $\dfrac{y^x\ln y}{1-xy^{x-1}}$；

(6) $\dfrac{a^2}{(x+y)^2}$．

22. (1) $\dfrac{\partial z}{\partial x} = \dfrac{z-y}{y-x}$, $\dfrac{\partial z}{\partial y} = \dfrac{x+z}{x-y}$；(2) $\dfrac{\partial z}{\partial x} = \dfrac{yz-\sqrt{xyz}}{2\sqrt{xyz}-xy}$, $\dfrac{\partial z}{\partial y} = \dfrac{xz-\sqrt{xyz}}{2\sqrt{xyz}-xy}$；

(3) $\dfrac{\partial z}{\partial x} = -\dfrac{\mathrm{e}^y+z\mathrm{e}^x}{y+\mathrm{e}^x}$, $\dfrac{\partial z}{\partial y} = -\dfrac{x\mathrm{e}^y+z}{y+\mathrm{e}^x}$；(4) $\dfrac{\partial z}{\partial x} = \dfrac{z}{z+1}$, $\dfrac{\partial z}{\partial y} = \dfrac{z}{y(z+1)}$．

23. $\mathrm{d}z = \dfrac{z}{x+z}\mathrm{d}x + \dfrac{z^2}{y(x+z)}\mathrm{d}y$．

24. 略.

25. $\dfrac{\partial z}{\partial x} = -\dfrac{f_1+(x+z)f_2}{f_1+(x+y)f_2}$, $\dfrac{\partial z}{\partial y} = -\dfrac{f_1+(x+z)f_2}{f_1+(x+y)f_2}$.

26. 略.

27. $\dfrac{1}{(e^z-xy)^3}(2x^2ze^z-2x^3yz-x^2z^2e^z)$.

28. (1) $\dfrac{dx}{dz}=\dfrac{y-z}{x-y},\dfrac{dy}{dz}=\dfrac{z-x}{x-y}$;　(2) $\dfrac{dy}{dx}=-\dfrac{x(6z+1)}{2y(3z+1)},\dfrac{dz}{dx}=\dfrac{x}{3z+1}$;

　(3) $\dfrac{\partial u}{\partial x}=\dfrac{\sin v}{e^u(\sin v-\cos v)+1},\dfrac{\partial u}{\partial y}=-\dfrac{\cos v}{e^u(\sin v-\cos v)+1}$,

　　$\dfrac{\partial v}{\partial x}=\dfrac{\cos v-e^u}{u[e^u(\sin v-\cos v)+1]},\dfrac{\partial v}{\partial y}=\dfrac{\sin v+e^u}{u[e^u(\sin v-\cos v)+1]}$.

29. $dz=\dfrac{y^2zf_1dx-zf_2dy}{y^2(1-xf_1)-yf_2}$.

30. $dz=-\dfrac{1}{\cos z}(2xe^{x^2}dx+3y^5dy)$.

习题 5.3

1. (1) $\dfrac{x-1}{2}=-y=\dfrac{z-1}{3},3x-y+3z-5=0$;

　(2) $\dfrac{x}{-1}=\dfrac{y-1}{0}=z-1,x-z+1=0$;

　(3) $x-x_0=\dfrac{y-y_0}{\dfrac{m}{y_0}}=\dfrac{z-z_0}{-\dfrac{1}{2z_0}},(x-x_0)+\dfrac{m}{y_0}(y-y_0)-\dfrac{1}{2z_0}(z-z_0)=0$;

　(4) $\dfrac{x-1}{3}=\dfrac{y-1}{-3}=\dfrac{z-3}{1},3x-3y+z-3=0$.

2. $\cos\alpha=\dfrac{\sqrt{14}}{7},\cos\beta=\dfrac{\sqrt{14}}{14},\cos\gamma=-\dfrac{3\sqrt{14}}{14}$.

3. $M_1(-1,1,-1),M_2\left(-\dfrac{1}{3},\dfrac{1}{9},-\dfrac{1}{27}\right)$.

4. (1) $9(x-3)+(y-1)-(z-1)=0,\dfrac{x-3}{9}=\dfrac{y-1}{1}=\dfrac{z-1}{-1}$;

　(2) $x+2y-2z-3+4\ln2=0,x-1=\dfrac{y-1}{2}=\dfrac{z-2\ln2}{-2}$;

　(3) $x-y+2z-\dfrac{\pi}{2}=0,\dfrac{x-1}{1}=\dfrac{y-1}{-1}=\dfrac{z-\dfrac{\pi}{4}}{2}$.

5. $\dfrac{x+3}{1}=\dfrac{y+1}{3}=\dfrac{z-3}{1}$.　6. $\dfrac{x-2}{1}=\dfrac{y-\dfrac{10}{3}}{3}=\dfrac{z+4}{4}$.　7. 略.　8. 略.

9. (1) 1; (2) $-\dfrac{1}{2}-\sqrt{3}$.　10. $1+2\sqrt{3}$.

11. $\dfrac{1+\sqrt{3}}{2}$.　12. 5.

13. $\mathbf{grad}f(0,0,0)=\{3,-2,-6\},\mathbf{grad}f(1,1,1)=\{6,3,0\}$.

14. 沿 $\mathbf{grad}u\,|_{(x_0,y_0,z_0)}=\left\{-\dfrac{x_0}{r_0},-\dfrac{y_0}{r_0},-\dfrac{z_0}{r_0}\right\}$ 方向.

15. 沿 $\mathbf{grad}z\,|_{(1,1)}=\{-4,-6\}$ 方向.

16. $\mathbf{grad}u=\{2,-4,1\},\ |\,\mathbf{grad}u\,|=\sqrt{21}$.

17. (1) $(0,0),(\pm\sqrt{2},-1)$,极小值 $f(0,0)=4$;

    (2) $(0,0),(0,2),(\pm1,1)$,极大值 $f(0,0)=2$,极小值 $f(0,2)=-2$;

    (3) $(1,\pm1),(-1,\pm1)$,极小值 $f(1,\pm1)=f(-1,\pm1)=3$;

    (4) 无驻点,无极值.

18. (1) 在点 $\left(\dfrac{18}{13},\dfrac{12}{13}\right)$ 处有条件最小值 $\dfrac{36}{13}$,无条件最大值;

    (2) $z\left(-\dfrac{3}{5},-\dfrac{4}{5}\right)=-5$,条件最小值. $z\left(\dfrac{3}{5},\dfrac{4}{5}\right)=5$,条件最大值.

19. $z(1,-1,6)=6$ 为极大值. $z(1,-1,-2)=-2$ 为极小值.

20. $(0,0,\pm1)$.   21. $\left(\dfrac{3}{4},2,-\dfrac{3}{4}\right)$.   22. 前壁长 10 m,高 7.5 m.

23. 当长、宽、高都是 $\dfrac{2a}{\sqrt{3}}$ 时,可得最大的体积.

习题 5.4

1. $f(x,y)=(x-1)+(x-1)(y-1)$.

2. $f(x,y)=5+2(x-1)^2-(x-1)(y+2)-(y+2)^2$.

3. $f(x,y)=x+y-\dfrac{(x+y)^2}{2(1+\theta x+\theta y)^2}$.

4. $\sin x\sin y=\dfrac{1}{2}+\dfrac{1}{2}\left(x-\dfrac{\pi}{4}\right)+\dfrac{1}{2}\left(y-\dfrac{\pi}{4}\right)$

$\qquad\qquad -\dfrac{1}{4}\left[\left(x-\dfrac{\pi}{4}\right)^2-2\left(x-\dfrac{\pi}{4}\right)\left(y-\dfrac{\pi}{4}\right)+\left(y-\dfrac{\pi}{4}\right)^2\right]+R_2$,

  其中,$R_2=-\dfrac{1}{6}\Bigg[\cos\xi\sin\eta\left(x-\dfrac{\pi}{4}\right)^3+3\sin\xi\cos\eta\left(x-\dfrac{\pi}{4}\right)^2\left(y-\dfrac{\pi}{4}\right)$

$\qquad\qquad +3\cos\xi\sin\eta\left(x-\dfrac{\pi}{4}\right)\left(y-\dfrac{\pi}{4}\right)^2+\sin\xi\cos\eta\left(y-\dfrac{\pi}{4}\right)\Bigg]$.

  且 $\xi=\dfrac{\pi}{4}+\theta\left(x-\dfrac{\pi}{4}\right),\eta=\dfrac{\pi}{4}+\theta\left(y-\dfrac{\pi}{4}\right)(0<\theta<1)$.

5. $x^y=1+(x-1)+(x-1)(y-1)+\dfrac{1}{2}(x-1)^2(y-1)+R_2,1.1^{1.02}\approx1.1021$.

6. $e^{x+y}=1+(x+y)+\dfrac{1}{2!}(x+y)^2+\cdots+\dfrac{1}{n!}(x+y)^n+R_n$,

  其中,$R_n=\dfrac{e^{\theta(x+y)}}{(n+1)!}(x+y)^{n+1},0<\theta<1$.

7. $a=\dfrac{n\sum\limits_{i=1}^{n}x_iy_i-\left(\sum\limits_{i=1}^{n}x_i\right)\left(\sum\limits_{i=1}^{n}y_i\right)}{\sum\limits_{i\neq j}(x_i-y_j)},b=\dfrac{\left(\sum\limits_{i=1}^{n}x_i^2\right)\left(\sum\limits_{i=1}^{n}y_i\right)-\left(\sum\limits_{i=1}^{n}x_iy_i\right)\left(\sum\limits_{i=1}^{n}x_i\right)}{\sum\limits_{i\neq j}(x_i-y_j)}$.

$$8.\begin{cases} a\sum_{i=1}^{n}x_i^4+b\sum_{i=1}^{n}x_i^3+c\sum_{i=1}^{n}x_i^2=\sum_{i=1}^{n}x_i^2y_i,\\ a\sum_{i=1}^{n}x_i^3+b\sum_{i=1}^{n}x_i^2+c\sum_{i=1}^{n}x_i=\sum_{i=1}^{n}x_iy_i,\\ a\sum_{i=1}^{n}x_i^2+b\sum_{i=1}^{n}x_i+nc=\sum_{i=1}^{n}y_i. \end{cases}$$

复习题 5

1. 略. 2. $\Delta z=0.922\,5,\mathrm{d}z=0.9$. 3. 34.54.

4. $\dfrac{\partial u}{\partial x}=2xf_1,\dfrac{\partial u}{\partial y}=-2yf_2,\dfrac{\partial u}{\partial z}=-2zf_3$. 5. 略. 6. 略. 7. 略.

8. $\dfrac{\partial z}{\partial x}=-\dfrac{yz}{xy+z^2},\dfrac{\partial z}{\partial y}=-\dfrac{xz}{xy+z^2},\dfrac{\partial^2 z}{\partial x\partial y}=-\dfrac{(z^4+2xyz^2-x^2y^2)z}{(xy+z^2)^3}$.

9. $\cos\alpha=0,\cos\beta=\dfrac{1}{\sqrt{2}},\cos\gamma=\dfrac{1}{\sqrt{2}},\beta=\dfrac{\pi}{4}$.

10. $\lambda=\pm 2$. 11. $\pm4\sqrt{3}$. 12. $x_0+y_0+z_0$.

13. 在$\pm\left(\dfrac{1}{\sqrt{3}},\dfrac{1}{\sqrt{3}},-\dfrac{2}{\sqrt{3}}\right)$处达到最大距离$\sqrt{2}$,在$\pm\left(\dfrac{1}{\sqrt{2}},-\dfrac{1}{\sqrt{2}},0\right)$处达到最小距离1.

习题 6.1

1. (1) $\displaystyle\int_{-1}^{0}\mathrm{d}y\int_{0}^{1+y}f(x,y)\mathrm{d}x+\int_{0}^{1}\mathrm{d}y\int_{0}^{1-y}f(x,y)\mathrm{d}x$;

(2) $\displaystyle\int_{-1}^{0}\mathrm{d}y\int_{-2\sqrt{1+y}}^{2\sqrt{1+y}}f(x,y)\mathrm{d}x+\int_{0}^{8}\mathrm{d}y\int_{-2\sqrt{1+y}}^{2-y}f(x,y)\mathrm{d}x$;

(3) $\displaystyle\int_{0}^{2}\mathrm{d}y\int_{-\sqrt{2y-y^2}}^{\sqrt{2y-y^2}}f(x,y)\mathrm{d}x$.

2. (1) $\displaystyle\int_{0}^{\frac{1}{2}}\mathrm{d}x\int_{0}^{\sqrt{2x}}f(x,y)\mathrm{d}y+\int_{\frac{1}{2}}^{\sqrt{2}}\mathrm{d}x\int_{0}^{1}f(x,y)\mathrm{d}y+\int_{\sqrt{2}}^{\sqrt{3}}\mathrm{d}x\int_{0}^{\sqrt{3-x^2}}f(x,y)\mathrm{d}y$;

(2) $\displaystyle\int_{1}^{2}\mathrm{d}x\int_{\sqrt{x}}^{x}f(x,y)\mathrm{d}y+\int_{2}^{4}\mathrm{d}x\int_{\sqrt{x}}^{2}f(x,y)\mathrm{d}y$;

(3) $\displaystyle\int_{-4}^{-2}\mathrm{d}x\int_{-1}^{x+3}f(x,y)\mathrm{d}y+\int_{-2}^{0}\mathrm{d}x\int_{-1}^{1}f(x,y)\mathrm{d}y+\int_{0}^{2}\mathrm{d}x\int_{\frac{x}{2}-1}^{1}f(x,y)\mathrm{d}y$;

(4) $\displaystyle\int_{\frac{1}{2}}^{1}\mathrm{d}y\int_{\frac{1}{y}}^{2}f(x,y)\mathrm{d}x+\int_{1}^{\sqrt{2}}\mathrm{d}y\int_{y^2}^{2}f(x,y)\mathrm{d}x$.

3. (1) $2\sqrt{e}-3$; (2) $\dfrac{1}{2}$; (3) $\dfrac{1}{2}$; (4) $\dfrac{1}{3}(\sqrt{2}-1)$.

4. $\dfrac{49}{20}$. 5. 略. 6. $-\dfrac{2}{3}$. 7. $\dfrac{2}{3}a^3\left(\pi-\dfrac{2}{3}\right)$.

8. $a^2\left(\dfrac{\pi^2}{16}-\dfrac{1}{2}\right)$. 9. $\dfrac{\pi}{6a}$. 10. $\dfrac{a^3}{3}\left(\dfrac{\pi}{6}-\dfrac{16}{3}+3\sqrt{3}\right)$.

11. (1) $I = \int_{\frac{\pi}{4}}^{\frac{\pi}{3}} d\theta \int_0^{\frac{2}{\cos\theta}} f(r) r dr$;

(2) $I = \int_0^{\frac{\pi}{4}} d\theta \int_0^{2\sin\theta} f(r\cos\theta, r\sin\theta) r dr + \int_{\frac{\pi}{4}}^{\frac{3\pi}{4}} d\theta \int_0^{\frac{1}{\sin\theta}} f(r\cos\theta, r\sin\theta) r dr$.

12. $\dfrac{22}{9} - \dfrac{\sqrt{3}}{3}\pi$. 13. $\dfrac{368}{105}\mu$. 14. $\sqrt{\dfrac{2}{3}}R$（R 为圆的半径）.

习题 6.2

1. $\dfrac{3}{2}$. 2. $\dfrac{1}{364}$. 3. $\dfrac{\ln 2 - \dfrac{5}{8}}{2}$. 4. $\dfrac{1}{48}$. 5. 0. 6. $\dfrac{7\pi}{12}$. 7. $\dfrac{16\pi}{3}$. 8. $\dfrac{4\pi}{5}$.

9. $\dfrac{7\pi a^4}{6}$. 10. $\dfrac{8}{9}a^2$. 11. 0. 12. $\dfrac{\pi}{6}(2\sqrt{2}-1)$.

13. (1) $\dfrac{32}{3}\pi$; (2) πa^3; (3) $\dfrac{\pi}{6}$; (4) $\dfrac{2}{3}\pi(5\sqrt{5}-4)$. 14. $k\pi R^4$.

15. (1) $\dfrac{8}{3}a^4$; (2) $\bar{x}=\bar{y}=0, \bar{z}=\dfrac{7}{15}a^2$; (3) $\dfrac{112}{45}a^6\rho$.

16. $\dfrac{1}{2}a^2 M$（$M = \pi a^2 h\rho$,为圆柱体的质量）.

习题 6.3

1. (1) $1 - \cos 1$; (2) $\dfrac{\pi}{4}$; (3) 1; (4) $\dfrac{8}{3}$.

2. (1) $\dfrac{1}{3}\cos x(\cos x - \sin x)(1 + 2\sin 2x)$; (2) $\dfrac{2}{x}\ln(1+x^2)$;

(3) $\ln\sqrt{\dfrac{x^2+1}{x^4+1}} + 3x^2\arctan x^2 - 2x\arctan x$; (4) $2xe^{-x^5} - e^{-x^3} - \int_x^{x^2} y^2 e^{-xy^2}dy$.

3. $3f(x) + 2xf'(x)$. 4. (1) $\dfrac{\pi}{2}\ln(1+\sqrt{2})$; (2) $\arctan(1+b) - \arctan(1+a)$.

习题 6.4

1. (1) $\sqrt{2}$; (2) $\dfrac{1}{12}(5\sqrt{5} + 6\sqrt{2} - 1)$; (3) $e^a\left(2 + \dfrac{\pi}{4}a\right) - 2$; (4) $\dfrac{\sqrt{3}}{2}(1 - e^{-2})$;

(5) 9; (6) $\dfrac{256a^3}{15}$; (7) $2\pi^2 a^3(1 + 2\pi^2)$; (8) $2\pi a^2$.

2. (1) $-56/15$; (2) $-\pi a^3/2$; (3) 0; (4) -2π; (5) $k^3\pi^3/3 - a^2\pi$; (6) 13;

(7) $-\dfrac{3}{2}$; (8) $-14/15$.

3. (1) $\dfrac{1}{30}$; (2) 8. 4. $\dfrac{3\pi a^2}{8}$. 5. $-\pi$. 6. $\dfrac{\pi^2}{4}$. 7. 5. 8. 略.

习题 6.5

1. (1) $\dfrac{13}{3}\pi$;   (2) $\dfrac{149}{30}\pi$;   (3) $\dfrac{111}{10}\pi$.

2. (1) $\dfrac{\sqrt{2}}{2}\pi$;   (2) 9π;   (3) $4\sqrt{61}$;   (4) $\dfrac{64}{15}\sqrt{2}a^4$.

3. $\dfrac{2\pi}{15}(6\sqrt{3}+1)$.

4. (1) $\dfrac{2}{105}\pi R^7$;   (2) $\dfrac{3}{2}\pi$;   (3) 2π;   (4) $\dfrac{1}{8}$.

5. $-\pi$.   6. (1) $3a^4$;   (2) $\dfrac{12}{5}\pi a^5$;   (3) 81π;   (4) $\dfrac{35}{12}\pi$.

7. (1) $-\sqrt{3}\pi a^2$;   (2) $-2\pi a(a+b)$.

复习题 6

1. (1) B;   (2) B;   (3) C;   (4) D;   (5) D;   (6) C;   (7) B;   (8) A;   (9) B;   (10) B;   (11) B.

2. (1) $\dfrac{1}{2}(1-\mathrm{e}^{-4})$;   (2) $\dfrac{\pi}{4}R^4\left(\dfrac{1}{a^2}+\dfrac{1}{b^2}\right)$;   (3) $\displaystyle\int_0^2 \mathrm{d}x\int_{\frac{x}{2}}^{3-x}f(x,y)\,\mathrm{d}y$;

(4) $\displaystyle\int_0^1 \mathrm{d}x\int_0^{\sqrt{x-x^2}}f(x,y)\,\mathrm{d}y$;   (5) $\displaystyle\int_{\frac{\pi}{4}}^{\frac{\pi}{3}}\mathrm{d}\theta\int_0^{2\sec\theta}f(r)r\,\mathrm{d}r$;   (6) π;   (7) $12a$;

(8) -18π;   (9) 0.

3. (1) $\dfrac{\pi}{4}(\mathrm{e}^{-1}-\mathrm{e}^{-4})$;   (2) $\dfrac{10}{9}\sqrt{2}$;   (3) $\dfrac{11}{15}$.   4. (1) $\dfrac{\pi}{8}$;   (2) $\dfrac{\pi}{20}$;   (3) 24π.

5. $\displaystyle\int_L \dfrac{yz+5xyz}{\sqrt{1+4x^2+9y^2}}\,\mathrm{d}s$.   6. $2+\sqrt{2}$.   7. $\dfrac{2}{3}\pi(3a^2+4\pi^2 b^2)\sqrt{a^2+b^2}$.

8. $\dfrac{2}{3}(2\sqrt{2}-1)$.   9. 0.   10. $\dfrac{\pi}{2}$.   11. $\dfrac{4}{15}$.

12. (1) $-\dfrac{1}{6}$;   (2) $\dfrac{1}{3}+\dfrac{n-1}{2n+1}$.   13. -2.   14. $1\dfrac{8}{15}$.

习题 7.1

1. 是.

2. (1) D;   (2) B;   (3) A;   (4) C;   (5) C;   (6) D;   (7) C.

3. (1) $\dfrac{7}{24}$;   (2) $\dfrac{7}{24}$;   (3) $\dfrac{1}{2}$.

4. (1) 发散; (2) 收敛; (3) 发散.

5. (1) 发散; (2) 收敛; (3) 收敛; (4) 收敛; (5) 收敛; (6) 收敛; (7) 发散;   (8) 当 $a=1$ 时,发散;当 $a\neq 1$ 时,收敛.

6. (1) 绝对收敛； (2) 条件收敛； (3) 条件收敛；

    (4) 当 $0<|a|<1$ 时，绝对收敛；当 $|a|>1$ 时，发散；当 $a=-1$ 时，发散；

    当 $a=1$ 时，条件收敛.

7. 略.

习题 7.2

1. (1) 是； (2) 是； (3) 非.

2. (1) D；(2) A；(3) C；(4) C.

3. (1) $[-1,1)$； (2) $[-\sqrt{3},\sqrt{3}]$； (3) $[2,4)$； (4) $\left[\dfrac{1}{2},\dfrac{3}{2}\right)$.

4. (1) $\dfrac{x}{(1-x)^2}(|x|<1)$； (2) $\dfrac{6x}{(3-x)^2}(|x|<3)$；

    (3) $2x\arctan x-\ln(1+x^2)$ 和 $\dfrac{\pi}{3\sqrt{3}}+\ln\dfrac{3}{4}$.

5. (1) $\displaystyle\sum_{n=1}^{\infty}nx^{n-1},(-1,1)$； (2) $\dfrac{\pi}{4}+\displaystyle\sum_{n=0}^{\infty}\dfrac{(-1)^nx^{2n+1}}{2n+1},[-1,1]$；

    (3) $\displaystyle\sum_{n=0}^{\infty}\dfrac{(-1)^nx^{2n+2}}{(2n+2)(2n)!},(-\infty,+\infty)$.

6. $a\displaystyle\sum_{n=0}^{\infty}\dfrac{(\ln a)^n(x-1)^n}{n!},(-\infty,+\infty)$.

7. $\ln 3+\displaystyle\sum_{n=1}^{\infty}(-1)^{n-1}\dfrac{(x-3)^n}{3^n n},(0,6]$.

8. $\dfrac{1}{e}\displaystyle\sum_{n=0}^{\infty}\dfrac{(-1)^n\left[(x-1)^{n+1}-(x-1)^n\right]}{n!},(-\infty,+\infty)$.

9. $\displaystyle\sum_{n=0}^{\infty}(-1)^n\left(\dfrac{1}{20\cdot 4^n}+\dfrac{2^n}{15\cdot 3^n}\right)(x-2)^n,\left(\dfrac{1}{2},\dfrac{7}{2}\right)$.

习题 7.3

1. (1) 非； (2) 是； (3) 是； (4) 是.

2. A.

3. (1) $\dfrac{2}{\pi}+\displaystyle\sum_{n=2}^{\infty}\dfrac{2}{\pi(n^2-1)}\left[(-1)^{n-1}-1\right]\cos nx,[-\pi,\pi]$；

    (2) $\dfrac{\pi+1}{2}+\left(-\dfrac{4}{\pi}\cos x+\dfrac{2}{\pi}\sin x-\dfrac{4}{3^2\pi}\cos 3x-\dfrac{2}{3\pi}\sin 3x-\cdots\right),-\pi<x<\pi,x\neq 0$.

4. $\displaystyle\sum_{n=1}^{\infty}(-1)^{n+1}\dfrac{6}{n\pi}\sin\dfrac{n\pi x}{3},0\leqslant x<3$.

复习题 7

1. (1) $p>0$； (2) $(-1,3)$； (3) $e^{-x^2}-1$； (4) 收敛； (5) $\dfrac{3}{2}$.

2. (1) D； (2) D； (3) B； (4) C； (5) D.

3. (1) 收敛； (2) 收敛.

4. (1) 条件收敛； (2) 当 $0 < \alpha \leqslant 1$ 时条件收敛, 当 $\alpha > 1$ 时绝对收敛.

5. 当 $a < \mathrm{e}$ 时级数收敛, 当 $a \geqslant \mathrm{e}$ 时发散.

6. $f(x) = \dfrac{\pi}{4} - 2 \displaystyle\sum_{n=0}^{\infty} \dfrac{(-1)^n 4^n}{(2n+1)} x^{2n+1}, \left(-\dfrac{1}{2}, \dfrac{1}{2}\right)$.

7. (1) 收敛区间为 $(-\infty, +\infty)$； (2) $f(x) = (2x^2+1)\mathrm{e}^{x^2}$； (3) $\displaystyle\sum_{n=0}^{\infty} \dfrac{2n+1}{n!} 2^n = 5\mathrm{e}^2$.

8. $\dfrac{1}{2} + \dfrac{2(\pi+1)}{\pi}\sin x - \dfrac{2}{2}\sin 2x + \dfrac{2(\pi+1)}{3\pi}\sin 3x - \dfrac{2}{4}\sin 4x + \cdots (0 < |x| < \pi)$, 在 $x =$

   0 处收敛于 $\dfrac{1}{2}$, 在 $x = \pm\pi$ 处收敛于 $\pi + \dfrac{1}{2}$.

9. (1) $\displaystyle\sum_{n=1}^{\infty} \dfrac{1}{n}(a_n + a_{n+2}) = 1$. (2) 略.

习题 8.1

1. (1) 一阶； (2) 一阶； (3) 二阶； (4) 一阶.

2. (1) 是； (2) 是.

3. $y = \dfrac{1}{3}x^3$.

4. $\mathrm{e}^y = \pm\mathrm{e}^2 x$.

5. (1) $y = -\cos x + C$； (2) $y = 2(x+1)^{\frac{1}{2}} + C$； (3) $y + 3 = C\cos x$；

   (4) $y^2 = 3x^2 - \dfrac{1}{4}x^4 + C$； (5) $(1-x^2)^{\frac{1}{2}} = \ln|y| + C$；

   (6) $\arctan y = \arctan x + C$； (7) $\dfrac{1+y^2}{1-x^2} = C$； (8) $\sqrt{x^2+y^2} = C\mathrm{e}^{-\arctan\frac{y}{x}}$；

   (9) $y + \sqrt{y^2-x^2} = Cx^2$； (10) $y^2 = x^2(2\ln|x| + C)$.

6. (1) $x + \cos y + 1 = 0$； (2) $y = \dfrac{1}{3}(2t-1)^{\frac{3}{2}} - 1$； (3) $\cos x - \sqrt{2}\cos y = 0$；

   (4) $y^2 = x^2(\ln x^2 + 4)$.

7. (1) $(4y - x - 3)(y + 2x - 3)^2 = C$； (2) $2x - y - \ln|x - y + 1| = C$.

习题 8.2

1. (1) $-\mathrm{e}^{-x} + C$； (2) $y = \dfrac{1}{x+1}\left(\dfrac{1}{3}x^3 - x + C\right)$； (3) $y = a + C(1-x^2)^{\frac{1}{2}}$；

   (4) $y = \cos x(\tan x + C)$； (5) $y = x\mathrm{e}^x + Cx$； (6) $y = \mathrm{e}^{ax}\left(\displaystyle\int f(x)\mathrm{e}^{-ax}\,\mathrm{d}x + C\right)$；

   (7) $y = 1 + Cx^{-1}$； (8) $y = \dfrac{1}{6}(x+1)^4 + C(1+x)^{-2}$；

   (9) $y = \mathrm{e}^{-\int f(x)\mathrm{d}x} \cdot \left[\displaystyle\int f(x)\mathrm{e}^{\int f(x)\mathrm{d}x}\,\mathrm{d}x + C\right]$； (10) $y = \dfrac{1}{2}x - \dfrac{1}{4} + C\mathrm{e}^{-2x}$；

(11) $\dfrac{1}{y} = -\sin x + Ce^x$;　(12) $\dfrac{1}{y} = 2 - x^2 + Ce^{-\frac{x^2}{2}}$;

(13) $\dfrac{1}{y} = \ln x + 1 + Cx$;　(14) $\dfrac{1}{y^2} = e^{-x^2}(2x + C)$;

(15) $x^3 + y^4 + 3x^2 y^2 = C$;　(16) $\dfrac{1}{2} x^2 y^2 + x + y + \dfrac{1}{3} y^3 = C$;

(17) $a^2 x - \dfrac{1}{3}(x + y)^3 + \dfrac{1}{3} x^3 = C$;

(18) $\sin \dfrac{y}{x} - \cos \dfrac{x}{y} + x - \dfrac{1}{y} = C$.

2. (1) $y = x^4 + 2x$;　(2) $y = \dfrac{1}{5} e^{2x} + \dfrac{4}{5} e^{-3x}$;　(3) $y = e^{-x}(1 - x^{-1})$;

(4) $y = \dfrac{2}{3} \sin x + \dfrac{5}{12 \sin^2 x}$.

3. $I(t) = \sin 5t - \cos 5t + e^{-5t}$.

习题 8.3

1. (1) $y = C_1 e^x + C_2 e^{-6x}$;　(2) $y = C_1 e^{2x} \cos 3x + C_2 e^{2x} \sin 3x$;　(3) $y = C_1 e^{-3x} + C_2 e^{-4x}$;

(4) $y = (C_1 + C_2 x) e^{-5x}$;　(5) $y = e^{2x}(C_1 \cos \sqrt{3} x + C_2 \sin \sqrt{3} x)$;

(6) $y = e^{-x}(C_1 \cos x + C_2 \sin x)$;　(7) $y = e^{-\frac{1}{2}}\left(C_1 \cos \dfrac{\sqrt{3}}{2} x + C_2 \sin \dfrac{\sqrt{3}}{2} x\right)$;

(8) $y = C_1 + C_2 x + C_3 e^x + C_4 e^{-4x}$;　(9) $y = C_1 + C_2 x + C_3 e^{5x} + C_4 e^{-4x}$;

(10) $y = 2xe^{3x} + C_1 e^{-x} + C_2 e^{3x}$;　(11) $y = (C_1 + C_2 x) e^x + x^2 + 5x + 8$;

(12) $y = C_1 e^{2x} + C_2 e^{-x} - \dfrac{3}{5} \sin x + \dfrac{1}{5} \cos x$;

(13) $y = C_1 \cos 3x + C_2 \sin 3x + \dfrac{1}{8} \sin x + \dfrac{1}{13} e^{2x}$.

2. (1) $y = 3\sin 2x + 2\cos 2x$;　(2) $y = -3\cos 3x - \sin 3x$;　(3) $y = e^{2x} - e^{3x} + e^x$;

(4) $y = \dfrac{11}{5} e^{2x} + \dfrac{9}{5} e^{-2x} - \dfrac{4}{5} \sin x$.

习题 8.4

1. (1) $y = C_1 x + C_2 x \ln x + \dfrac{C_3}{x^2}$;　(2) $y = C_1 x^2 + C_2 x^2 \ln x + x + \dfrac{1}{6} x^2 \ln^3 x$;

(3) $y = C_1 x + x[C_2 \cos(\ln x) + C_3 \sin(\ln x)] + \left(\dfrac{1}{2} \ln x - 1\right) x^2 + 3x \ln x$.

2. (1) $\begin{cases} x = C_1 \cos t + C_2 \sin t + \dfrac{1}{2} e^t + t, \\ y = C_1 \sin t - C_2 \cos t + \dfrac{1}{2} + e^t - 1; \end{cases}$

$$(2) \begin{cases} x = \dfrac{\sqrt{5}+3}{2\sqrt{5}} e^{(1+\sqrt{5})t} + \dfrac{\sqrt{5}-3}{2\sqrt{5}} e^{(1-\sqrt{5})t}, \\[3mm] y = \dfrac{\sqrt{5}-1}{2\sqrt{5}} e^{(1+\sqrt{5})t} + \dfrac{\sqrt{5}+1}{2\sqrt{5}} e^{(1-\sqrt{5})t}. \end{cases}$$

复习题 8

1. (1) C;　(2) A.

2. (1) 3;　(2) $y' = f(x,y), y\mid_{x=x_0} = 0$;　(3) $C_1(x-1) + C_2(x^2-1) + 1$.

3. (1) $-\dfrac{1}{y} = -a\ln(1-x-a) + C$;　(2) $y = (x+1)(C+e^x)$;

　　(3) $x = \dfrac{1}{y}\left(C + \dfrac{1}{3}y^3\right)$;　(4) $y = \dfrac{1}{x}(x+C)^2$;

　　(5) $y = (C_1 + C_2 x)e^{-2x} + \left(\dfrac{x}{16} - \dfrac{1}{32}\right)e^{2x}$.

4. (1) $x(1+2\ln y) - y^2 = 0$;　(2) $y = \dfrac{-2-\sqrt{2}}{4}e^{\sqrt{2}x} + \dfrac{-2+\sqrt{2}}{4}e^{-\sqrt{2}x}$;

　　(3) $y = xe^{-x} + \dfrac{1}{2}\sin x$.

5. $f(x) = \dfrac{1}{2}(x\cos x + \sin x)$.

6. $f(x) = 2\cos x + \sin x + x^2 - 2$,　$x^2y^2 + 2(2x - 2\sin x + \cos x)y = C$.

参 考 文 献

［1］ 同济大学数学系. 高等数学［M］. 7 版. 北京：高等教育出版社，2014.

［2］ 梁弘. 高等数学基础［M］. 北京：北京交通大学出版社，2006.

［3］ 胡启迪. 高等数学［M］. 上海：上海科学技术出版社，1992.

［4］ 侯风波. 工科高等数学［M］. 沈阳：辽宁大学出版社，2006.

［5］ 上海高校《高等数学》编写组. 高等数学［M］. 上海：上海科学技术出版社，2001.